卡尔·弗里德里希·申克尔

河边的哥特式教堂，1813年

艺术世界译丛

主编／杨振宇

Western Architecture

西方建筑

著者／［英］伊恩·萨顿

译者／范白丁　马雯　夏墨湄

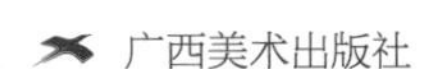
广西美术出版社

图书在版编目（CIP）数据

西方建筑 / (英) 萨顿编著；范白丁，马雯，夏墨湄译. —南宁：广西美术出版社，2014.12

（艺术世界）

书名原文：Western Architecture

ISBN 978-7-5494-1140-5

Ⅰ. ①西… Ⅱ. ①萨… ②范… Ⅲ. ①建筑史—西方国家 Ⅳ. ①TU-09

中国版本图书馆CIP数据核字（2014）第293048号

艺术世界译丛

主　　编：杨振宇

西方建筑

著　　者：［英］伊恩·萨顿

译　　者：范白丁　马　雯　夏墨湄

策划编辑：冯　波

责任编辑：谢　赫

美术编辑：陈　凌

装帧设计：凌　子

版式制作：李　力

责任校对：覃飞燕　林春晓

审　　读：黄春林

出 版 人：蓝小星

终　　审：姚震西

出版发行：广西美术出版社

地　　址：广西南宁市望园路9号（邮编：530022）

网　　址：www.gxfinearts.com

印　　刷：广西大一迪美印刷有限公司

开　　本：889 mm × 1280 mm 1/32

印　　张：12

字　　数：220千

出版日期：2015年8月第1版第1次印刷

书　　号：ISBN 978-7-5494-1140-5/TU · 50

定　　价：65.00元

总　序

泰晤士 & 哈德森［Thames & Hudson］是一家有历史与传奇的出版社，由出生于维也纳的瓦尔特·奈哈特［Walter Neurath］先生1949年创建。从1958年开始，泰晤士&哈德森就开始推出享誉世界的《艺术世界》［*World of Art*］丛书，迄今已经50余年，总共超过300种，内容涵盖了从原始艺术到最新的互联网艺术，从艺术家个人专论到艺术流派，从西方至西亚及中东艺术，从绘画到建筑、雕塑、设计、电影、戏剧……《艺术世界》丛书大都以“简史”［concise history］的方式，在有限篇幅内勾勒出一位艺术家、一个流派或一个主题的轮廓，语言详略得当，任何一位对视觉艺术及文化史感兴趣的读者，都能从中获得阅读的乐趣。

泰晤士 & 哈德森的《艺术世界》丛书，与佩夫斯纳主编、英国出版的《塘鹅美术史》［*Pelican History of Art*］丛书以及德国柏林出版的《神殿柱廊版美术史》［*Propylaen Kunst Geschichte*］丛书一起，堪称最为经典的几套艺术丛书。尤其值得一提的是，泰晤士 & 哈德森的《艺术世界》丛书不仅以专业著称，更被学界视为迄今为止最通俗、最普及和涵盖面最广的艺术图书，可读性极强，是最佳的艺术入门读物。读者们会觉得这套书讲述艺术的故事不是那样晦涩难解，而是亲切有味，通俗易懂。所以，这套丛书也被认为是最方便携带的“口袋书”，尤其在旅途中阅读，可谓味道甚佳，被视为“候车厅里的杂志”或“床头书”。另外，由于它的书脊通常是黑色的，又被读者亲切地称为“艺术小黑”[little black artbooks]。种种这些，都可见出它格外受人欢迎的程度了。

其实，这套《艺术世界》丛书绝非业余之作，也不仅只供大众消遣之用。瓦尔特·奈哈特先生是有自己出版理念与抱负的人，在他为这套丛书选择的作者中，不乏学术界的名人大家。譬如，《现代绘画简史》[*A Concise History of Modern Painting*]和《现代雕塑简史》[*Modern Sculpture:A Concise History*]的作者赫伯特·里德爵士[Sir Herbert Read]，是一位著名的英国诗人、艺术批评家和美学家，曾任英国美学学会主席，1933—1939年曾担任英国知名的艺术评论杂志《伯灵顿杂志》[*Burlington Magazine*]的编辑，不仅对艺术有见地，文笔也甚为优美。约翰·伯德曼[John Boardman]，英国著名的艺术史家和考古学家，在古希腊艺术研究方面做出了卓越贡献。其余如爱德华·卢西-史密斯[Edward Lucie-Smith]、菲利普·罗森[Philip Rawson]、大卫·陶伯特·赖斯[David Talbot Rice]、彼得·莫瑞和琳达·莫瑞[Peter Murray and Linda Murray]、热尔曼·巴赞[Germain Bazin]、葛莉赛达·波洛克[Griselda Pollock]等均为在艺术史领域或博物馆工作多年的学者。因此，这使得丛书中的大多数著作成了流行的经典，在半个世纪之后仍然一版再版，并被翻译成各国语言，广泛流通于坊间。

近年来，广西美术出版社尤为关注当代中国的艺术教育，不断有经典艺术类图书的引进与出版。尤其是范景中教授组织翻译的《贡布里希文集》陆续出版，产生了良好的社会效应。鉴于目前国内的艺术图书出版在专业与普及的层面尚存在严重的断层，冯波女士看准了泰晤士&哈德森出版社的这套《艺术世界》丛书，并特邀我为丛书主编，希望能够借此推进当代艺术教育真正的普及化，让一般读者也能与这些半个世纪以来的“艺术小黑”相伴相游，在愉快的阅读中领会艺术的真谛。我们知道，贡布里希带着自传色彩的谈话录——《一生的兴趣——与迪迪耶·艾里彭关于艺术与科学的对话》，1993 年也正是在泰晤士 & 哈德森出版的。

这恰恰也是中国美术学院近一个世纪以来的愿望。一直以来，中国美术学院坚持“学院是以研究学术而设，是为追求一种纯粹严格的独立学术而设”，同时也努力成为艺术创作的发动机与思想库，甚至以“改造民心，借以真正完成人们的生活”为现实目标。早在“国立艺专”时期，学院就确立起在国际性视野和结构中研究理论与艺术创作的学术宗旨，打开了现代中国艺术的创作空间。新中国成立后，学院成立了理论教研室，率先大量译介世界艺术的优秀成果，开一时风气，给中国当代艺术创作提供了开放性视野。20 世纪 80 年代开始，范景中、曹意强等教授以《新美术》与《美术译丛》等刊物为中心，在中国树立起“作为人文学科的美术史”观念、理想与偶像……从而在艺术家个人创作与社会人文间建立起多重的维度。20 世纪末，学院倡导“艺术作为一种知性模式的观念”，以图进一步打开当代艺术创作的思维模式。本世纪初，我们更是提出了“学术作为一种社会能量”的观念，并重建了“贡布里希学术论坛”与“潘天寿学术论坛”，建立“城市文化与视觉生产”等一系列高端学术活动，搭建起当代艺术研究与创作的知识平台，以一种现实主义的思想行动面对与介入我们时代的艺术创作。这一切，对当代艺术创作与人文学科产生了较大影响。其中核心的观念，即在以学院高度与学术理想为志业的同时，将学院与学术转化为真正的社会能量，“借以真正完成人们的生活”。正是这种共同的社会美育理念，使我们与广西美术出版社的同仁们站在了一起。

《艺术世界》丛书第一辑，借着新出版的《电影的历史》(第二版)［*History of Film*］和《戏剧简史》［*The Theatre: A Concise History*］，我们同时翻译引进了《现代绘画简史》、《现代雕塑简史》和《西方建筑》［*Western Architecture: A Survey from Ancient Greece to the Present*］，算是一个视觉艺术的专业普及本系列，并以此为开端，启动译介“艺术世界”中更多优秀图书。值得介绍的是，这五本图书的译者，均为年轻的艺术史专业学者，他们已在各自的研究领域有所建树，既有扎实的艺术史基础，也有多年从事翻译的经验。我们的共同愿望是，为广大读者提供一系列通往“艺术世界”殿堂的好读本。

有意思的是，《塘鹅美术史》丛书的主编、著名建筑史家和作家佩夫斯纳，曾经在瓦尔特·奈哈特一次纪念大会上做过精彩的演讲，赞美“泰晤士 & 哈德森出版社为读者出版了很多配有大量插图的好书”，认为“泰晤士 & 哈德森出版社的书相比之下更为便携，并且内容相当科学合理”。我想，佩夫斯纳自己也是一位极其严肃的艺术丛书主编，这样的评价当不是虚语。

现在，泰晤士 & 哈德森出版社的公司遍布世界多地，其社标是两条环绕的可爱小海豚，象征着泰晤士与哈德森这两条河流，也代表着感情与知性这两种人类最为可贵的品质，同时也意味着东西方世界以及新老世界的链接。《艺术世界》丛书中文版的陆续出版，是否意味着一种新的链接又在开启之中，让我们大家一起来期待。

主编：杨振宇

导　言

尼古拉斯·佩夫斯纳在其经典著作《欧洲建筑纲要》[*Outline of European-Architecture*](1943年)的开头便表明他的看法，他声明:“一个自行车棚只能说是一个建筑物，林肯主教堂[Lincoln Cathedral]才能说是一座建筑。”结果，整本书中没有哪句话能比这句更具有争议性。如今，再没人敢这样说了。建筑不再被视为一系列孤立的房屋、纪念性建筑、艺术品，而是“建造环境”的集合。现在人们精心设计茅屋、农场、都市住宅、工厂和高速公路交界处，并将其纳入建筑史(自行车棚依旧不在其中)。而佩夫斯纳本人的《建筑物类型史》[*History of Building Types*](1976年)包括了讨论医院、监狱、仓库、办公楼和商店的章节，其实也是对此种转变的一种承认。雷内尔·班纳姆[Reyner Banham]将“改变用地的东西”定义为建筑是这一新观点的极致。

类似的转变也发生在艺术史和文学史中，所谓的经典(这些作品中的大部分历来被认为“十分伟大”)被抵制或者轻视，人们转而关注一切描绘、图画或者书写的材料:民间艺术、儿童艺术、漫画、涂鸦、录像、报纸、大幅印刷品、小册子、广告、布道、低俗小说、色情物品……这些转变源于这样一种看法:即经典(无论是文学的、艺术的还是建筑的)不具有代表性，它是特权和受过良好教育的阶级带有精英色彩的选择，他们以此体现自己的各种价值观并强加给社会中的其他人。

就建筑来说，这一点简直不言自明。人们不必成为马克思主义者就能看出中世纪宏伟的城堡和主教堂，后来的宫殿和乡间别墅、议会和政府大楼，甚至剧院和博物馆(不管是什么)都显然表现出威望和权力，以及炫耀那种权力的欲望。这算得上抵制和轻视它们的一个理由吗?现在还不能妄下结论。

不过这类想法所造成的影响无疑是积极的：使得建筑史更靠近社会史。如今我们可以更好地理解建筑物如何同社区产生联系以及经济与科技因素如何决定它们的形式；我们对都市构造也有了新的认识——村庄如何有序地发展、城市和郊区如何改善和构建其居民的生活。

对比这些方法导致了建筑的“政治化”——研究意识形态如何创造建筑物以及在某种情况下是如何摧毁它们的。1789年，勒杜［Ledoux］在巴黎各处设计的栅门［barrières］在大众看来与令人反感的税收制度联系紧密，于是暴民们破坏这些栅门并拆除了其中的几座。在19世纪，哥特风格在莱茵兰被认为和天主教、反普鲁士党密切相连，而具有这种风格的科隆主教堂的落成无疑是一份政治声明。而在今天，继续高迪［Gaudi］在巴塞罗那圣家族［Sagrada Familia］教堂的工作就如同宣扬加泰罗尼亚民族主义。二战后，老柏林皇宫［Berlin Schloss］本是一座极有意思的建筑物，但因为让东德人联想到纳粹军国主义而被拆除，现在他们后悔不已。纳粹和共产主义独裁一度偏爱的古典建筑就像挥之不去的乌云，一如1995年于伦敦举办的名为“艺术与权力”的展览中所呈现出的那样。

但大多数建筑物超出了其最初的意图。城堡不再震慑我们，乡间别墅也不再是权力的堡垒，教堂不再支配我们的生活。对精英主义的指控只和他们从事创造的情况有关。相反，经典基于一种简单的想法：建筑是一种艺术，某些建筑物在艺术方面尤其出色，(比之其他方面) 值得人们欣赏。当然，出色比讨喜要求更高。较之于在美学理论中摸索，我更愿意从罗伯特·波西格［Robert Pirsig］的《禅与摩托车维修艺术》［*Zen and the Art of Motorcycle Maintenance*］中引用一句话。这本书用寓意的方式持续地探讨了出色这一概念，而波西格将其称为品质。由于意识到既不能客观也不可主观，他最终求助于某种神秘主义的说法：“品质是周遭的环境施加在我们身上的一种连续的刺激，从而使我们去创造大家生活的这个世界。”这不正是我们对建筑的期望吗？

不要指望一篇3000字的西方建筑史导论能带来什么新材料或者叫人眼前一亮的新观点。尽管如此，本书与十年前的同类著作还是截然不同的，也必须不同。众所周知，过去决定现在，但几乎同样不可否认的是现在也决定过去。倘若没有国际现代主义，会有人注意1859年的希尔内斯［Sheerness］船坞吗？倘若冷战没有结束，我们会这么亲切地欣赏斯大林式的建筑吗？倘若后现代主义没有发生，我们会对普莱尼克［Plečnik］如此着迷吗？

发现本身也要历经一段过程，发现事实并不等于认清已知的事实。就此而言，人们在20世纪30年代才“发现”意大利的巴洛克，到50年代才“发现”中欧的巴洛克，而到80年代才“发现”东欧的巴洛克。到目前为止也还是没有讨论波西米亚人约翰·圣蒂尼–埃歇尔［Johann Santini-Aichel］的英文著作，而他则是世界上较重要的建筑天才之一。

一个不可回避的问题是：西方建筑的起源在哪里？有人大概会说是古埃及，或者更久远的早期美索不达米亚文明。这些看法各有道理。但如果想为一种明确而持续的传统——这种传统不曾被忘记并且一直决定着时至今日的各种建筑形式——找到某个起点，那么它只能是希腊和罗马。我们的历史从这里开始，别的开端则是史前史。

由于本书针对学生和一般读者，所以我想最好专注于建筑物、建筑、年代、功能和风格，而不是在社会背景或理论上着墨过多。这种写法或许老派，但除非读者了解什么是哥特建筑，明白阿尔贝蒂的想法，或者看过博罗米尼［Borromini］设计的教堂，否则理论说明对他或她来讲意义不大。可留待以后再说。因此，我采纳的是那些被普遍接受的观点，尽管有时我的个人偏见还是可能潜入其中，但愿我能秉持原则。

伊恩·萨顿

伦敦，1998年

关于年代的注释：为简单易记起见，本书大部分建筑物只给出开始建造的年份，何时完工一般（尽管不总是）不太重要，并且很难界定，所以各书之间常有差异。建筑师的生卒年见索引。

CONTENTS
目 录

5 总 序

9 导 言

第一章
14 序幕：奠基——希腊和罗马
杜式的规则 / 城市环境 / 罗马，希腊的后裔 / 维特鲁威，一份留给后世的文献

第二章
28 罗马的基督教遗产
君士坦丁和新罗马 / 拜占庭的成就 / 拜占庭的遗产 / 西欧：黎明前的黑暗

第三章
42 从头再来：加洛林和罗马式
至1000年左右的加洛林文艺复兴 / 德国：帝国领土 / 法国：统一中的多样性 / 不列颠的诺曼人 / 南部的罗马式建筑：意大利和西班牙

第四章
78 哥特世纪
哥特式如何开始 / 哥特式的首个世纪：法国，1150—1250年 / 哥特式英国 / 哥特式如何结束 / 世俗和民间建筑

第五章
130 文艺复兴：古罗马的“重生”
佛罗伦萨：早期文艺复兴 / 罗马：盛期文艺复兴 / 风格主义的难题 / 发展中的文艺复兴风格 / 意大利之外的文艺复兴：东欧和中欧 / 英国、法国和西班牙：入乡随俗的问题

第六章
174 巴洛克与反巴洛克
意大利的巴洛克：萌芽期 / 中欧和东欧：繁花似锦 / 西班牙、葡萄牙和拉美：异域盛况 / 法国：一个特例 / 佛兰德斯和尼德兰 / 英国和北美

第七章
230 古典主义的回归
不同时期的古典主义：从帕拉迪奥到大革命 / 宫殿、政府以及新古典主义城市 / 特权生活 / 文化和商业 / 古典主义与基督教 / 四幅建筑师肖像

第八章
274 “我们应该建造什么风格？”
何谓新哥特式 / 建筑与道德 / 再生与幸存 / 新艺术 / 洋房与家宅

第九章
312 追寻风格：现代主义
钢铁、玻璃以及诚实 / 现代主义的信条 / 现代主义和民族特征 / 现代主义的替代品 / 三个推陈出新的人

第十章
362 尾声：风格，在现代主义之后
现代主义的遗产 / 后现代主义的要素 / 多样性与规模 / 当下的困境

380 术语表

383 扩展阅读

384 致谢 / 图片版权

第一章　序幕：奠基——希腊和罗马

学习建筑史的人需要了解希腊和罗马的建筑物，但不大可能在此花费太多时间，原因是它们鲜有存世。在所有古典建筑物中，那些相对完整并保持原有高度的不超过100座，而其中许多已改变了最初的建造目的，比如罗马的戴克里先浴场［Baths of Diocletian］如今是一座教堂。倘若我们算上庞贝与赫库兰尼姆的所有房屋、凯旋门、纪念碑和输水道，这个数字无疑会提高，但一般说来，较之于作为现存的实物，古典建筑的重要性更多地体现在作为一种理念、一种对后世的启迪上。因此，本章会重点讨论那些具有长远意义和影响的方面，在关注大多数建筑物的同时，也关注公元前1世纪罗马作家维特鲁威［Vitruvius］的著作，15世纪后所有建筑师都应该知道他的书，但也许没怎么看过那些建筑物。

古希腊人似乎已经认识到——当然，维特鲁威也知道——最早的神庙是用木头建造的，并且之后的石料结构则是对木制原作的复制。几处本来令人费解的建筑特征由此得到了解释。柱头［capital］最初是垂直的柱子和水平的横梁［beam］间的一块木头。屋顶一头的山形墙［gable］成了三角楣墙［pediment］。屋檐［eaves］成了檐口［cornice］。横梁的末端经过装饰成了三槽板［triglyphs］（立柱上方以及上方柱与柱之间带有三道凹槽的平板）。雨滴饰［guttae］（三槽板下的小饰钉）就是原来的桩子或钉子。

当第一批石头神庙建立之时（约公元前600年），它们已然遵循一种标准的平面结构并在接下去的几百年中鲜有改变：内殿［cella］，一个简单的房间，神像就安放于此，除图像外通常空空荡荡别无他物；拜神仪式不在这里举行。后面的一间房用作宝库。小些的神庙在前面会有一个带四根立柱的门廊［portico］；大型神庙完全被一圈柱廊［colonnade］（也就是列柱廊［peristyle］）包围，唯一的功能就是表明这是一个仪式性的和神圣的建筑物。

1　希腊多利安柱式表现出的力量和坚固是无与伦比的，而立柱中部的略微膨胀和顶部的收缩则加强了这一效果。这座位于意大利南部帕埃斯图姆的公元前6世纪的“巴西利卡”（更确切地说是赫拉神庙）是现存最早带有此类柱式的建筑之一。

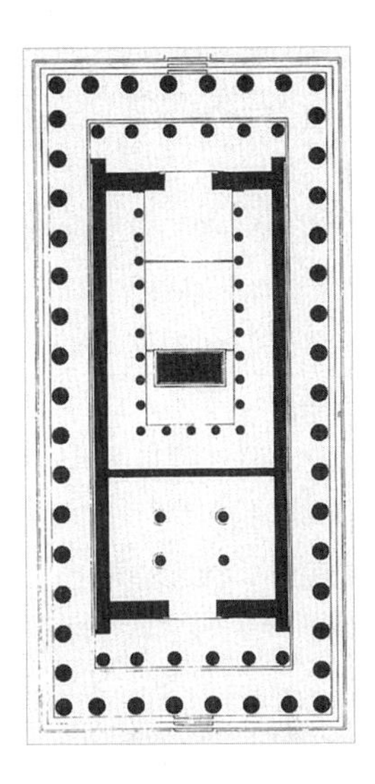

2 对页上图及本页上图：雅典卫城［Acropolis of Athens］上的帕特农神庙（献给雅典娜），约公元前440年，有着和帕埃斯图姆神庙同样的视觉效果（图1），只是形式上更精致。

柱式的规则

立柱是希腊建筑三种“法则”中的一个元素，且是最重要的一个，它使所有的古典建筑物几乎可分为三类：多利安式［Doric］、爱奥尼亚式［Ionic］以及科林斯式［Corinthian］。最显著的区别就在于它们的柱头，柱式［order］一般包括檐部［entablature］（立柱上的水平区域，由柱顶过梁［architrave］、横饰带［frieze］和檐口组成）、柱头、柱身［shaft］以及柱基。柱式既和设计有关也和比例有关。

在时间上，先出现的是多利安柱式与爱奥尼亚柱式。多利安人是希腊大陆的早期居民，而爱奥尼亚人住在小亚细亚（今天的土耳其）沿岸与诸岛。多利安式与爱奥尼亚式似乎同样古老。多利安柱式有一根粗大的带凹槽的立柱，立柱中部略微膨胀（柱上微凸）并向顶部收缩，柱头如同一块垫子，没有柱基。金属大钉将数个桶状石块连接起来组成立柱。刻着竖槽的方板（三槽板）与空白或者带有雕刻的方板（间板［metopes］）交替放置以装饰立柱上的檐部。爱奥尼亚柱式更高更细，带有柱基，柱头特点在于角上的卷形物或涡旋。第三种科林斯柱式是三者中最华丽的，有着高柱基和莨苕叶饰。三种柱式的三角楣墙都可用以放置人像雕刻。

一般来说，神庙在很早的时候就有了。小亚细亚以弗所的阿尔忒弥斯［Artemis］神庙大约建于公元前560年。立柱高65英尺（约20米），真人大小的雕像围绕着柱基。差不多在同一时期还有现存最早的多利安神庙，意大利南部帕埃斯图姆［Paestum］的巴西利卡［Basilica］［图1］，其柱头上似有扁平的垫子，并有明显的柱上微凸效果。这两种柱式在公元前5世纪雅典卫城那些美轮美奂的建筑物中得到了充分展示，比如小巧雅致的爱奥尼亚式雅典娜胜利神庙［Temple of Athena Nike］和雄壮的多利安式帕特农神庙［Parthenon］［图2］——这座神庙是献给雅典娜的，也是古希腊几座重要神庙之一。不同寻常的是围绕帕特农神庙的内殿有一圈连续的横饰带雕刻，在柱廊高处隐约可见。在内部，双层柱廊支撑着屋顶，波光粼粼的水池中立着40英尺（约12米）高的镀金雅典娜像。

3、4 几乎每一座公元前5世纪的多利安式神庙——此处是雅典的提塞翁神庙（对页中图）和巴赛的阿波罗［Apollo］神庙（对页下图）——都遵循一种设计标准，尽管在不同情况下，建筑师会加入自己的改动。

卫城山下伫立着几乎同时代的提塞翁［Theseion］神庙［图3］（更准确的名称是赫淮斯托斯神庙［Temple of Hephaestos］），比帕特农神庙要小，但保存得更好。雅典城外有许多残破的多利安式神庙——埃伊纳［Aegina］神庙（公元前5世纪早期）、苏尼翁

[Sunion] 神庙（公元前 5 世纪中期）、巴赛 [Bassae] 神庙（公元前 5 世纪晚期）[图 4]。巴赛神庙在几个方面比较特别：有一圈雕刻横饰带环绕内殿中的墙壁，室内还有一根科林斯式立柱。

一些保存最好的神庙位于希腊在意大利和西西里的殖民地。那不勒斯南部的帕埃斯图姆以前是一片近海的沼泽地，这里并排伫立着三座神庙，即巴西利卡 [图 1]、刻瑞斯神庙 [Temple of Ceres]（公元前 6 世纪晚期）以及尼普顿神庙 [Temple of Neptune]（公元前 5 世纪中期）。在西西里，阿格里真托城外（古代的阿克累加斯）的山脊上依旧屹立着几座神庙，而通过塞杰斯塔（公元前 5 世纪晚期）未完工的神庙 [图 5] 我们能看到这些建筑物的构建方式。

公元前 5 世纪，多利安式神庙成为一种标准并被大幅度地加以改进。许多改进只有通过仔细测量才能发现。除了柱上微凸效果，所有立柱都有点向内倾斜。角落的柱子略微厚实一些，原因是它们看起来似乎在支撑开阔的天空。立柱下的平台或者说柱座 [stylobate] 从两边以同样的幅度微微向中间升高。所有的调整都旨在消除一切造成顶部重量感和不稳定感的趋势。

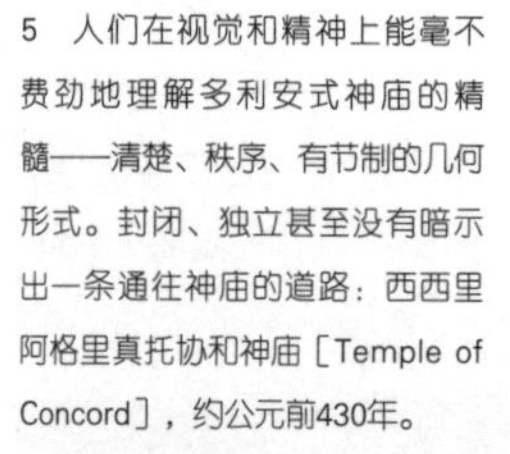

5　人们在视觉和精神上能毫不费劲地理解多利安式神庙的精髓——清楚、秩序、有节制的几何形式。封闭、独立甚至没有暗示出一条通往神庙的道路：西西里阿格里真托协和神庙 [Temple of Concord]，约公元前430年。

即便只是遗迹，这些多利安式神庙依旧巍峨雄壮，让人感受到它们的力量与坚定意志。我们第一眼就会注意到其抽象的几何形

式，所有的细节不过是在加强这一最初印象。这些神庙原本涂有灰泥，还有色彩明丽的精细装饰，这大概使它们呈现出截然不同的样子。神庙在崎岖岬角上俯瞰着海洋或被壮美的山川景色环抱其中（希腊人似乎对此完全熟视无睹），我们不禁用浪漫的眼光去欣赏它们，并油然生发出那些建造者不曾有过的情怀。所有历经岁月冲刷的建筑终会如此。

相比起多利安式神庙，存世的爱奥尼亚式神庙则少得多。卫城上的厄瑞克特翁［Erechtheion］神庙（公元前5世纪晚期）［图6］在平面结构和许多自身特色上都是独一无二的，包括其著名的女像柱廊［caryatid porch］。爱奥尼亚式柱头（有多种不同形式）的涡旋既有力量又不失典雅，更高更细的比例所带来的优美柔和向来被看作具有某种“女性特质”。

科林斯柱式最晚出现，尽管罗马人对其趋之若鹜，但希腊人却不常用到它。我们今天在雅典所能看到残存的奥林匹亚宙斯神庙，大部分建于公元前170年左右，正值罗马人统治希腊之时。在之前的建筑上我们也曾看到这些极其巨大的比例。在阿格里真托，奥林匹亚宙斯神庙（公元前5世纪晚期）的三槽板大得可以让一个成年人舒舒服服地躺在其中一条槽内。人们原本打算将大概30座巨型

6　小型的爱奥尼亚式厄瑞克特翁神庙（厄瑞克透斯是神话中的一位雅典国王）坐落于卫城，对所有规则而言，它都算一个例外。神庙建于公元前5世纪晚期，没有列柱廊，只有两个门廊；其最显著的特色是前景中的女像柱廊。

7 埃庇道鲁斯剧场（约公元前350年）保留了合唱队的圆形演唱席。舞台建在上方，大概有两层，现已不存。

阿特拉斯像 [Atlas] 嵌入建筑物中以支撑墙壁。小亚细亚狄底玛的阿波罗神庙（公元前 3 世纪）长 350 英尺（约 106.7 米），由 108 根高大的爱奥尼亚式立柱所构成的两层列柱廊围绕，更是大到无法加盖一个屋顶。

城市环境

神庙往往只是更大的神圣区域中的一部分，整个建筑群——神龛、祭坛、宝库、剧场——有条不紊地被各条道路连接，并用雕塑来划分。这些建筑都是庞然大物，但各个区域都组织得井井有条，灵活又不失规矩，穿梭往来想必让人陶醉不已。雅典卫城就是这种空间的一个小规模实例。德尔菲、奥林匹亚、埃庇道鲁斯、帕加蒙、以弗所还有提洛岛的中心则更加精美，因为在理论上它们不是任何单一城市或政治权力的专属领地。从中可以看出希腊人在城市规划上所表现出的天才般的想象力让罗马人几乎显得死板老套。

8 雅典利希克拉特得奖纪念碑（约公元前334年）反映了一种希腊圆形建筑 [tholos] 的形式，其环形结构让人想到迈锡尼坟墓。此处的柱式为科林斯式。

作为宗教性建筑物的剧场位于斜坡上，依山腰凿出观众席。最初，合唱队站立的舞池（合唱席 [orchestra]）是圆形的，在埃庇道鲁斯剧场（公元前 4 世纪中期）[图 7] 依旧能够见到。随着希腊戏剧的发展，这块地方被改成半圆形，其后方舞台的重要性日益增加。舞台后作为背景的一座固定建筑有三道门供演员入场。

还有两座值得一提的希腊建筑物，倒不是其本身有多重要，而是因为在雅典它们得以保存至今，引人注目，并多被新古典主义建筑所模仿，即利希克拉特得奖纪念碑［Choragic Monument of Lysictates］［图8］和风之塔［Tower of the Winds］。前者是为了纪念公元前334年利希克拉特在剧场中举办合唱表演所获得的嘉奖。纪念碑建在一块方形底座上，圆柱上附有六根科林斯式立柱和一条雕刻饰带。顶端原来有只铜质三足鼎。后者（公元前1世纪）是一座钟塔，或者说时钟座，它将一个水钟与一只风向标结合在一块儿，八个日晷分别固定在八个方位。塔顶部有表现诸位风神的浮雕。

罗马，希腊的后裔

在审美上，罗马人心甘情愿地追随前辈希腊人；在构造上，则对之加以改进。比较客观地说，对希腊建筑的讨论大多是就神庙而言，而讨论罗马建筑则要涉及更多方面。不过从神庙谈起却不失为一条捷径，因为它们是希腊与罗马建筑之间最为直观的联系。

罗马神庙不是希腊神庙的复制品。一般它们使用科林斯式或者爱奥尼亚式柱式，几乎从不用多利安式；神庙被抬高至墩座墙上，通过台阶进入；通常有一个门廊，一两根立柱深埋于一端，并且两侧往往配有半露柱［demi-columns］而非整圆的独立柱子。位于法国南部尼姆的梅宋卡瑞神庙是一座保存完好的典型的罗马神庙（公元前16年）［图9］。

这种样式一度被作为标准。但1世纪后，罗马建筑变得更加大胆，最初的形式大概会吓到像维特鲁威这样的早期建筑师（见第26—27页），而最后阶段被恰当地称作“巴洛克”。黎巴嫩巴勒贝克的巴库斯神庙［Temple of Bacchus］围了一圈无槽科林斯式（这本身就很不寻常）列柱廊（也很不同寻常），其顶棚是一个筒形拱顶［tunnel-vaulted］，并用诸神半身像加以装饰（更不寻常）［图10］。最不同寻常的是它的内饰极度繁复，在科林斯式半露柱之间的部分，下方是拱形嵌壁，上方为壁龛［aediculeniches］，其中都安放了全身雕像。圣坛是一座精致的小型建筑物，与“破”的三角楣墙——中间断掉，只剩下两端的三角形部分——连为一体。所有这些特点使其更接近于一座后世的教堂而非任何一座过去的希腊神庙。

还是在巴勒贝克，同时期的圆形维纳斯神庙也不是希腊样式。

希腊人也建造过圆形结构，尽管它们不是神庙，而罗马的此类神庙则相当常见（通常献给维斯塔女灶神）。特殊之处不仅是因为它立于由台阶连通的墩座墙上，也不仅是因为使用了无槽的科林斯柱式，而是因为它的几个侧面嵌有壁龛，壁龛之上的檐部被相应地做成齿状。它有一个大门廊，同样也带有缺口的三角楣墙。

所有圆形神庙中最大的就是罗马的万神殿 [Pantheon]（2世纪早期）[图 11]，完全超过了常见的尺寸，这座建筑是献给“诸神”，更确切地说是献给七大行星神的。神庙曾经用彩色大理石作为内饰表面（上层部分在文艺复兴时有些改动，在18世纪则全部被灰泥取代），并被巨大的方格圆顶 [coffered dome] 覆盖，在圆顶中心开了一个冲天的圆孔 [oculus]。在此，人们可以完整地观察一座罗马建筑，这是绝无仅有的。万神殿与任何希腊建筑物都不一样，却几乎与大多数拜占庭建筑物相似，在设计构思上与过去截然不同。其外部没什么好讲，重点在其内部。从此以后，我们应当关注这两个概念，两种想象结构与空间的方式，两种变动、合并还有分离的方式。

万神殿同样也将我们引入罗马人的技术世界。它由砖石与混凝土建成，这些材料意味着新形式并提供了各种新的可能性。万神殿的圆顶曾经是用混凝土制成，坚硬无比，对圆形墙壁施加着垂直向下的压力。严格说来，混凝土、拱还有筒形拱顶都不是新发明，然而将其组合而成的构造此前在西方却从未出现过。罗马的马克森提乌斯巴西利卡（313年左右由君士坦丁大帝建成）[图

9、10 罗马人在几个方面调整了神庙的概念。其一是对方向的全新强调，深邃的门廊标示出入口，其余的列柱廊则“陷入”到墙内（下图：梅宋卡瑞神庙，尼姆，公元前16年）；另外则是加强了内部装饰（右下图：巴库斯神庙，巴勒贝克，3世纪）。

11 罗马万神殿几乎是唯一能够完整一睹的罗马建筑内饰的地方（尽管这么说并不完全正确，因为中间那层在文艺复兴时期曾有过改动）。哈德良皇帝于118年至128年间修建了万神殿，其主要的圆筒部分使用了砖石材料，由一连串减重拱［relieving arches］构成，这些拱在外部看不出来，而在内部则完全被立柱后大理石面的壁龛与（原先）上方的大理石饰面所遮蔽；圆顶的材料是混凝土。

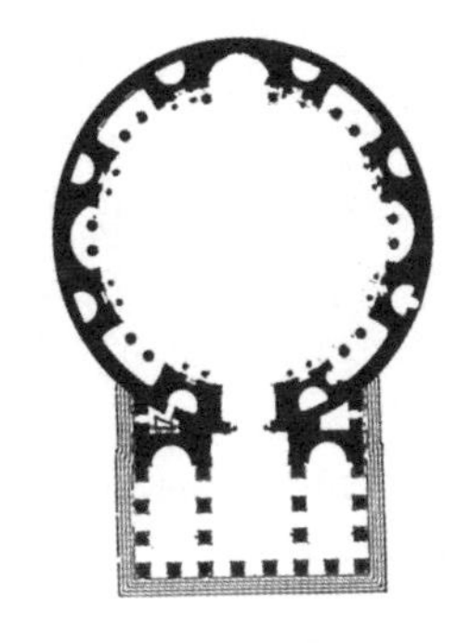

12］有一间中心大厅，或者说“中殿”，顶部是被四分的交叉拱顶［groin vaults］（两个筒形拱顶交叠而成），由八根巨大的科林斯式立柱支撑。在每一边，圆拱都伸入带有筒形拱顶的“十字型翼部”［‘transepts’］。所有的拱顶都布满花格，而内墙则用大理石饰面覆盖。

巴西利卡（该名称源于一位国王的皇室大厅）是公共集会厅或者法庭。马克森提乌斯巴西利卡拥有拱顶则实属例外。更普遍的情况是像图拉真巴西利卡（2世纪早期）那样的建筑物，以中殿为中心，两旁的侧廊分别被两排立柱隔开。立柱所支撑的墙壁被抬高至侧廊以上，墙壁上有窗户（可以说是“通透的一层”）和一个木制屋顶。与门相对的另一端通常有一间凹殿［apse］。

浴场中的房间大气华丽、形式多样，这是一个许多建筑物组合成的庞大建筑群，包括热水池和冷水池、喷水池、更衣室、健身房和公共集会厅。在罗马有好几座这样的建筑群（保存相对完整的卡拉卡拉浴场和戴克里先浴场），在所有主要的省城中也至少都有这么一座，比如意大利南部的庞贝、利比亚的大莱波蒂斯，还有巴黎（如今在克吕尼府邸还保留着建筑的主体部分）。从绝大多数建筑中我们再次明显地看到朴素外部与奢华内部的对比；从外面看，莱波蒂斯的狩猎浴场就像防空洞集合地。

既然希腊人和罗马人的生活中带有这么浓重的公共色彩，那么，他们家庭生活的私密性则势必让人大吃一惊。这种私密性部分是由女性地位造成的，作为妻子和母亲，她们被与世隔绝。在街上，人们基本看不到房屋的正面。屋内通常开了一个天井，四周围着一圈柱廊，中间有水池。乡间别墅则更开放，不过平面结构如出一辙。作为古典世界的两个侧面，罗马本国的生活方式与罗马浴场尽管在西方已经消失，却传播到了拜占庭以及之后的伊斯兰文明，并在那里流行开来。

罗马剧场十分严格地遵循希腊的模型，尽管并非依山而建，却坐落在众多圆拱之上。舞台靠后的幕墙［scenae frons］是华丽的建筑部件，在利比亚的莱波蒂斯和萨布拉塔、土耳其的阿斯潘多斯、

12 罗马的马克森提乌斯巴西利卡（4世纪早期）。中间带有穹棱拱的“中殿”已经看不到了，而我们看到的是三间宏伟的带有筒形拱顶的隔间［bay］，一侧完全暴露在外；对面原本应该有与之相配的三间大厅。

13 韦斯巴芗皇帝于75—80年间修建了罗马圆形大剧场，这曾是世界上最大的圆形剧场。其主要成就体现在结构上，然而以后世的眼光看来，它之所以重要还在于对多利安式、爱奥尼亚式、科林斯式半露柱（无槽）和顶层科林斯式壁柱的叠加使用。

法国的奥朗日以及许多其他地方都能见到这种幕墙。罗马的圆形剧场则更为独特，人们在这里观看角斗、斗兽和比较血腥的娱乐活动。最大同时也是最负盛名的罗马圆形大剧场［Colosseum］（1世纪）［图13］在建筑学上意义重大，因为它率先（多少预示了马尔塞鲁斯剧场［Theatre of Marcellus］）将不同的柱式层层叠加，多利安柱式在最底层，爱奥尼亚式在中间，而科林斯柱式在顶层，这种设计在希腊人眼中大概俗气得无可救药。这也是一种将几层在构造上相同的圆拱组合起来的模式，还有一套体系完整的柱式支撑着（非结构上地）墙壁上的平整檐部，因此将为满足功能需要而呈现出的外在形式转变为没有实际功能的纯粹装饰。这是一种建筑上的虚构，后来各种古典形式的复活都由此开始。

然而，就工程与规划上的特色而言，圆形大剧场（以及帝国内其他数不胜数的圆形剧场）相当成功。45000名以上的观众可以自由通畅地出入圆形剧场，欣赏其壮观景象。尽管这座庞然大物的用途令人们感到不悦，但颇为讽刺的是，将其作为伟大罗马的一种象征却又无可厚非。

几百年来，人们都无法超越身为工程家的罗马人。后人带着惊奇的眼光审视着那些“出自巨人之手的”输水道、桥梁、墙壁、广场、市场和道路，其中许多建筑物还具有军事用途，在规整棋盘布局上奠基并建立的许多新城市也是如此。在巴尔米拉和北非某些城市如提姆加德和大莱波蒂斯，人们都可以徜徉在罗马街道上，欣赏其格局。在德国特里尔，人们可以步入四层双拱城门——黑城门。在庞贝，人们可以走进富裕的中产阶级家中，这里依旧能够生动地呈现出他们奢华的生活方式。在罗马帝国的港口奥斯蒂亚，人们穿过一栋栋高大阴暗的贫民房屋。而在罗马，人们可以站在图拉真市场中，抬头是屋顶，两边却是商店门面。在蒂沃利，人们会迷失在哈德良皇帝的梦中，依据饱含记忆的建筑重现他的往昔。越过亚德里亚海，在斯普利特，至今还有一座小城，在那里大多数戴克里先皇帝的宫殿都得以留存。

城镇规划和工程不在本书的讨论范围之内，然而这些体现罗马势力的遗迹还是让我们印象深刻。譬如，我们很难不将尼姆附近的输水道嘉德水道桥的三层巨大拱门当作一件艺术品。在传统上比较接近这种拱门的是为了颂扬皇帝与将军而建的凯旋门，它们常被完整地保存下来。大多数这样的凯旋门带有一个用科林斯柱式装饰边框的拱门，其顶部是刻有铭文的屋顶层。有时则是三个拱门（中间的大，两边的较小）外带大量的雕塑。最壮观的要算罗马的君士坦丁凯旋门 [Arch of Constantine]（4 世纪早期），不过人们在帝国每个村里都能找到这样的建筑物。凯旋门历史悠久，形式多样 [图 277]。

维特鲁威，一份留给后世的文献

一直到公元前 2 世纪，古典建筑总体说来还相当保守，改变缓慢且只是些无关紧要的变化。因此对于那些就这一主题进行写作的人来说，想要为古典建筑归纳提炼出一套规则并不困难。我们从维特鲁威的文字中得知他并非唯一撰文讨论此问题的人，但他写于公元前 1 世纪的著作却是同类书籍中唯一保存下来的，并因此获得了稍显过度的权威性。维特鲁威书中有一定的理论，但大部分内容相当具有实践性。他谈到诸如建筑物材料、地基、墙壁、窗户和屋顶这样的基本话题，还谈到一位建筑师期望设计的各类建筑物，包括神庙、剧场、广场、巴西利卡和住房。他推崇的（典型的古典）品质是和谐、平衡、得体和力量。

维特鲁威书中只有一小部分与后来的建筑师息息相关，特别是那些讨论神庙设计和如何使用柱式的内容。他行文谨慎，有条有理，实际上甚至有点乏味。他按照柱式、正面和侧面立柱的数量以及单双柱对神庙进行分类。虽然表面上他只是在描述当时的建筑惯例，但他不自觉地流露出说教的语气："柱头应该依据比例……""涡旋必须退到顶盘［abacus］之后……""柱头高度势必要被分成 $9\frac{1}{2}$ 的部分……"所以我们在读维特鲁威时，总觉得他像一位制定规矩的教师，尽管实际上有许多古典建筑物并不遵循这些规矩。

是维特鲁威告诉我们多利安柱式散发出男性气息，爱奥尼亚柱式像成熟的女性，而科林斯柱式则好似年轻女孩。在实际讨论柱式的时候，维特鲁威深入细节，描述柱头的确切形式，檐部上的各个元素，高度和直径的比例，柱间距（柱子间的空间），柱上微凸的幅度，柱槽的数量，柱基的尺寸以及许多其他特征。这类有些学究气的讨论实际上十分切合该书的主题，因此我们会看到后来的建筑家和批评家们就诸如转角处多利安柱式三槽板位置这样的问题进行旷日持久的争论：正常情况下它们被放在立柱正上方，但如果这样的话，最靠边的立柱上方，三槽板与转角间就会留下空白。将三槽板移到角落并稍稍与其临近的那个交叠就可以避免这一问题。这只是古典建筑中产生的众多相似问题中的一个。可是无论多么小的变化都势必会牵涉到别处的变动。勒琴斯［Lutyens］管这叫作"高级游戏"。

罗马帝国的衰亡和基督教的兴起改变了建筑的面目，大概过了1000年，这种"高级游戏"才再度出现。

第二章　罗马的基督教遗产

君士坦丁在326年宣布基督教为罗马帝国的国教，并立刻野心勃勃地计划在罗马和帝国东部建造教堂。从此时到他337年驾崩，有六座重要的教堂相继动工，分别是罗马老圣彼得教堂［Old St Peter's］教堂、罗马圣约翰拉特兰［St John Lateran］教堂、罗马圣母［S. Maria Maggiore］大教堂、君士坦丁堡老圣索菲亚［Old St Sophia］教堂、伯利恒圣诞［Nativity］教堂，以及耶路撒冷的圣墓教堂［Holy Sepulchre］。圣墓教堂因与著名的基督墓相结合而与众不同。其余教堂则都依照巴西利卡的平面结构修建。

君士坦丁和新罗马

君士坦丁在位时，上一章中所提到的诸如图拉真巴西利卡那类建筑物已成为诸多教堂的样板。使用“巴西利卡”一词会产生两种让人困惑的含义——在基督教层面上，巴西利卡指某种级别的教堂，而在建筑层面上，它指这样一种建筑物：带有开口冲着侧廊的柱廊或拱廊［arcades］以及一间通过高窗获得照明的较高的中殿。

这些头一批的基督教教堂并不算小，它们几乎同罗马世界里的所有东西一样高大。老圣彼得教堂大约被毁于1500年，但借由绘画而广为人知，它的长度超过350英尺（约107米）并有双侧廊［图14］。在教堂一端有宽敞的十字型翼部和一间凹殿，祭坛就在那里。圣约翰拉特兰教堂的平面结构与此类似；这座教堂的结构幸存了下来，却被波洛米尼改建为巴洛克式教堂，尽管它保留了4世纪的八角形洗礼堂［图15］。圣母大教堂也经过改造，但并未面目全非，而依然能让人完全领会到早期基督教建筑外观的精髓。君士坦丁堡的老圣索菲亚教堂则全然无迹可寻了。同样具有双侧廊的伯利恒圣诞教堂虽然是6世纪重建的，却遵循了最初的设计。

并不是所有君士坦丁时期的建筑地基都采用了同样的设计图，可是那些比较独特的都遭到了毁坏。在米兰，圣洛伦佐（370年）

14　4世纪早期的罗马君士坦丁圣彼得巴西利卡的中殿，从入口看过去，西方基督教国家的主教堂就是朴实的巴西利卡构造加上开放的木屋顶：中间的柱廊支撑着平整的檐部和高窗，两旁分别是双侧廊——这一点很少见。题铭曰“毁于保罗五世治下”。

CONTIGNATIO·TECTI·PARTIS
VETER·BASIL·SVB·PAVLO·V·
DEMOLITAE·

教堂通过重建得以保存，其平面结构是别致的四叶形［quatrefoil］，通过凹形拱廊向环形回廊［ambulatory］四面展开。更罕见的是叙利亚的高柱修士西蒙忠烈祠［Martyrium of Qalat Siman］（470年），四条带有侧廊的长条臂状结构（实际上就是巴西利卡）在中间的八角形室交会。

巴西利卡式的平面结构在意大利得以保留，甚至在东哥特人于5世纪初期征服那里之后还是如此，因为他们皈依了基督教（例如，罗马圣撒比纳［S. Sabina］教堂（425年）；罗马城墙外的圣保罗［St Paul without the Walls］教堂，始建于385年）。但是建筑上的创造力转移到了以新都城君士坦丁堡为中心的东罗马帝国。（形容词“拜占庭的”［Byzantine］源自一座古城的希腊语名字，被用在东罗马帝国的艺术与文化上）举个例子，我们在君士坦丁堡斯图迪奥斯圣约翰［St John of Studion］修道院（463年）以及萨洛尼卡的圣德米特里［St Demetrius］教堂（5世纪晚期）那里看到的巴西利卡形式不久就让位给基于罗马砖石和混凝土结构特别

15 罗马圣母大教堂依旧保持了其早期基督教建筑的外观。这是西克斯图斯三世［Sixtus III］于432年重建的一座早期教堂。后来的那些教皇又增添了地板砖（12世纪）、天花板（16世纪）和祭坛上的华盖（18世纪）。

是大圆顶的新式教堂建造概念。大多数罗马大圆顶都建在圆形底座上，例如万神殿和卡拉卡拉浴场的热水室。在罗马，所谓的医者密涅瓦神庙 [Temple of Minerva Medica]（4 世纪早期）开辟了建筑上的新天地，它在十角形拱廊上盖上一个圆顶，并用一圈半圆形礼拜堂 [chapels] 加以支撑。几乎可以肯定的是，这种东方影响来自帝国以外。自 3 世纪始，伊朗萨珊王朝时期的人们就懂得如何在非圆形空间上建造圆顶。比如沙普尔的宫殿（约 200 年）有四边通向筒形拱顶，转角处是大型神龛，而萨尔维斯坦宫殿 [Palace of Sarvistan] 在转角处运用内角拱 [squinches]（以砖为材料的同心拱）将方形转变为圆形。

拜占庭建筑师应该对这些建筑物并不陌生，但他们如此迅速而信心百倍地广泛使用各种新技术还是让人吃惊不已。（实际上他们有些过分自信了，新圣索菲亚教堂的第一个圆顶就曾经坍塌过，于是不得不重建）从本质上说，拜占庭风格是在最伟大的皇帝兼建筑者查士丁尼（527—565 年）统治时期而完全成型的。

拜占庭的成就

君士坦丁堡的圣索菲亚教堂 [St Sophia] 或者更准确一些说是上帝圣智 [Hagia Sophia]（神圣智慧之意）教堂 [图 16]，动工于 532 年，为较高的西方建筑之一，施工后的最终效果完全符合最初的设计，丝毫没有丢失这座建筑神品本该具有的震撼人心的效果。在此人们第一次为这么大的空间（225 英尺 × 107 英尺 [约 69 米 × 33 米]）起拱而不借助任何中间的支撑物。我们已经知道建筑师的名字：特拉勒斯的安提莫斯 [Anthemius] 和米利都的伊西多尔 [Isidore]，他们似乎致力于追求轻盈的效果。为什么这座建筑能够屹立不倒我们不得而知，但当时有一种说法是说因为“来自天堂的链条悬挂着”圆顶。

当然，事实上支撑系统的设计必定经过深思熟虑。圆顶由四个硕大柱墩上的四个圆拱所支撑。这样构成的方形区域的四角由穹隅 [pendentives] 衔接，这是一种更高级的内角拱 [squinch]，由一个凹形三角石面或者说球形的一部分构成。圆顶本身弱不禁风，它通过一圈窗户围盖在基座上，这使其看起来几乎没有重量。中间部分显然在东西两侧是完全开放的（比如祭坛与入口处），但实际上起支撑作用的是倚靠圆拱的半圆顶，将重量转移到降低的一层并再

محمد
الله

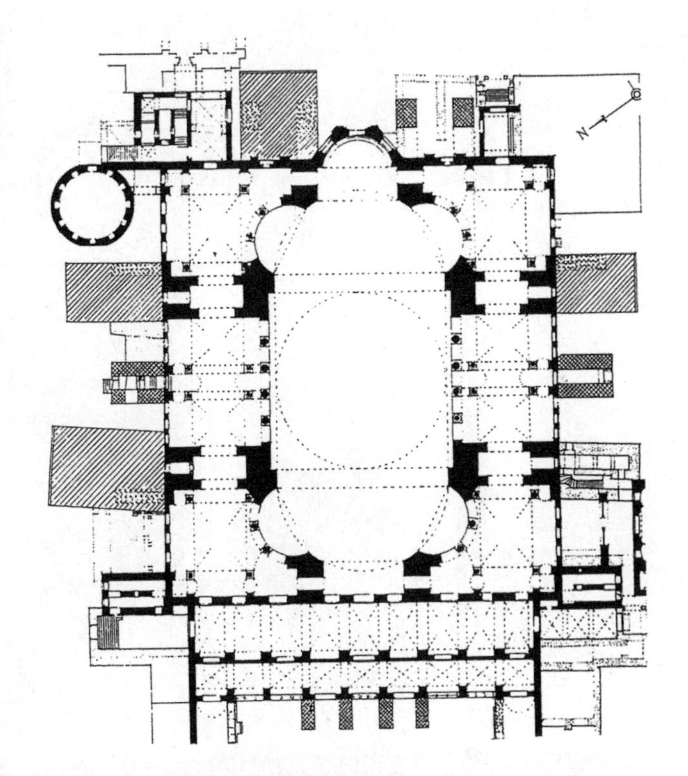

16 君士坦丁堡查士丁尼的上帝圣智教堂（532年）是一座举世无双的建筑，到哥特式主教堂出现前都无出其右者。其结构隐藏在大理石饰面和马赛克之下，光线奇迹般在每一层都透入室内，营造出经过烘托的情感氛围，与教堂中进行的拜占庭礼拜仪式协调一致。

通过下面的楼层传递到地面。南北两侧则由两层轻巧的圆拱和嵌入窗户的弦月窗墙［lunette walls］承载——无疑也不负重。然而在外面则有四座巨大的扶垛［buttresses］——从室内无法看到，但从各个方向承担了圆顶压力。

立柱全都是有色大理石，人们在白色大理石柱头上凿出花纹，下部墙壁覆以大理石饰面，上部墙壁原本以玻璃马赛克覆盖。整体效果至今仍旧动人不已，在查士丁尼时代想必有过之而无不及，那时，这里常常举行拜占庭的仪式，空气中回荡着拜占庭的音乐。

上帝圣智教堂独一无二。的确，没有哪座拜占庭教堂能达到这样大的规模；它的地位无可撼动。君士坦丁堡的圣艾琳教堂［Church of St Irene］（6 世纪，大部分是重建的）则是前者的精简版，它用两个圆顶取代一个圆顶，以强调纵向感。完工于 565 年的以弗所圣约翰教堂则有三个圆顶。许久以后，圣索菲亚教堂的影响在奥斯曼土耳其人重建的大清真寺上还清晰可见，他们在 1453 年征服了君

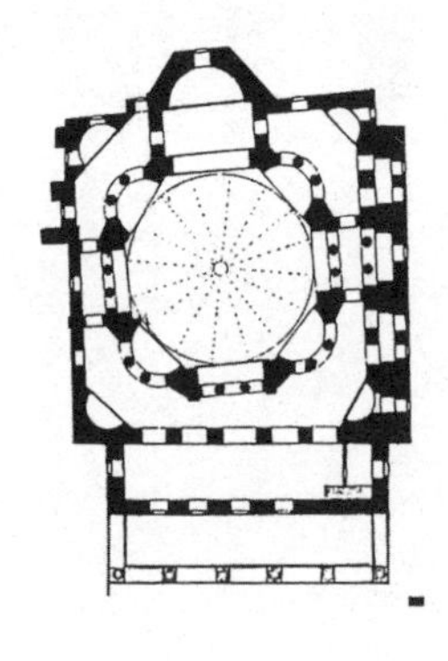

17 君士坦丁堡的圣瑟古斯和圣巴楚斯教堂是查士丁尼的诸多建筑中的另一座，不过在规模上比上帝圣智教堂要小。平面结构同样别出心裁，八边中的七边由两层或平直或凹陷的隔间交替构成，围成一圈回廊。只是在东端，整个立面只有一只通向高坛［chancel］的圆拱（当这座教堂变成清真寺后，方向发生了改变，使其看上去有点歪斜）。

士坦丁堡并保留了这座教堂。

查士丁尼在君士坦丁堡所建造的众多教堂中，还有一座则在更短时间内产生了堪比上帝圣智教堂的影响，那就是动工稍早一些的圣瑟古斯和圣巴楚斯［SS. Sergius and Bacchus］教堂［图17］。在此，圆顶盖在八边形结构上，每边都开了三联拱廊——一个平直的拱廊挨着一个弯曲的拱廊，形成了一圈围绕教堂的连续回廊。尽管这种结构的平面视图是不规则的方形，却造就了迷人的空间和景致。当查士丁尼攻下东哥特人在意大利北部的都城拉文纳之后，他下令建造了圣维塔莱［S. Vitale］教堂［图19］，可以说是圣瑟古斯和圣巴楚斯教堂的改良版。整座教堂呈八角形，圆顶下对称地分布了八个隔间［compartments］，通过凹形三联拱

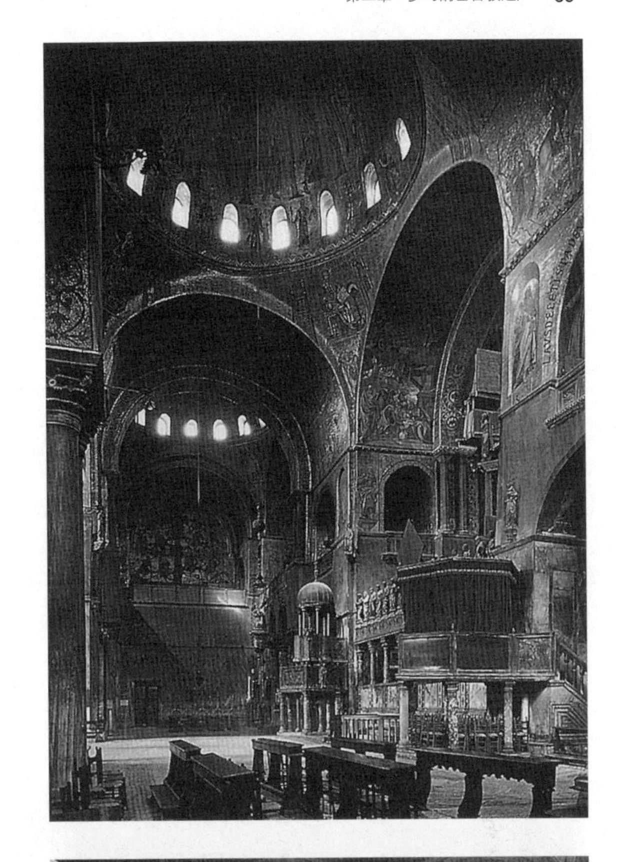

18　拜占庭在意大利的遗产。1063年动工的威尼斯圣马可教堂似乎是以查士丁尼在君士坦丁堡修建的圣使徒教堂（现已不存）为原型的。威尼斯同东罗马帝国密切的联系造就了圣马可教堂那种强烈的拜占庭风格。

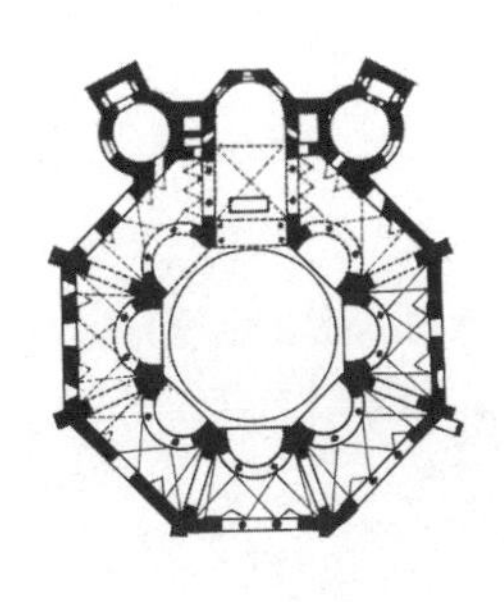

19　6世纪的拉文纳圣维塔莱教堂与圣瑟古斯和圣巴楚斯教堂（图17）在结构上十分相似，不过所有的隔间都是凹面的。拉文纳也在查士丁尼帝国的版图之内。

廊连成了八角形回廊。圣维塔莱教堂因其马赛克装饰而尤为值得称道，著名的查士丁尼与狄奥多拉的镶嵌画就在这里。

君士坦丁堡还有一座查士丁尼的教堂，即圣使徒 [Holy Apostles] 教堂，其有着希腊式的十字形平面结构，几个圆顶安放在交叉处和臂段上。土耳其人破坏了这座教堂，但它或许是威尼斯圣马可 [St Mark's] 教堂 [图 18] 的模型，后者是西方教堂中较具拜占庭特色的一座。五只圆顶、彩色大理石围屏和铺天盖地的马赛克都是对之前拜占庭建筑的回顾。

拜占庭的遗产

尽管浸淫在拜占庭文化中，亚美尼亚却在政治上保持了独立，如今它分属土耳其、格鲁吉亚以及亚美尼亚共和国，后两国曾为苏联的一部分。亚美尼亚曾经在建筑上非常繁荣，如果不是损毁殆尽所剩无几的话，它本该在史书上留下浓墨重彩的一笔。阿尼主教堂 [Cathedral of Ani]（10 世纪）呈纵向设计，建有三个隔间，中间那个上方的圆顶强调了教堂的中心部分，它号称是第一座使用尖拱的建筑物。更有意思的是一批 7 世纪早期的小教堂都有着集中式的平面结构 [图 20]。它们是拉文纳圣维塔莱教堂的变体，不过用圆形取代了八角形并带有内部拱廊、四叶形平面结构，通过三级楼层通向圆顶。现在位于格鲁吉亚境内的几座6世纪的小教堂有四叶形、六叶形和八叶形等平面结构。另一种常见的变体是带有四间凹殿的希腊式十字结构，边角处有四间方形礼拜堂。很难说这些亚美尼亚建筑物真如它们看上去那样具有原创性。人们在叙利亚安提俄克发掘出一座 5 世纪圆形四叶教堂的地基；土耳其希拉波利斯（棉花城堡 [Pamukkale]）另一座同时期的建筑物有着八角形套八角形的结构。可见拜占庭样式也有前身可循。

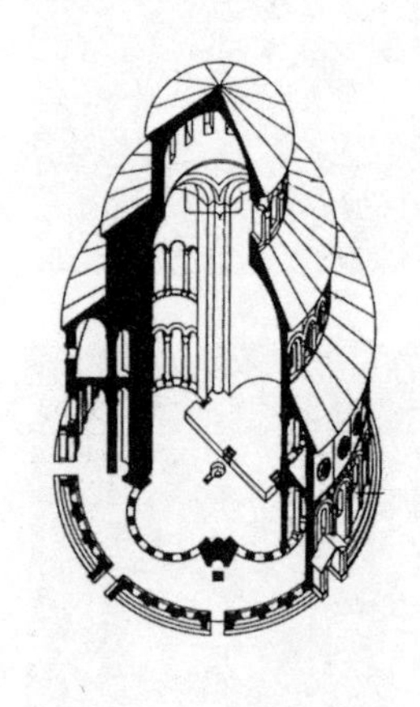

20　拜占庭样式最为盛行的一个地方是亚美尼亚（今天一部分在格鲁吉亚，一部分在土耳其）。这里原本有一批巧夺天工的教堂，可惜如今只剩下残垣断壁。兹瓦尔特诺茨教堂（7世纪）让人回想起圣瑟古斯和圣巴楚斯教堂以及圣维塔莱教堂（图17、图19），圆形平面结构和凹形拱廊隔间围成一圈回廊。此处是依其地基而作的复原图。

亚美尼亚之后，欧洲的拜占庭建筑日趋式微。君士坦丁堡陷落后，东罗马帝国的教堂成为晚期希腊东正教堂 [图 21]。奥斯曼帝国容许却不鼓励这样的教堂构造。它们尺寸小巧，在建筑上也不太起眼，平面结构不是纵向的就是集中的，但差不多都盖有圆顶。其内饰表面覆有马赛克或者壁画装饰，结构全然不是重点，以至于很难将它们当作建筑。圣障 [iconostasis] 是这类教堂最突出的特色，像一块切断教堂整个东面的屏障，只有神职人员才可进入。武装圣徒昏暗、精致、神秘的面庞在烛光下熠熠生辉，他们依旧强烈地透

露出基督教的传统，这种传统在过去500年里鲜有改变。最古老的希腊市镇都有这样一座教堂，尤其值得一提的是位于雅典、萨洛尼卡的那些以及阿索斯山的诸修道院。

在远离君士坦丁堡的前南斯拉夫一带有一些更勇于创新的教堂，它们不遵循标准的平面结构，但几乎都带有圆顶。在希腊和塞尔维亚比较流行的一种当地的变体是“方形内十字”[cross-in-square]平面结构，一块方形被划分为九份，一只高耸的圆顶罩在中间交会处，较小的部分分散在角落，使得教堂主体形似希腊式十字架。该建筑在尺寸上高得有点让人不安，以至于窄小的转角处隔间看上去如同烟囱一般。即便如此，其内饰还是和教堂其余各处差不多，通常全都覆以精美绝伦的湿壁画。12世纪的内雷茨[Nerezi]教堂和14世纪的格拉查尼察[Gračanica]教堂[图22]就是此类建筑中最有名的代表。

21　晚期希腊东正教堂在规模上较小，尽管在想法上保持了拜占庭建筑的特点，但鲜有能与上帝圣智教堂比肩者。米斯特拉14世纪的霍德格特里亚教堂[Church of the Hodeghetria]大体上是将一块方形划分为九个小方形，中心盖一只大圆顶，边角处是小圆顶。

拜占庭基督教于988年传到俄罗斯，紧随其后的便是拜占庭建筑。基辅的上帝圣智主教堂是俄罗斯现存最早的纪念碑式建筑，这座建于11世纪前半叶的建筑得以完整保存。它有一只巨大的圆顶和十二只小圆顶（象征基督与十二使徒），很可能是建在带有长条窗户的高耸鼓形座[drums]上。不出几年，这种新风格从第聂伯河向北传播到切尔尼戈夫，那里的主显圣容主教堂保存得更为完好（或者说直到第二次世界大战之前），之后又传到诺夫哥诺德——1200 年前至少还有三座教堂留存下来、弗拉基米尔（12 世纪中期的圣母安息主教堂 [Cathedral of the Dormition]）、苏兹达尔 [Suzdal] 和普斯科夫 [Pskov]。大多数那个时候的俄罗斯教堂采用的平面结构是方形内十字的各种变体，带有一个或多个圆顶。同样移植而来的还有拜占庭的湿壁画传统，那明丽的色彩以及使徒和圣徒们炯炯有神的目光使得教堂内部仿佛具有生命一般。

这一传统在 15 世纪来到莫斯科（圣母安息主教堂，讽刺的是其建筑师居然是一位意大利人）并在没有大变动的情况下一直延续到 17 世纪、18 世纪甚至 19 世纪，真是保守主义的一个极端例子。不过改变倒是有一个。拜占庭和希腊式教堂注重内部空间，而俄罗

22、23　拜占庭的各种变形。右图：科索沃的格拉查尼察教堂是一座规模宏大的皇家建筑，在主要的方形内十字结构前有一座前厅。对页：拜占庭传统终结于“莫斯科巴洛克”风格的莫斯科圣瓦西里大教堂（1553年）。现在所有的注意力都被集中到建筑的外部效果，而内部则被简化为一系列小礼拜堂。

斯教堂不久便转为关心外部效果了。塔楼变得更高并被拉伸出弯曲的如龙鳞般多层叠加的样子，被称作可可施尼克 [kokoshniki]。顶部则长出了金碧辉煌的洋葱式圆顶。莫斯科圣瓦西里 [St Basil's] 大教堂（1553 年）[图 23] 有八只这样的圆顶，五彩纷呈。“莫斯科巴洛克” [Moscow Baroque] 成了一种公认风格。这些最别致的教堂中有不少是在加筑过防御工事的修道院内，作为防卫措施它们坐落在俄罗斯一些老城周边。圣彼得堡的斯莫尔尼修道院 [Smolny Convent]（1748 年）[图 228] 由拉斯特雷利设计，它具备了和洛可可时代相同的基本方案。

24　9世纪奥维耶多的纳兰科圣马利亚教堂曾经是阿斯图里亚斯国王拉米罗一世的宫殿，阿斯图里亚斯是西班牙北部的一个省份，这里从未被摩尔人征服。尽管与作为其建筑语汇来源的罗马皇家建筑物相比，该教堂显得有些粗糙，但就当时西方世界的整体状况而言，还是很精致的。比如立柱上带有螺旋纹，拱肩 [spandrels] 上的大奖章像悬挂在稍稍突出的饰带上的印章，还有筒形圆拱。

西欧：黎明前的黑暗

罗马军团撤退后的四五百年间，欧洲西部的建筑发展中并没有什么激动人心之处。在意大利，巴西利卡式教堂依旧是标准形式，通常更值得一提的是装饰而非建筑结构；譬如拉文纳的新圣阿波利奈尔教堂［S. Apollinare Nuovo］（6 世纪）。

我们知道在西班牙，西哥特人的王国是基督教文化的主要中心，那里有不计其数的华丽教堂，其中每个角落都散发着艺术之美。随着穆斯林 711 年的入侵，西班牙大多数地区的教堂被摧毁殆尽，今天，即便是残砖碎瓦也已难寻踪迹。西哥特人对基督教的狂热只限于阿斯图里亚斯王国境内，西班牙北部一带从未被摩尔人征服，这里还保存着许多几近完工的建筑物，包括奥维耶多的圣胡里安教堂［S.Julián de los Prados］（约 820 年），它有着巴西利卡式的结构和一间宽阔的十字型翼部以及源自古罗马壁画的独特精美装饰，另外还有曾经作为皇宫一部分的纳兰科圣马利亚［S. Mairade Naranco］教堂（848 年）［图 24］。

盎格鲁—撒克逊人［Anglo-Saxons］和法兰克人［Franks］都是多产的建筑家，据文献记载，他们在建筑方面取得了惊人的成就。不列颠的那些主教堂虽然规模不大却装饰得富丽堂皇。在温彻斯特，人们挖掘出过去教堂所属建筑的地基，可以看出这些建筑都极具野心。不幸的是，幸存的遗迹与编年史家的溢美之词并不相符。北安普敦郡的布里克沃斯［Brixworth］教堂（680 年）或者格洛斯特郡的迪尔赫斯特［Deerhurst］教堂（10 世纪早期）质朴厚重，却丝毫体现不出在建筑层面上有何过人之处。

文献与实物不符的情况在法国甚至更为严重。图尔的格列高利写道：在 472 年，主教佩尔佩图在图尔建造了一座献给圣马丁的巴西利卡式教堂，比阿尔卑斯山以北所有的教堂都要大（长 160 英尺［约 49 米］，52 扇窗户，120 根大理石立柱）。在欧塞尔、巴黎、里昂和克莱蒙都曾出现过大型教堂，但被一次次的重建所损毁，早已消失殆尽。剩下的只是一些地下墓室，或者如普瓦捷建于 5 世纪的圣约翰洗礼堂［Baptistery of St Jean］这种中规中矩的建筑物。

而德国在建筑上甚至可以说是倒退。我们对罗马人统治莱茵河（特里尔）以及多瑙河（雷根斯堡）的那段历史了若指掌，却叫不出任何一座从那时到 800 年之间建筑物的名字。然而正是在这个死气沉沉的地区，人们即将迎来西方建筑的复苏。

第三章 从头再来：加洛林和罗马式

800年的圣诞节，教皇利奥三世［Leo III］在罗马为法兰克王查理曼［Charlemagne］大帝加冕。这不过是一个形式。统治者的权威毋庸置疑，但其象征意义却举足轻重。这样查理曼就可以宣告其帝国是古罗马的后继者。（200年后这一宣告随着神圣罗马帝国的建立而变得名正言顺）

至1000年左右的加洛林文艺复兴

建筑同艺术、文学以及法律一样，是查理曼宏图大业中的重要一环。但有趣的是，他的主要建筑计划——位于莱茵兰亚琛的宫殿与礼拜堂［图26］在样式上并未追随古罗马，而是堪称“第二个罗马”的君士坦丁堡。他为礼拜堂选择的模板是查士丁尼在拉文纳建造的圣维塔莱教堂［图19］，内部的镶嵌画强烈地传达出帝国概念，查理曼巡游南方时必定造访过此处。

大理石立柱和铜栏杆［parapets］等大部分材料实际上是从罗马运过来的。铜门都是古典式的。然而亚琛的礼拜堂是圣维塔莱教堂的简化版：外部也有十六条边，内部为八边形的拱廊，但拱廊隔间四边笔直而非凹形，整体效果相对比较平淡。即便如此，当时礼拜堂内的陈设（宝座、讲坛、环形吊灯）还是让人印象至深，只是14世纪增添的晚期哥特式唱诗班席［choir］才稍稍减弱了其效果。

这座礼拜堂（如今成了主教堂）本是以罗马拉特兰宫［Lateran Palace］为原型的大型建筑群的一部分。建筑群本身已荡然无存，不过在别处尚能找到查理曼时代的一些残垣断壁。一处是法国热尔米尼代普雷［Germingny-des-Prés］小礼拜堂（806年），其平面结构为方形内十字，每条臂段都有一间凹殿。另一处是德国洛尔施［Lorsch］修道院建有三门拱廊的门楼（约800年），大概是以类似的老圣彼得教堂前的门楼为基础并显然融入了古典的组合壁柱［pilasters］，再上面一层是完全非古典的带有三角顶盖的封

25 罗马建筑在查理曼大帝治下的复活被视为一个重要转折点，尽管这些建筑物相对来说只是中等规模。大约于1030年在施派尔动工的那座伟大的“帝国主教堂”标志了一个重要的崭新阶段，即罗马式的开始。矮廊［dwarf gallery］和双塔位于高坛侧面的形式也出现在伦巴第地区。

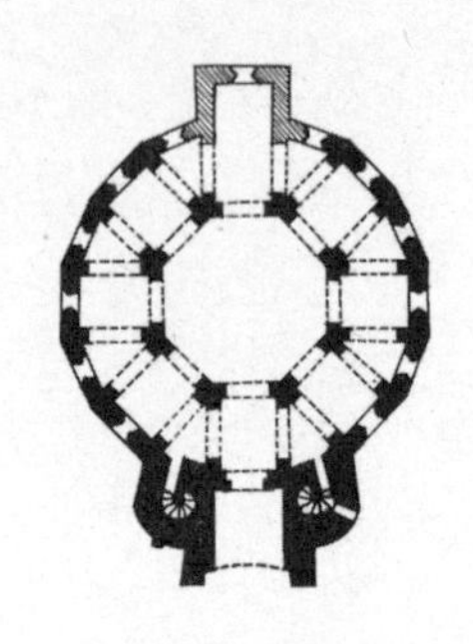

26 上图和下图：查理曼大帝在亚琛的宫殿礼拜堂显然暗示了查士丁尼在拉文纳的圣维塔莱教堂（图19），并且无疑在意识形态上也刻意如此，象征帝国概念天长地久。尽管比原型要更简单一些，这座礼拜堂在9世纪早期的德国无论就建筑而言还是就政治而言，都算得上一份震动人心的声明。

闭拱廊。还有三处是位于德国赖兴瑙下采尔［Niederzell］、中采尔［Mittelzell］和上采尔［Oberzell］的修道院教堂，它们坐落在充满诗情画意的康斯坦茨湖中，从9世纪早期建成至今鲜有改变。它们的结构采用巴西利卡式，中采尔的教堂在西端有一座高耸的塔楼，其内部还保存了大量原始的湿壁画装饰。最后一座是法国北部阿布维尔的礼拜堂肯图拉［Centula］（圣里基耶［St Riquier］）修道院教堂［图27］，尽管不存于世，却由于一幅画而为人所知。肯图拉教堂比亚琛的礼拜堂更加华丽，并且像后者一样专程从罗马运来材料。它是一座巴西利卡式教堂，一座塔楼不可思议地环盖在位于交叉处的底座上，另一座塔楼位于西端，经过扩展后成为"面西大门"［westwork］，这一厚实的建筑物包括了底层的前厅［narthex］或者说门厅［vestibule］以及上一层面向西侧中殿的礼拜堂。东端是一间十字型翼部、交叉处和高坛，尽头处是一间凹殿，两侧是楼梯角楼［stair-turrets］。

肯图拉教堂是建筑史上较著名的"消失的纪念碑式建筑物"之一。假如它还在的话，随后的历史就会更明了。就实际情况而言，

查理曼统治时期算得上首次文艺复兴，这时人们有意识地恢复了古罗马的各种价值观和欧洲实为统一体的概念。他设法将法国、德国和意大利北部的大部分地区都囊入其治下。他的观念甚至在其帝国被后继者——奥托王朝和卡佩王朝——瓜分后依然存在，这种观念几乎在智力生活和艺术生活等各个方面都有所体现，甚至在当时尚存的东罗马帝国（奥托二世娶了一位拜占庭公主）也可见种种关联。一直到大约1000年——奥托王朝的末代皇帝死于1002年——各个族群才开始呈现出各自的文化特征，这一变化在建筑方面要比其他方面表现得更为明显。到这时我们才有十足的底气宣称一个被叫作罗马式 [Romanesque] 的新时代的开端。

今日尚能见到的10世纪奥托帝国中的建筑是德国和法国残存的一些大教堂，大部分是修道院。那时是修道院扩张的重要时期。圣本笃 [St Benedict] 在530年前后制定教规并在意大利中部建成了卡西诺山 [Monte Cassino] 修道院，不久后，训练有素、秩序井然的本笃会社团就成为知识文化的守护者，其中许多社团得到了大力捐助与保护。7世纪时，本笃会的房屋已经遍布欧洲。我们掌握了一份约820年的珍贵文件，这是一张平面图 [图28]，可能是从赖谢瑙寄往瑞士的。显然并不存在平面图所示的修道院，然而从中我们可以了解其结构形式，并为我们展示出此类建筑设施应当包括些什么——不只有教堂，还有一个自给自足的社区所需要的所有附属建筑物：谷仓、畜舍、酿酒坊、面包店、客房、医务室和墓地。典型的修道院布局也已形成，第二个千禧年开始时，全欧洲都以此为标准。

德国的科魏 [Corvey] 修道院 [图29] 是肯图拉教堂的延续，其建于880年前后的巨大面西大门被完整地保存了下来，这座庞然大物的上部有一个巨大的双层房间。另两座类似的德国教堂是奎德林堡 [Quedlinburg]（10世纪早期）和格尔恩罗德 [Gernrode]（约960年）女修道院。这两座修道院都是巴西利卡式的，交替出现的立柱和柱墩上托举着拱廊，利用高窗采光，都有着木制屋顶和高耸的面西大门。

1000年前后是西方建筑史上的重要时刻，然而由于缺乏文献和遗迹我们对这段历史知之甚少。在德国和法国整体或部分保存的10来个主要建筑各不相同，令人着迷，人们急切地想知道眼前的建筑到底丢失了哪些部分。

27 左图：法国北部加洛林式的肯图拉大修道院（圣里基耶）于789年动工，它长期遭到破坏，其原型似乎是一批带有“面西大门”或者在西端有形似巨塔的构造（左侧是一幅17世纪的印刷图片，复制于一份遗失的中世纪手稿）的德国教堂。在这儿我们已经可以看到美因茨和沃尔姆斯主教堂那种典型的高塔状轮廓。

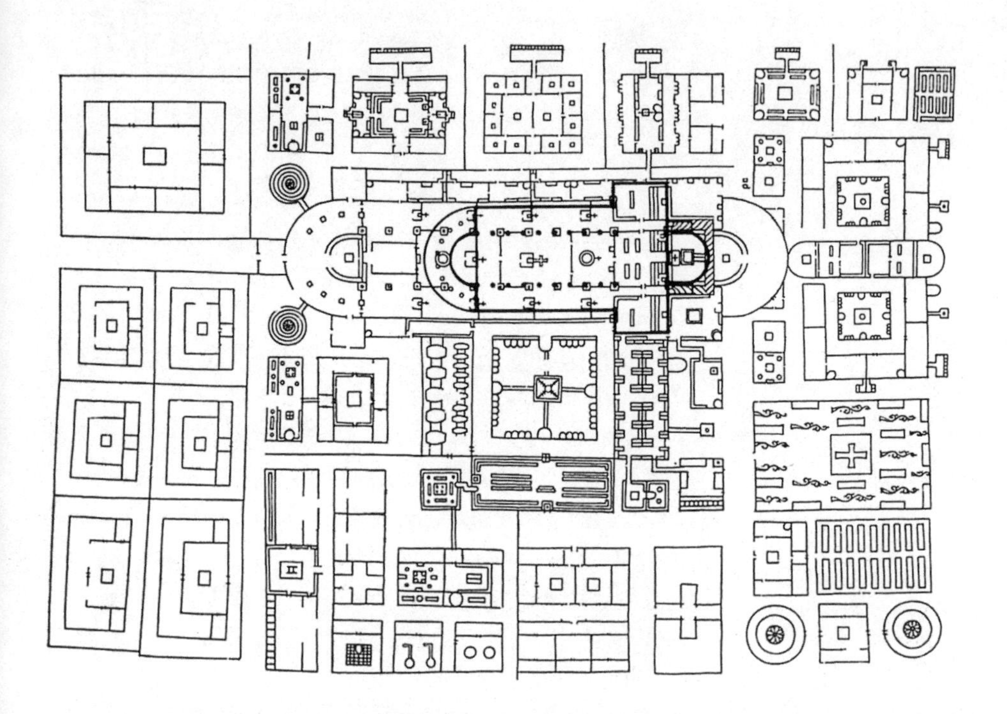

28 这张瑞士圣加尔修道院图书馆藏的9世纪平面图似乎表现的是一种图表化蓝图，而非一座真正的修道院。教堂（带有两间凹殿）和廊庭在中间。廊庭四周是僧舍——公共厕所对着顶头的一条走道和食堂。再往外是医疗室和农业用房，也就是僧侣那个自给自足的世界中所需的一切。右下方的墓地被画上了花纹，中间还有一个十字架。

有两座法国建筑物应该值得一提。第戎的圣贝尼涅 [St Bénigne] 主教堂（1001 年）是一座巴西利卡式教堂，带有双侧廊、十字型翼部，并且在交叉处上方立有一塔。与众不同之处在于其环形的东端。环形教堂通常在暗示耶路撒冷的圣墓教堂，形成了一种象征性的朝圣。这一圆形建筑只有地下室保留了下来，经复原后却很难看得出是中世纪的遗迹了。

差不多同时，或者稍晚一些，在勃艮第的图尔尼正在集中进行一系列有关拱顶构造的实验。圣菲利贝尔 [St Philibert] 教堂（1056 年）的中殿覆盖着横向的筒形拱顶 [图 30]，而筒形拱顶则被安放在横向的拱门上：也就是跨越教堂的拱顶，每个隔间上都有，代替了那种从上一直到下的拱顶（这一系统合理地避免了侧面的外扩力，但是并不美观，也再未出现过）。高耸的侧廊有四部分组成的交叉拱顶，这是由两条筒形拱顶交会时形成的。两层的面西大门，或者前厅与底层上带有交叉拱顶的一条纵向筒形拱顶结合在一起；上层的侧廊带有四分拱顶，也就是靠着拱廊的半个筒形拱顶。

在此，希尔德斯海姆的圣米迦勒教堂（约 1001 年始建）大概

能被看作加洛林 / 奥托时代的建筑故事中一个恰当的尾声，因为它没有向前而是向后看，其灵感来自于那些和查理曼大帝时同样的古典理想。如同格尔恩罗德的教堂，其巴西利卡式的中殿由立柱和柱墩的交替构成，并且还有巨大的面西大门。其建筑者是奥托三世的老师伯恩瓦尔德主教［Bishop Bernward］，他曾去过几次罗马。他为其教堂委托的两项工程显然是以古典模型为基础的——带有圣经浮雕的铜门（这是自罗马帝国晚期以来第一个铸成整块的铜门），另有一铜柱表现了基督的生平，是以图拉真纪功柱为模型的小尺寸版（铜门和铜柱之后都被转至希尔德斯海姆主教堂）。

加洛林和奥托时代的建筑风格并非陡然转变为罗马式的。这只是意味着一个实验阶段的结束以及确定的结构和风格传统的建立，这一传统将会持续两个世纪。圆拱依旧十分普遍，在功能上与厚墙相互支撑，在装饰性上相辅相成。圆拱被用来跨越越来越大的空间，并被加以延长形成一个连续的表面，构造出纵向的筒形拱顶。12 世纪早期，欧洲大陆大多数雄心勃勃的建筑物都会起拱。典型的拱廊并非由立柱而是由石柱墩组成。这些拱廊由日渐精致的雕塑装饰连

29、30　下图：德国科魏修道院，大概最接近肯图拉大修道院的样子，尽管塔顶和面西大门顶部的两层是1146年加盖的。右下图：法国图尔内圣菲利贝尔教堂，1056年；表现了中殿不同寻常的横向筒形拱和侧廊上的交叉拱。

接，加洛林和奥托时代的建造者们鲜有具备此技能者［图 31］。这同样意味着不同国家风格的形成，于是辨别一座罗马式建筑物的“所在地”是德国、法国、西班牙还是意大利就变得轻而易举了——实际上比任何之前或之后的时代都要容易。

德国：帝国领土

莱茵河沿岸三座大型的帝国主教堂延续了德国的罗马式风格：施派尔［Speyer］主教堂、美因茨［Mainz］主教堂［图 32］、沃尔姆斯［Worms］主教堂［图 33］。施派尔主教堂［图 31］1030 年动工，1060 年竣工，带有集柱［shafts］的石柱墩撑起长长的中殿，

31 施派尔主教堂的中殿（1030年）现在看起来较为朴素，但曾经有过绘画装饰。一开始本打算使用石拱；现在则是带有交叉拱的圆顶隔间，修建于1100年之后不久。

32 对页：美因茨是继施派尔主教堂之后第二大的帝国主教堂，大概是和施派尔主教堂同期的建筑，但大体上是重建的。12世纪有过改建，并在18世纪和19世纪的“修复”中增加了两座横跨塔楼。

十字型翼部上横跨八角形塔楼，方塔两边是高坛，另有一面西大门。尽管经过了改变和修复，它依旧保持了原初风格的那种朴素的简约。拱廊和高窗之间是一片空白的墙，或许是为绘画留下的。最早的天花板是木头制的，但拱顶应该是从开始就确定的。现在中殿的交叉拱顶建于 1106 年之前。同时，其十字型翼部是欧洲最早使用肋拱的。厚实的肋的截面呈方形。非常相似的肋也见于乌德勒支的马利亚 [Mariakerk] 教堂 (1081—1099 年，现已毁坏)。

美因茨主教堂的年代更早，不过其最早的建筑物在 1009 年落成日那天被烧毁了。整个 11 世纪都在进行重建工作，直到 1137 年教堂才形成了现在的样子 [图 32]。面西大门变成带有凹殿的十字型翼部，这样两端就相互匹配上了 (更让人困惑的是整个布局发生了颠倒，因此具有仪式性的东端现在变成了西端)。于是美因茨主教堂有两套十字型翼部系统，其一塔楼带有依附的塔楼，其二是八角形的交会处塔楼 (两者都是重建的)。东端还有两间侧面的凹殿，形成了三叶形的平面结构，这种结构是发源于意大利的理念，在德国得到了继承。

最后一个是沃尔姆斯主教堂［图 33］，其建造时间为 11—13 世纪。它保留了同样的元素，但却有着不同的比例。和美因茨主教堂一样，它有两个交叉点和两座八角形塔楼；同样也有两间凹殿（西面的一条隐藏在一道笔直的墙壁后），两侧都伴有塔楼。内外的细节在设计上更加具有想象力，施工也更加精心，比如矮楼廊、檐口、窗框、柱墩和柱头。继施派尔主教堂的巨大体量之后，是沃尔姆斯主教堂一定程度上自觉的精细化。

有数量庞大的建筑元素供德国建筑师使用，包括三叶形平面结构、八角形塔楼和小型圆塔或方塔。后来还有凹殿或者十字型翼部，并且在顶上加盖“莱茵河式头盔”［Rhenish helms］，这是一种由四面山形墙组成的金字塔形屋顶，从上至下向底座收紧，这样其每一面都是菱形的［图 34］。

想要全面领略这种建筑风格，那就必须去科隆。1945 年以前，这里有 11 座保存完整的 1050—1200 年间的教堂。二战时全都受到严重损毁，并尽最大可能进行复原。五座教堂的东端是三叶形的构造（也就是说高坛和十字型翼部都终止于凹殿），最完美的要数圣使徒［Holy Apostles］教堂［图 34］。五座教堂的高坛两侧带有塔楼。还有几座教堂在西端带有交会处塔楼和方塔。圣格里安［St Gereon］教堂有着无与伦比的椭圆形顶，或者更准确地说是十角形，中殿通向两侧伴有塔楼的狭长高坛。圣马丁［St Martin］教堂的交会处上有一座大方塔，每个角各有一个小八角塔。

当欧洲其他地方都被哥特式风格征服时，德国的建筑家们还一直对罗马式风格忠心耿耿，原因很简单，因为它为变化和发明提供了许多可能性。（此处如果和哥特式风格以及巴洛克风格作比较是不是太奇怪？无论哪种情况，在这些风格发展的后期，都是在德国将其原创性发展到了极致。）

建筑外部的变化必定经过深思熟虑。极为常见的是，带有四个或者四个以上高塔的教堂在周围环境中占据着主要位置。马利亚拉赫［Maria Laach］大修道院［图 35］建于 1093 年，依照的是莱茵兰地区主教堂的构造，两座交会处塔楼和四个小塔楼，其中两个依附十字型翼部，另外两个夹着一间凹殿。比利时的图尔奈主教堂［Tournai Cathedral］（1110 年）将五座塔楼以一种有趣的方式组合在一起。兰河畔林堡［Limburg-an-der-Lahn］主教堂（1215 年）和班贝克［Bamberg］主教堂（1237 年）都屹立于山顶上，更加引

33、34　科隆的沃尔姆斯主教堂（左图）和圣使徒教堂，两图都是东面的样子，并且两座教堂主要都是12世纪的产物，展现了莱茵兰罗马式风格盛期时所有的建筑元素，包括多边形和三叶形的平面结构，奇特的塔楼和经过装饰的“矮廊”。圣使徒教堂西侧的塔楼采用了“莱茵河式头盔”的形式。

35 马利亚拉赫大修道院（大部分建于12世纪）有着同样清晰的德国式轮廓。由西侧的小廊庭或者中庭进入。

36、37 对页：在法国通往西班牙孔波斯特拉的朝圣之路上有一批建于11世纪的雄伟教堂，它们极其相似，被称为“朝圣教堂”。圣地亚哥德孔波斯特拉主教堂（左下图）是最宏伟的。能与之媲美的是图卢兹的圣塞宁教堂（左上图以及右下图）；各个部分井然有序——后来又与塔楼、带礼拜堂的十字型翼部和半圆形室的东端相互交会，这就是罗马式美学的特征。

人注目。这些教堂中有不少采用了一种在法国已经确立的特色——在拱廊和高窗之间的三拱式楼廊［triforium］或者说壁廊［wall-passage］，让人感觉十分轻巧。同样普遍的是，在欧洲其他地方，拱廊的柱墩通常主次交替。

罗马式比哥特式更包容，我们会看到以奇珍异兽的形式出现的古怪装饰（例如，雷根斯堡圣雅各教堂门两侧就是如此）、窗户外奢华的围绕物（例如班贝克主教堂的凹殿）或者非正统的柱头（例如巴塞尔主教堂［Basel Cathedral］，可见猛兽互食的形象）。即便当哥特式的特色——诸如肋拱和尖拱［pointed arches］从法国传入时，德国人却总是以完全非哥特式的方式使用它们。譬如在莱茵河上的博帕尔德［Boppard］教堂，中殿的尖顶筒形拱顶（部分是1230年重建的）对应每个隔间有16条装饰肋从中心柱放射开来；它们显然难以和任何直线部分连接，于是无法营造出整体统一性。直到13世纪晚期，随着一位法国人或者是一位受到法国影响的大师着手建造科隆主教堂，真正的哥特式才在德国生根。

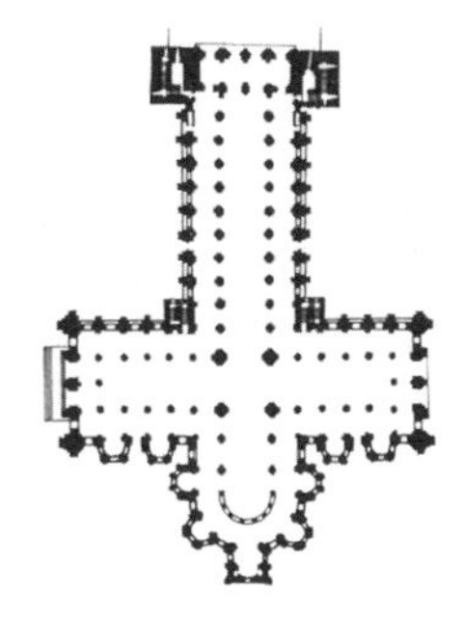

法国：统一中的多样性

法国早期主要的罗马式教堂位于前往圣地亚哥德孔波斯特拉［Santiago de Compostela］的朝圣之路上。由于9世纪在西班牙一个不起眼的西北角发现了使徒詹姆斯［Apostle James］著名的遗骨，使这里顿时成为欧洲朝圣者最多的地方。1078年，那一地区开始兴建一座规模前所未有的新教堂［图36］，有种猜测是一位法国的石匠高手被请来参与建筑工程。这是极有可能的，因为前往圣地亚哥的沿途修建了许多法国教堂，它们遵循着一种共同的格局，每一座都藏有一些遗物或者声称自己的神圣性，这样朝圣者们就可能在那里稍作停留并送上祭物。除了圣地亚哥主教堂，那些保存下来的教堂中最重要的有孔克的圣福瓦［Ste Foy］修道院（1050年）［图38］和图卢兹的圣塞宁［St Sernin］教堂（1080年）［图37］。这些教堂的中殿都很长（孔克的教堂是个例外，它的中殿要小得多），有着带侧廊的十字型翼部和带放射状礼拜堂的半圆形东端。它们都建有筒形拱顶，然而这却表明了建筑者们是多么的小心翼翼，拱顶落在长廊上，也没有明显的高窗。结果就是教堂内部晦暗不明，尽管长廊本身由外墙上的窗户照亮。孔克的圣福瓦

38、39　孔克的圣福瓦修道院（1050年）是最小但保存最完好的朝圣教堂（只有西塔是19世纪后加的）。教堂在偏远的山谷中若隐若现，入口上方《最后的审判》的雕刻精美绝伦，早期中世纪的气质在此得以彰显。

修道院是保存最完整且经过的改动最少的［图38］，大门上方惊人的浮雕《最后的审判》比任何地方都更加生动地传达出中世纪的精神［图39］。

建筑发展中另一个至关重要的因素是本笃会隐修制度的传播，尽管其发源地是意大利而非法国，但在法国的背景下却更易理解。修道院的布局在圣加尔［St Gall］修道院的平面图［图28］中已可初见端倪；11世纪时，修道院的格局有了共同的标准，一位波兰来的修士在一座葡萄牙的修道院中绝不会找不着北。教堂南面通常有一圈方形廊庭，形成了一条连接各个部分的带屋顶的走道。在东侧有一座僧侣会堂，这是一间起拱的房间，正式场合下，修士们在此会面，上面是僧舍，长条形的房间带有平均分布的窗户，窗户间摆着修士们的床榻。教堂对面的廊庭一侧是餐厅厨房，通常是一座带有大壁炉和烟囱的坚固建筑物。西侧更具有公众性，一般是为访客和修道院院长保留的房间。医务室通常在廊庭东面，像一座教堂，有摆放床铺的中殿和侧廊，并且在“高坛”一头有一间礼拜堂。

有一座修道院因为其精神及传教热情雄视周围一切建筑，那就是勃艮第的克吕尼［Cluny］修道院。经过几代能干的修道院院长

40 位于勃艮第的克吕尼修道院（1088年）中巨大的教堂，大部分在法国大革命时被毁。其平面图（下图）确定无疑，12世纪曾对外观进行过重建，放射状的礼拜堂、凹殿、高坛、两间带有凹殿礼拜堂的十字型翼部和交会处聚集在一起。克吕尼大修道院是一场强劲的修道院运动的母院，这场运动的目的是为了实现改革和集中管理。就建筑而言，它同样也有创新之处，已然开始了对尖拱的试验。

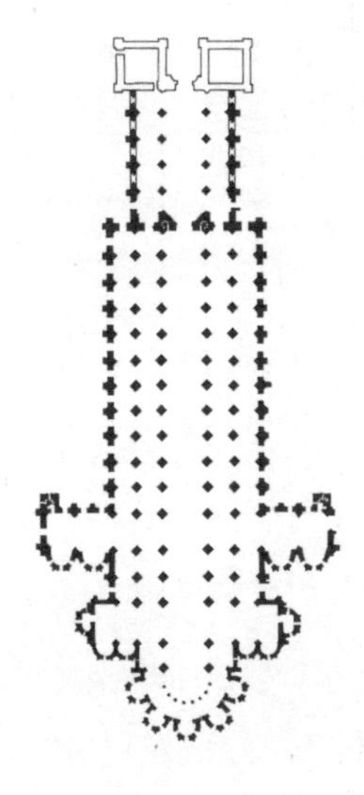

的努力，克吕尼修道院取得了领导地位，建立了许多从属于母院［mother-house］的子院［daughter-house］（最终有超过1000座），可以说是一种修会内的修会。代表改革的克吕尼运动［Cluniacs］复兴了本笃会规，溯本清源。

在克吕尼，出现了欧洲最大的教堂。955年，原本庄严的教堂（克吕尼一世）被一座更大、更时兴的建筑物（克吕尼二世）所取代，其采用了巴西利卡的形式，带有筒形拱顶，交会处有一座塔楼，西端有两座，高坛与侧廊的尽头是半圆形室。修道院继续发展，1088年时，一座新教堂开始在一处新址动工，工期延续至法国大革命。克吕尼三世于1121年完工，算上前厅其长超过600英尺（约182.9米）［图40］。它有双侧廊、两间十字型翼部，每个十字型翼部都带有东面礼拜堂和带有放射状礼拜堂的东端半圆形室。如同朝圣教堂，克吕尼三世带有筒形拱顶，但是却并未放弃高窗。对于日后颇有意义的是其拱廊的拱稍微尖起。克吕尼修道院为人所知常常是由于其

41、42 位于勃艮第的蓬蒂尼大修道院（上图）与丰特奈大修道院（下图）是西多会的根据地——分别建于1114年和1140年，它们展现出修会的庄严肃穆。丰特奈大修道院保留了早期的尖顶筒形拱和方形东端；波蒂尼大修道院在1170年左右建成了肋拱并在1185—1210年间增加了带有飞扶垛的凹殿唱诗班席。

音乐上的成就（唱诗班席的柱头保存至今，代表了中世纪音乐的“气质”），教堂设置了各种神秘的数字系统，包括所谓的音乐数字的毕达哥拉斯序列（2、3、4、6、8、9、12），这被认为是和谐与美的基础。

克吕尼修道院的影响在12世纪早期达到顶峰。然而财富与权力不可避免地造成了负面影响。早先的理想产生了动摇，奢靡之风悄然而入，在克吕尼三世完工时，改革者们已做好了准备。新成立的西多会［Cistercian order］发言人克莱尔沃的圣伯纳德挖苦那些采用世俗、奢侈并且毫无意义的装饰（“荒诞的鹰身女妖”和“繁复的凹殿”——而这恰好是我们现在最欣赏的东西）的修士们。

西多会修道院朴素实用；它们抛弃了不必要的装饰，而采用了一切为其目的服务的新技术，包括尖顶。在许多方面，它们都可被视作哥特式建筑的先驱。

西多会修士看重本质并谨慎地避免奢侈的装饰，此举为他们赢得了许多现代建筑师的青睐。于是具有讽刺意味的是，由于这些教堂大部分建在荒凉的边远山村，其遗迹却又成了浪漫与如画之美的窠臼。这些房屋在建筑上的优点在于纯形式。西多会修士喜欢方形而非半圆形的东端，偏爱两层立面，侧廊上常常是四分拱顶（半个筒形拱顶）。西多会的母院（建于1098年）已荡然无存。蓬蒂尼

[Pontigny] 大修道院（建于 1114 年）经过了部分重建 [图 41]。现在最纯粹的早期西多会建筑风格代表是丰特奈 [Fontenay] 大修道院（1140 年），尽管其缺少高窗 [图 42]。西多会取得了巨大成功，在欧洲各地广建修道院（1200 年时有将近 700 座），其兴盛一直持续到宗教改革以后。有不少其他修会采用了略有不同的建筑规则，也风行一时，但只有加尔都西会 [Carthusians]（1084 年成立）的建筑截然不同，值得一提。它们不设僧舍，而是各自独居于成片围绕一座或多座廊庭的房屋中。

除了这些修道院建筑物和朝圣教堂，法国的罗马式建筑带有强烈的地域性，每个区域都因一种类型独特的教堂而特色鲜明。

克吕尼修道院辐射范围内的勃艮第也受其影响。帕莱勒莫尼亚 [Paray-le-Monial] 教堂（约 1100 年）可以说是克吕尼修道院的袖珍版 [图 43]。纳韦尔的圣埃蒂安 [St Etienne] 教堂，是克吕

43　法国罗马式建筑可以明确地按照地域划分流派。勃艮第的教堂很难摆脱克吕尼修道院的影子。帕莱勒莫尼亚教堂（约1100年）被称作“袖珍版”的克吕尼修道院。

44、45 勃艮第不仅在建筑实验方面带领着欧洲其他地区，在人物雕塑方面也是如此，尤其是大门山墙内面和拱廊柱墩柱头上的那些。奥顿主教堂（上图）的亮点在于令人回想起古罗马的凹槽半露方柱以及预示了哥特式风格的尖拱。同样精彩的还有弗泽莱大修道院（右上图）的雕塑，不过其依旧保留了圆拱的设计。

尼修道院的小修道院，同属一个系统。奥顿［Autun］主教堂（约1120年）也是三层的立面，带尖顶筒形拱顶，但主要因为其在拱廊柱墩上使用全尺寸的罗马样式凹槽壁柱（克吕尼三世的楼廊层也有小型的壁柱）［图44］，这提醒了我们罗马的遗产在经历了中世纪之后依然健在并且从未被忽略。对于人物雕塑的复兴而言，勃艮第也同样重要，其本身也是古典精神催生出的产物。奥顿主教堂有不少值得称道的地方，山墙内面［tympanum］和柱头便是其中两处。同样精彩的还有附近的弗泽莱［Vézelay］大修道院（约1120年），其中殿依旧保持了圆拱设计，却舍弃了楼廊并使用了交叉拱顶而非一条筒形拱顶［图45］。肋拱同样也成为勃艮第教堂中的侧廊、门廊的一种选择，但还未用于主要的高拱。就许多方面而言，如果我们想要追寻哥特式的起源，我们必须看看勃艮第的建筑。

古典影响在普罗旺斯最为强烈。加尔的圣吉莱［St Gilles-du-Gard］教堂的正立面几乎被人误认为是罗马结构，它有着科林斯式的立柱、平整的檐部和真人大小的圣徒人像［图46］。往西部和北部走，阿基坦和昂儒呈现出完全不同的景象，这儿的建筑对圆顶有着莫名的青睐。其他地方，如朴素的卡奥尔 [Cahors] 主教堂有两座圆顶；昂古莱姆 [Angoulême] 主教堂有四座 [图 47]；佩里格 [Périgueux] 教堂（可悲的是在 19 世纪遭到了过度修复）有五座，这使得它成为威尼斯圣马可教堂以西最具拜占庭特色的教堂。在昂儒，隔间上盖着圆顶形的肋拱，在功能上是合理的解决方案，然而却破坏了空间的整一感。（昂热 [Angers] 主教堂是较晚的一例 [图 48]，起拱时间大约是 1150 年，但同城另一座已然消失的圣马丁教堂的起拱时间则更早了一个世纪）奥弗涅 [Auvergne] 教堂的灵感来自于那些朝圣教堂，不过出于某种原因，它提高了交会处附近十字型翼部隔间的高度，这样教堂的中塔两边就长了“肩膀” [图 49]。其支撑物是原本色彩明亮的人形雕刻的大柱头，精湛生动。在普瓦图 [Poitou] 有另一种变体——高耸的中殿，圆形柱墩支撑着一条筒形拱顶，两旁是等高的侧廊，例如普瓦捷的大圣母教堂 [Notre Dame - la - Grande] 或者圣塞文 - 梭尔 - 加尔坦佩 [St Savin-sur-Gartempe] 教堂，后者依然保留着最初的彩绘装饰，还有大理石柱墩，整条中殿拱顶上描绘有巨大的旧约场景。

46　普罗旺斯过去和现在都拥有丰富的罗马遗迹，这一特色影响着当地的罗马式建筑。加尔的圣吉莱教堂自重建之日起，其正立面（12世纪中期）在建筑和雕塑方面都是新古典主义的。

47、48 阿基坦和昂儒的教堂因非凡的起拱技术而闻名于世。昂古莱姆主教堂（上图）的穹隅上是拜占庭式的圆顶。昂热主教堂（右上图）采用了中心升高的四分拱，带来了一种圆顶式的效果。

49 奥弗涅地区教堂的特色在于交会处塔楼两旁被加高的隔间。另外，它们遵循朝圣教堂（参看图37）的格局。奥尔西瓦的教堂（右图）是典型代表。

诺曼底的罗马式建筑又是另一个故事了，与法国其他地区相比更是如此，因为它曾是北欧人占据的独立公国，他们直到最近才接纳了法语和法国文化。诺曼底教堂的特点是巨大的规模和质朴的力量感，然而对技术创新、空间的微妙关系或者人像装饰物方面却不太上心。卡昂两座大教堂，三一［La Trinité］教堂（1062年）和圣艾蒂安大修道院（1068年）都是巴西利卡式，在立面上分为三层［图50、图51］。两座教堂都是木制屋顶，并且在后来的几个世纪里都被加盖了哥特式拱顶。两者的立面都有塔楼（圣艾蒂安大修道院后来用尖塔［spires］加高）。内部立面的三种元素——拱廊、楼廊、高窗差不多等高。鲁昂附近的于米格［Jumièges］大修道院教堂（1052年）也同样如此，只是其中殿柱墩是主次交替的形式。将这些教堂同法国北部的皮卡第地区和香巴尼地区的另外一些教堂联系起来是饶有兴味的。诺曼底的教堂规模宏大，但在细节上却不够精致，并且完全没有表现出对人像雕塑的丝毫兴趣。有些如双塔正立面这样的形式在法国其他地区被模仿，但其主要的后裔将会跨过英吉利海峡。

50、51　诺曼底地区追寻着自己的目标，巨大教堂的内部立面有三层，在西端则有双塔形式。卡昂的圣艾蒂安教堂（1068年）于12世纪在已有的高塔上加盖尖塔（下图），中殿上方是六分的肋拱（右下图）。

不列颠的诺曼人

诺曼征服给英格兰生活的方方面面——行政、财政、社会、律法和宗教——带来了全方位的变革。末日审判书记录了每座城镇、乡村和农场的财富及赋税能力，而一批坚固的城堡——最初是木制的，之后是石制的——则保障了不可撼动的军事控制力（撒克逊人实际上从未修建过城堡）。宗教上的改造被赋予了同样的——即便不是更大的——优先权；当然国家一定为此消耗了不少资源。几乎每个教区都有一座教堂。诺曼人取代了撒克逊的主教，而偏远乡间的小型撒克逊主教堂被人口聚集中心的大量新建教堂取而代之。这是历史所能展现出的最野心勃勃的建筑计划之一。

1066 年后的 30 年中，下面这些新的主教堂纷纷开工并几近完成：坎特伯雷 [Canterbury]、温彻斯特 [图 52]、杜勒姆 [Durham]、奇切斯特 [Chichester]、伍斯特 [Worcester]、林肯 [Lincoln]、伦敦（老圣保罗 [Old St Paul's]）、诺威奇 [Norwich]、罗契斯特 [Rochester] 和约克 [York]。除了以上这些，我们大概还要算上同样宏伟的大修道院教堂，其中有不少顺理成章地变成了主教堂：圣奥尔本斯 [St Albans]、格洛斯特 [Gloucester]、圣埃德蒙兹伯里 [Bury St Edmunds]、图克斯伯里 [Tewkesbury]。大部分现存的不列颠主教堂都出现于 1100 年之后的 20 年中，包括索思韦尔 [Southwell]、彼得伯勒 [Peterborough]、切斯特 [Chester]、伊利 [Ely]、赫里福德 [Hereford] 与丹弗姆林 [Dunfermline]。

52、53　英格兰罗马式建筑的发展。下图：温彻斯特主教堂（1079年）北面的十字型翼部，是较早的主要诺曼式建筑物之一，它简单、质朴。彼得伯勒主教堂（对页）并未改变整个系统，只是现在（12世纪20年代）的比例更加复杂，细节更加精致。英格兰的主教堂中，彼得伯勒保持了原有的彩绘木制屋顶。

就建筑而言，诺曼人并未从前辈盎格鲁-撒克逊人那里学到什么实际操作上的东西。规模、风格甚至常常连石料，都来自于诺曼底，更不用说那些石匠大师。许多主教堂都遵循着一种在法国已然出现的程式，只不过它们超常的长度显得独树一帜。所有的教堂在立面上分为三层，拱廊、楼廊和高窗也都大致得到同等的强调（下面会提到几个例外）。屋顶几乎都是木制的。基本上没有人形雕塑，而装饰也仅限于诸如曲折形或者 V 形，错齿饰 [billet] 和人兽头饰 [beakhead] 这样的抽象母题。不久后，东端的半圆形结构也遭到了弃用而改成直线的。

所有这里提到的建筑物在本质上都经过了改动和后期的增建（在这一点上英国的大教堂比任何其他国家都更是如此），尤其特别的是它们都被赋予了哥特式的拱顶。最大的例外是彼得伯勒主教堂 [图 53]，它依旧保留了彩绘的罗马式房顶，是一座独一无二的幸

存建筑。

在起拱方面，诺曼底，当然还有英格兰很长时间内都不思进取。英格兰的教堂中不见高耸的筒形拱顶，甚至连交叉拱顶也只是节制地和小规模地被加以使用。之后大约1100年时，英格兰的教堂在欧洲率先采用了高耸的肋拱。杜勒姆主教堂唱诗班席上的拱顶是1120年时加以替换的，不过似乎可以确定的是11世纪90年代时原本的拱顶与大约1125年建成并且保存完整的中殿上的拱顶类似[图54]。略带尖顶的横拱造成了双隔间。哥特式风格的两个关键要素于是便出现了，甚至楼廊屋顶——用来支撑十字交叉处的拱顶——下的半拱也预示了飞扶垛的雏形。

杜勒姆主教堂在拱廊的设计上也与众不同。大的柱墩是集柱簇的复合体，而小的柱墩是粗壮的圆柱，其上刻有图案（之字形、菱形等），而且大概曾一度衬以颜色。将杜勒姆主教堂叫作英格兰罗马式风格的经典之地[locus classicus]毫不为过，不仅是因为位

54、55　杜勒姆主教堂始建于1093年，是最引人注目的英国主教堂之一。它雄踞于威尔河[River Wear]上一块隆起的高地，受到历任主教的古堡的保卫。就建筑成就而言，它名副其实。拱廊由混和柱墩和刻有几何图案的粗壮圆柱交替构成。后建的唱诗班席拱顶最初与中殿拱顶相似，几乎是欧洲最早的高肋拱。

56、57 高大的圆筒形柱墩是英格兰罗马式建筑的几种地方性变体之一。它们出现在英格兰西南各郡的几个主要大教堂中，包括格洛斯特主教堂（上图）和图克斯伯里大修道院（右上图）。两者都被赋予了后期的拱。

于能够俯视毗邻主教城堡的威尔河的绝壁这种绝佳地点，也是因为它保存得几乎完好无损［图 55］。

圆柱形柱墩在一批英国西南部各郡的教堂里体现了自己的价值。在格洛斯特［图 56］、赫里福德和图克斯伯里［图 57］的教堂中，这些圆柱形柱墩高大无比，使得楼廊和高窗显得微不足道。在牛津的教堂中，就有一条这样的拱廊里，楼廊十分不幸地遭到了挤压。

正立面一般有两座塔楼，如同那些诺曼底的教堂也一样（杜勒姆、坎特伯雷），但常常没有塔楼，或者只有一座塔楼（在伊利还能看到）。林肯主教堂与众不同之处在于它的两座塔楼前有三个大壁龛和一排封闭拱廊，这成为英格兰哥特式教堂所钟爱的一种解决方案。十字交会处上通常有一座塔楼。

12 世纪中晚期，英格兰罗马式建筑变加更得精致优雅，装饰丰富，不过倒没有什么重大的技术创新。杜勒姆主教堂的肋拱并未受到追捧直到重建坎特伯雷主教堂（见下一章）时才被采纳，之后传播至整个欧洲而非仅限于英格兰。然而，在这些后期的罗马式建筑中，可以感受到某种自信甚至是玩乐的意味，与早年间那种严肃态度形成鲜明对比。例如，将厚重、质朴甚至有些阴森

58 杜勒姆主教堂西端的所谓加利利门廊建于1170年，是一种具有晚期罗马式特色的装饰风格。

的温彻斯特主教堂（1079 年）[图 52] 同杜勒姆主教堂的加利利 [Galilee] [图 58] ——大约于 1170 年建于西立面前的一座门廊和礼拜堂——做一番比较便一目了然，后者采用了四叶形的纤细柱墩并且在所有的拱门上都加上了明显的 V 形装饰。成排的封闭联拱饰 [arcading] ——有时是交叉的——在内外都是一种常见饰物，例如伊利主教堂西侧或者布里斯托尔 [Bristol] 主教堂的教士礼拜堂中所能看到的那样。

许多后来被毁的教堂具有同样的气势，尽管它们很少能够在结构上保持完整，而且也没有（除了一些残片）一座教堂保留下当年覆盖墙壁的生动彩绘装饰。装饰物一般集中在门的周围，有时有三条或四条同心的之字形或绞缠的饰带。高坛拱门上也可见同样的母题，表示由此进入教堂最神圣的部分。使用人物雕塑的情况不多（例如，肯特的巴尔弗莱斯顿 [Barfreston] 教堂，或者伊利主教堂的院长门 [Prior's Door]），这显然是勃艮第而非诺曼的影响。独一无二的是坎特伯雷主教堂晚期罗马式地下室中的柱头，源头似乎来自于手稿中的彩饰。

罗马式阶段末期，也就是 1170—1200 年间，出现了一种不太明确的风格，被称作“过渡式”[Transitional]，这种风格融入了

59 英格兰过渡风格因为一系列一次性不可复制的实验而闻名。建于约1180年的沃克索普小修道院（上图）中殿立面的楼廊层是宽窄相间开口，削弱了作为罗马式风格要素的力量感和坚固感。

60 埃塞克斯的赫丁汉城堡（右上图），大约建于1140年。诺曼式城堡通常在护堤（高地）上有一座方形堡垒，由一圈作为第二层防御的墙壁所围绕，其中是一些附属建筑物（城堡外庭）。堡垒并非用作住宅，尽管它通常含有一座仪式大厅。台阶通向上层的入口，而台阶可被拆卸。

哥特式元素，尤其是尖拱。这并未反映出一种真正的过渡，而只是一种革新的意愿。譬如在诺丁汉郡的沃克索普小修道院［Worksop Priory］，楼廊是宽窄交替的开口，窄口介于柱墩之上和高窗之下［图59］。这一阶段十分有意思，在遵循哥特式的教条前就已经表现出许多奇特的建筑理念。

诺曼式建筑依旧像牢固的堡垒，防御工事的中心是具有代表性的方塔，讲述着不变的建筑故事，皆是从质朴有力（伦敦塔［Tower of London］——大部分是重建的，或者科尔切斯特城堡［Colchester Castle］）到优雅精致（赫丁汉城堡［Castle Hedingham］［图60］或者诺威奇［Norwish］主教堂）。大部分建筑在上层有一个巨大的房间，被一个宽大的拱门所横跨：装饰得最为华丽的部分是上帝大厅。拉特兰郡的奥克汉有一座幸存下来的厅堂，经过了几个阶段的建造，它有着圆拱拱廊。伦敦的威斯敏斯特大厅［Westminster Hall］原本就是这一类型的。杜勒姆城堡保留了一条通往大厅的华丽、过度装饰的门道。

南部的罗马式建筑：意大利和西班牙

意大利的罗马式建筑在地域性上的差异要比法国更大，要理解这一点可以类比现今一个国家在政治还有文化上的强烈差异。由于篇幅所限，这里我们只能提到五个地方——北方的伦巴第，中部的托斯卡纳和罗马，以及南部的阿普里亚和西西里。

在某种程度上，11 世纪和 12 世纪的伦巴第建筑属于本章较前面的内容，因为它对德国和法国来说有着重要的影响。双端 [double-ended] 平面结构（东西两端各有一间凹殿）和屋檐下的矮楼廊，之后在德国很流行，仿佛起源于伦巴第。另一方面，三叶形平面结构和凹殿两侧的双塔这些母题似乎是从截然不同的方向被引入的。科摩的圣阿彭迪奥 [S. Abbondio] 教堂（1063 年）有两座塔楼，并且也在高坛部分进行有关肋拱的尝试。

在米兰圣安布罗乔 [S. Ambrogio] 教堂，肋拱体现出自身的价值 [图 61]。中殿大概（证据有待商榷）是在 1080—1093 年间起的肋拱，比杜勒姆主教堂还要早。然而，圣安布罗乔教堂更矮，并且没有高窗，因此其成就并未让人留下深刻印象。跟昂儒一样，这里的肋拱汇聚成圆顶 [domed-up] [图 48]，尽管并不那么陡峭。圣安布罗乔教堂在历史上极其重要，皇帝们在前往罗马的路上于此处加冕。里沃尔塔达达附近的圣西吉斯蒙德 [S. Sigismondo] 教

61　米兰的圣安布罗乔教堂（由圣安布罗斯兴建，这座教堂后来也用以纪念他本人）是11世纪罗马以外最重要的意大利教堂。实际上，就结构上所做的尝试而言，伦巴第是意大利唯一有意思的地区，圣安布罗乔教堂带有肋拱的中殿（约1090年）标志着建筑技术的一大重要进步。

62、63 维罗纳圣柴诺教堂（最左图），佛罗伦萨的圣米尼亚托教堂（左图），高坛被提升起来，多出的空间留给了一间地下室。其典型特色是两者的拱廊都富有韵律上的变化，前者的隔间有两道拱，后者有三道拱。

堂有着同样的汇聚成圆顶的肋拱（1089年），只是尺寸要小一些。同一地区另外几座教堂接受了同样的理念，大多数建于12世纪的主教堂——帕尔马［Parma］、皮亚琴察［Piacenza］、克雷莫纳［Cremona］、维罗纳［Verona］、费拉拉［Ferrara］——都是在1117年一次灾难性的大地震后建起的肋拱。这些教堂在比例上相对较矮较宽，它们马不停蹄地奔向了意大利哥特式风格（见下章）。许多同样的大型教堂采用木制屋顶，这并非一定意味着保守：维罗纳的圣柴诺［S. Zeno］教堂（1123年）的木制屋顶复杂精致，截面呈三叶形［图62］。

许多这种建筑物的一个特色是有一个高耸的方塔或者一个带有角锥形的屋顶钟楼［campanile］，并且还具有窗户开口向顶端逐渐增多的典型特征。圣柴诺教堂有一个精美的钟楼［campanile］；庞波沙［Pomposa］大修道院的钟楼有九层，大概是最壮观的一个。

越过托斯卡纳的亚平宁山脉，可以说我们进入了另一个世界，在这里，建筑师们似乎无忧无虑，并未受到起拱或者任何结构创新这些念头的打搅。从工程学的角度来看，早期基督教时代的建筑乏善可陈——不变的长排立柱（顶起圆拱，而非平整檐部），一如既往的木制屋顶。这些教堂的确十分经典，以至于当布鲁内莱斯基想要和古罗马产生某种联系时都不用向后回望太远，只用看看当时佛罗伦萨的罗马式建筑即可。

佛罗伦萨的圣米尼亚托［S. Miniato al Monte］教堂［图63］于1062年建成。附有半露柱［demi-columns］的柱墩所托起的横隔梁［diaphragm］将教堂内部一分为三。在横隔梁之间，纵向上由立柱支撑着三联拱。不久之后，同样韵律的拱廊母题被运用到立面上。外部和内部都覆以带图案的大理石。

一座大得多的建筑物采纳了相同的美学理念，那就是比萨主教堂［Pisa Cathedral］（1013年），其整个外部包裹着带有小型联拱饰的精致白色大理石（直到13世纪才完工），一旁的洗礼堂也承袭了这种装饰（有一部分哥特式元素），并且采用了八层的钟楼——著名的斜塔［图64］。比萨主教堂和圣米尼亚托教堂一样都有着木制屋顶（现在的并非原物），后来又建了十字交会处的圆顶（1380年）。当时比萨的几个教堂几乎都是主教堂的翻版，邻近的卢卡主教堂承袭了前者的风格，即使转变成哥特式风格后也依然保留了同样的基本特色。

64 比萨的罗马式建筑最讨喜之处在于拱廊表面处处覆盖着成排的细密画。比萨著名的建筑群——洗礼堂、主教堂和斜塔——是作为整体进行规划的，始建于11世纪晚期；洗礼堂上部的尖顶天篷虽然是后期建的，但和早期的设计保持了一致。

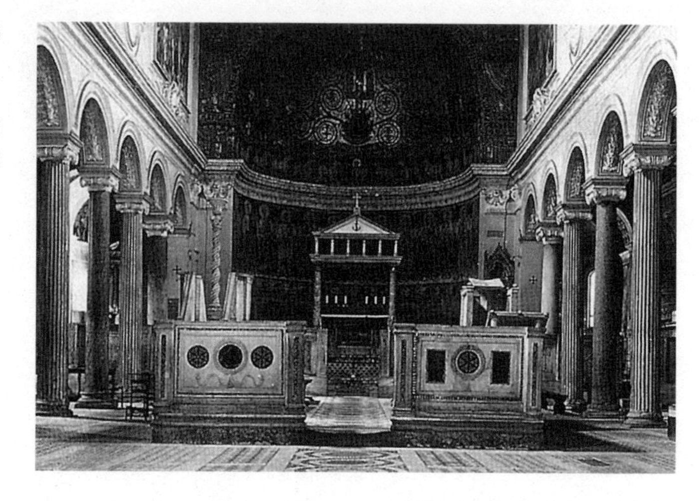

65 罗马的圣克莱蒙特教堂很容易被人误认为是圣母大教堂（图15）那样的早期基督教教堂。实际上，它大约建于1100年，不过大理石的唱诗班席围栏还是早期建筑的遗留物。

说来也怪，早期基督教时期和文艺复兴时期之间的罗马建筑史平淡无奇。唯一值得记住的是一批12世纪的教堂，其中最宏伟的是科斯梅丁的圣克莱蒙特［S. Clemente］教堂［图65］和圣母玛利亚［S. Maria］教堂。它们继续着较早前的格局，几乎毫无改变，高窗和木制屋顶下有一条柱廊；不过，和托斯卡纳的建筑类似的是有时立柱间穿插有柱墩并支撑着拱。这些教堂中不少都有着如画般的砖砌钟楼。值得一提的是圣克莱蒙特教堂从之前的建筑物中保存了大量的老陈设，包括用来封闭教堂主体内高坛的6世纪大理石屏障。镶嵌的彩石和大理石图案来自于古罗马，与科斯马蒂［Cosmati］家族（12世纪后半叶）渊源不浅，这种工艺在罗马随处可见，并在欧洲广受追捧。

意大利东南部亚阿普里亚地区像英格兰那样在11世纪被诺曼人征服了。其建筑的确显示了某些北方的痕迹（不止是诺曼底），而同样也受到来自伦巴第、拜占庭和其他地方的影响。结果出现了一批很难加以概括的建筑物，但特别的是，因为几百年来这一地区依旧贫穷落后，它们保存得异常完好，以及那些华美的——即使常常显得野蛮慑人——石刻与金属件也原封不动。征服这个国家的诺曼十字军——坦克雷德［Tancred］、罗贝尔·吉斯卡尔［Robert Guiscard］、波希蒙德［Bohemond］（他的陵墓还矗立在卡诺萨迪普利亚［Canosa di Puglia］）都是硬汉，而在阿普里亚的人们可以真切地感受到中世纪基督教的严酷事实。

最早以及最大的阿普里亚教堂当属巴里的圣尼古拉［S. Nicola］

教堂。其内部大体上遵循朴实的巴西利卡式结构。侧廊上是交叉拱顶，而中殿屋顶是木制的。其他的阿普里亚教堂则与圣尼古拉教堂极其类似：巴勒塔、比通托和鲁沃几个地方的教堂都始建于1200年之前。在阿普里亚常见的技术特色之一是四分拱顶，这是一种半筒形拱顶，如同一个连续扶壁（一如我们在图尔尼的圣菲利贝尔教堂所见到的那样）。在莫尔费塔主教堂［Molfetta Cathedral］（12世纪）和较小一些的托拉尼圣方济各［S. Francesco］教堂中都使用了这种四分拱顶。

中世纪早期，西西里动荡不安的历史造就了三种文明的交汇——西欧、拜占庭和伊斯兰。诺曼人于1061—1091年间征服了西西里岛，然而在他们国际化的宫廷中，受到赞赏和欢迎的却是穆斯林与拜占庭艺术家。1194年，西西里同大多数意大利南部地区一起成为霍亨斯陶芬［Hohenstaufen］王朝治下神圣罗马帝国的一部分。

从诺曼时期起，主要的纪念碑式建筑是巴勒莫［Palermo］皇宫中的帕拉丁礼拜堂［Palatine Chapel］（1132年）［图67］，还有切法卢［Cefalù］主教堂（1131年）和蒙雷亚莱［Monreale］主教

66、67　西西里地方的建筑绝妙地融合了来自于古典世界、欧洲北部、拜占庭和伊斯兰的影响。下图：蒙雷亚莱主教堂（1174年）装饰以交织的尖拱，其混杂的源头几乎无从确认。右下图：巴勒莫的帕拉丁礼拜堂（1132年）。立柱源于古罗马，建于支柱上的拱和悬饰木屋顶源于伊斯兰，而镶嵌画则源于拜占庭。

堂（1174年）[图66]。它们每一个都吸收了那三种文明中的元素，帕拉丁礼拜堂比其他教堂要更加明显，它是一座巴西利卡式教堂，上心拱[stilted arches]建在古典立柱上，由此构成拱廊。边墙和东端饰以拜占庭镶嵌画，而木制天花板则是一件阿拉伯木艺杰作。

切法卢主教堂规模更大，其特色直指北方罗马式风格——布满小型叠加拱的双塔正立面（1240年）、高坛上的交叉拱顶和随处可见的筒形拱顶。但是切法卢主教堂的中殿则更具拜占庭特色，有建于立柱上的拱廊和木制屋顶，东边凹殿巨大的基督镶嵌画也完全是拜占庭式的。

蒙雷亚莱主教堂在本质上是一样的，只不过更加华丽。在这里，内部空间也同样是纯粹的拜占庭式，但东端外部繁茂的双色叠加拱特别显眼，具有更强烈的伊斯兰而非罗马式风格。漂亮的廊庭延续了混合风格，罗马式柱头、嵌入彩色大理石——源自罗马科斯马蒂工艺风格——的小型集柱以及上心拱。

独修者若望教堂[S. Giovanni degli Eremiti]（1132年）、马尔托拉纳[Martorana]教堂（1143年）和圣卡塔尔多[S. Cataldo]教堂（1161年）是巴勒莫三座较小的教堂，它们主要是将拜占庭的各种图式与伊斯兰圆顶结合在了一起。有幸留存至今的一座独特世俗建筑同样也是位于巴勒莫的拉吉萨城堡，它是由穆斯林工匠们为一位诺曼国王建造的，在质朴的外部包裹下，其内部仿佛是《天方夜谭》中的世界。

最终我们迎来了中世纪欧洲最后的前哨——伊比利亚半岛。借由伟大的传奇史诗《罗兰之歌》，查理曼的名字将会永远同反对摩尔人的斗争联系在一起。不久之后，孔波斯特拉的圣詹姆斯[St James]行其神迹。9世纪末，基督徒的足迹已远至杜罗河和上埃布罗河。1050年，他们到达阿维拉，1100年穿过塔霍河，并于12世纪晚期夺回了西班牙三分之二的土地。正是在这永无休止的十字军东征的背景之下，西班牙建筑才为人所见。罗马式风格的浪潮如同战争的浪潮一样从南方涌向北方，并在托雷多那边退潮。

10世纪时，基督教建筑师从他们的穆斯林敌人那里无所顾忌地吸收了许多理念，尤其是马蹄拱[horseshoe arch]，可以肯定的是我们可以从诸如圣地亚哥德佩纳尔巴[Santiago de Peñalba]（919年）和圣马利亚勒贝纳[S. Maria de Lebeña]（924年）教堂中看到。尽管就许多方面而言，西班牙北部是边缘地区，但它

68　里波利修道院（1032年完工）与老圣彼得教堂相比进步不大，并且前者似乎以后者为原型；此处所见为东端中心的唱诗班席的凹殿以及带有向两边铺开的礼拜堂的十字型翼部。圣地亚哥教堂之前的西班牙罗马式建筑构想宏伟，装饰华丽，但本质上依旧保守。

确实吸收了一些建筑上的创新。以上提到的两座教堂都带有筒形拱顶，一如圣皮尔德罗达［S. Pere de Roda］修道院（于 1022 年奉献给上帝，尽管其完工之日大概更晚一些）那样，其侧廊中可见四分拱顶。

在圣地亚哥德孔波斯特拉建筑物之前西班牙最大的教堂是里波利［Ripoll］修道院里的那座（1032 年完工）［图 68］。尽管其装饰丰富，但在技术上没什么突破，只是回顾了罗马圣彼得大教堂而非任何更现代的建筑。它有着双侧廊，厚实的石柱墩撑起一扇简单的高窗，最初屋顶是木制的（目前是现代的拱顶），还有一间带有礼拜堂的 T 形东端十字型翼部。

圣地亚哥的教堂当时是西班牙早期罗马式风格的重要纪念碑。［图 36］由于和法国千丝万缕的联系，它依然在法国的情境中被人加以讨论，并且它确实在西班牙显得是那么的与众不同。鉴于其尺寸和声名，我们可以想象它应该产生过更大的影响，不过在法国的影响似乎有着另外的来源。具有代表性的教堂是东北部的潘普洛纳［Pamplona］主教堂，圣地亚哥教堂的一位石匠也在此工作过，不过现已不存，如此重要的实例竟无迹可寻。随着我们向东推进，朝着半岛的地中海海滨走去，法国和伦巴第的影响则变得愈发明显。拉塞乌杜尔赫利［Seo de Urgel］主教堂继承了里波利修道院的平面结构，不过却有着更为精雅的柱墩和高窗以及一条筒形拱顶。其

69、70 摩尔人活动的区域内出现了西班牙罗马式建筑中的几种特质，例如在托罗或者其他地方的圣马利亚科莱吉塔教堂（下图）十字交会处的八角塔，还有窗户周围的叶饰。摩尔人的影响在艾尔玛善的圣米格尔教堂（右下图）上最为明显，其圆顶内的肋是科尔多瓦清真寺的余韵。

十字交会处首次出现了典型的西班牙式有肋圆顶。随后的加泰罗尼亚建筑在很大程度上仰赖法国的模型，特别是西多会的那些教堂，进一步向“半哥特式”迈进——集柱、肋拱和尖顶。比如塔拉戈纳[Tarragona]主教堂(1171年)和莱里达[Lérida]主教堂(1203年)，经历了漫长的建造过程后，两者仍然遵循了最初的设计。

阿拉贡、莱昂和卡斯提尔的中部地区发展出一种更加独特的西班牙罗马式建筑形式。哈卡[Jaca]主教堂（约1054年）是一座巴西利卡式教堂，支撑柱的形式交替变化，带有筒形拱顶的十字型翼部以及坐落于十字交会处的有肋圆顶。我们禁不住想要将这些圆顶同以前穆斯林的先例联系起来，艾尔玛善的圣米格尔[S. Miguel]教堂（12世纪）[图70]就是如此，它的拱顶是以科尔多瓦[Córdoba]清真寺中的隔间为模型的。

对于研究西班牙罗马式建筑的历史学家来说，想要从西班牙本土特色中挑出法国元素是一种学术上的消遣。但是无论西班牙建筑师借鉴了什么元素，他们都可以将其转为自己的东西。莱昂的圣伊西多尔[S. Isidore]天主教堂（12世纪晚期）的中殿上方是一条筒形拱顶，而十字型翼部部分却采用了摩尔人的叶饰拱。罗德里戈城

[Ciudad Rodrigo] 主教堂（1165 年）有着向圆顶聚拢的拱顶，让人想起阿维拉昂儒圣樊尚 [Anjou S. Vicente] 教堂（1109 年）里带肋拱的中殿，不过，前者的三间凹殿从十字型翼部全然无窗的墙壁上突出，这种方式只能是西班牙式的。

西班牙的罗马式建筑在萨莫拉 [Zamora] 和萨拉曼卡 [Salamanca] 主教堂上达到顶峰。两座教堂大概都始建于 1150 年，并且在结构上都近似西多会建筑的程式。最引人注意的是它们十字交会处上的圆顶。萨莫拉教堂的圆顶建在单层鼓形座上，原本有十六扇窗户，内外由十六条肋分隔。完工不久后，四座加盖的角楼挡住了四扇窗户（托罗 [Toro] 的圣马利亚教堂的塔楼差不多就是复制品 [图 69]）。两座教堂的主圆顶和角楼都覆以层层叠盖的环形瓦片。萨拉曼卡老主教堂的十字交会处圆顶谦逊地矗立在 16 世纪新建的大型哥特式主教堂一旁，它有两层窗户，不过外部还是同样的角楼和瓦片装饰，从外面看它向上汇聚为一个矮小的角锥体。

罗马式的欧洲中有不少相对边缘的地区不得不从本书中省略，包括爱尔兰（12 世纪诺曼人范围的国王的卡谢尔以及科马克礼拜堂 [Cashel for the Kings with Cormac's Chapel]），斯堪的纳维亚 [Scandinavia]（挪威独特迷人的木条教堂），波兰（发展出一种独有的砖石罗马式建筑），还有最遗憾的是我们不得不掠过圣地，在那里，医院骑士团和圣殿骑士团的许多建筑物都强烈突出了十字和剑。圣殿骑士团的建筑在欧洲颇具反响。正如其名所示，圣殿骑士团是耶路撒冷圣殿山的守卫者。这里最显眼的建筑物要数穆斯林的岩石圆顶寺 [Dome of the Rock]，十字军将其等同于所罗门圣殿，成为一系列圆形圣殿骑士团教堂的原型。（有时令人困惑的是，圆形教堂也是医院骑士团的标志，它们以圣墓教堂为样板，而穆斯林在建造岩石圆顶寺时大概也一直在模仿圣墓教堂）圣殿骑士团在欧洲的教堂中最叫人难忘的或许是葡萄牙托马尔的那一座，中间一条八角拱廊由一条带有十六条肋的走道包围。

显然还有一个地区值得注意，彼时彼处未见罗马式教堂，那就是巴黎及其周边地区——法兰西岛所涵盖的范围。原因似乎是那儿的大多数宗教中心——必然有圣德尼、沙特尔和博韦——在加洛林时代已然建有主教堂，因此没有必要再建或取代它们。然而，当 12 世纪中晚期来临时，那些日后的建筑创新正是在此处找到了归属。故事从下一章开始。

第四章　哥特世纪

哥特式 [Gothic] 风格与哥特人毫无关系。人们在 17 世纪创造出这个词用以形容一种后来被看作原始和野蛮的风格。可是这个词生存了下来并且到如今无可替代。

哥特式如何开始

人们常常从结构和工程的角度来解释罗马式向哥特式的转变。尖拱、肋拱和定位精确的扶垛的组合为建筑师们提供了多种可能性。尖拱意味着在同一高度可以横跨任意宽度的距离；肋拱意味着扩张力被转移到特定的点上；扶垛的进化形式是飞扶垛，无须借助厚实的墙壁它就可以将扩张力转移到地面。由此造就了一种平衡的各种作用力的系统，这一概念并非全然陌生（比如，在上帝圣智教堂就运用了这一系统），只是从未被如此热切并刻意地加以运用。上述三个构件都曾出现在罗马式风格中，然而三者结合在一起并且借助精准的线脚 [mouldings] 得以明确地呈现，则不仅产生了一种全新的构造方式，而且还开辟了营造空间和体量的新途径，建筑师们立刻对此展开了探索。于是也出现了一种新的美学，即对于线条而非块面的偏好。在一座哥特式建筑物中，线条不仅界定空间，它本身也似乎具有动力。拔地而起的有机组合的集柱直抵天花板，它们会聚融合成拱顶和花窗图案的方式有力地说明了建筑物屹立不倒的原因。事实上，19 世纪法国建筑家、史学家维欧勒 - 勒 - 杜克 [Viollet-le-Duc] 发展出一种理论，认为所有这些构件都具备一种构造上的功能。现代工程师对此心存疑虑。关键点在于它们让视觉得到满足：它们似乎在建筑中发挥各自的功能，即便某些部分只是给人以发挥功能的错觉。

哥特式风格持续了相当长的一段时间——从大约 1150 年到大约 1550 年——但这段时间内并未出现什么结构上的创新。在下文中，我们会看到哥特式风格的主要阶段是如何相继发生，以及地域

71　布尔日主教堂始建于1195年，充分表现了哥特式建筑在纵向上的冲击力，以及通过线条和每种元素的整合将各种作用力连接在一种具有压倒性的整体中。此图展示出从中殿望向内侧廊，它有整整三层楼那么高。布尔日大师典型的微妙之处在于柱墩上方墙面微微隆起的方式，好像表示这些石制柱墩会继续向上生长。

风格是如何在法国、英国、德国、西班牙和意大利发展出不同的哥特式建筑。这些区别的本质在于构件的变化，拱肋的增加，装饰、花窗以及雕塑的繁复程度。

本章所要考察的大部分建筑物是小教堂［church］和大型主教堂［cathedral］。基督教信仰是中世纪每一场文化运动——哲学、艺术、建筑、文学和音乐——的驱动力。中世纪的善男信女沉迷于死后灵魂的命运，他们为了上帝的荣耀、为了感谢基督牺牲自我救赎众生以及为了恳求圣母与圣徒们的祷告而倾其所有、竭尽心力。而建筑就位于这个精神世界的中心。

19世纪之前，大型主教堂和小教堂被普遍看作无名建筑物，似乎以某种陌生的方式——即"时代精神"——从它们的社会及文化背景中自然而然地诞生。几百年来，许多主教堂纷纷出现，堆积建筑构件形成各种风格（因此而更受后人的推崇），成就了一番壮观景象。但毋庸置疑的是，所有这些教堂都要从一位专业石匠大师（或者我们应该称为建筑师）——如今在许多地方我们已经知道他的名字——的设计开始，每一次改动或增建也是如此。

我们找到了一些哥特时代中晚期建筑师为赞助人和工匠所画的草图［图72］。可能之前的情况也是如此，尽管在实际建造过程中所有的组成部分都要在地上画出原尺寸的图样。像主教堂这样的重要建筑物，大概需要上百年或更久才能完工，建筑师希望他的工作后继有人，但不一定要遵循他原有的设计。然而第二位建筑师（还有之后的第三位、第四位）的选择并非毫无限制。已然建成的部分在很大程度上决定了下一步会如何建造。比例的各种严格规定是建筑师训练中必须掌握的内容，部分基于几何学，部分基于所谓材料的强度，还有部分基于神秘的数字命理学（现在已难以完全理解）的形式。譬如，一位建筑师采用了一条有确定高度和隔间宽度的拱廊，他还可以遵照规范继续设计一条楼廊——楼廊上有确定数目的开口——并形成连串的形式序列，以此作为上面一层的基础。作为专业秘密，石匠们是不允许向外人透露这些门道的。但是在每一个阶段，建筑师都做出一种选择。结果就构建出一个和谐的整体，尽管它或许是众人思想的结晶。

我们无法重建这种秘密的知识（或者，更恰当地说，这些技术指南），但是我们可以看到它的效果。沙特尔主教堂建造过程可以分解为超过三十个阶段，由九位石匠大师监制，其中几位不时返回

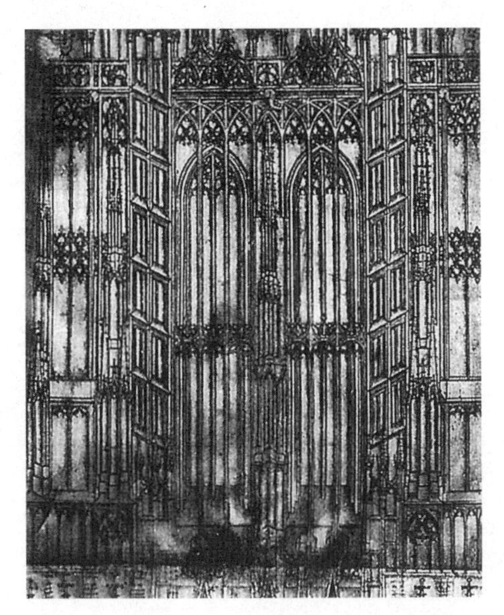

工地，每位大师在每个阶段取法都有所不同。然而最终的成品是一座有着统一标准的建筑物，并且（除了迥然不同的西塔楼）可以轻易地从头开始设计。很久之后，也就是15世纪末，坎特伯雷的哈利钟楼［Bell Harry Tower］的设计者，将建筑提升到一定高度，以向其赞助人表明他可以沿着两种不同方式中的任意一种继续干下去，这样赞助人就能有所选择。关于此事的文献证据只是恰好保留了下来，但这种情况在后来一定会常常出现。在缺少文献档案的情况下，中世纪建筑家所使用比例和几何系统只能由建筑物本身来推断了。鲁昂的圣马克卢［St Maclou］教堂和萨福克的奥福德城堡［Orford Castle］的平面结构极其错综复杂，只有精心测量绘制的草图才能让人看个明白。

72　上图：罕见的从中世纪留传至今的建筑师草图局部，马特豪斯·伯布林格［Matthäus Böblinger］为乌尔姆主教堂［Ulm Minster］所做的设计，约1480年。塔楼是19世纪所建，到此时方用上原来的草图。

73　右上图：一幅12世纪的德国细密画，表现了石匠的工作情景。起重机利用踏车将钳夹夹住大石块升起。

当时有大量手抄本插图描绘了建设中的哥特式建筑物和用到的机械装置［图73］。材料通常是来自波罗的海的优质切割石料和砖头。踏车起重机将石块升到所需的位置——有一些留存了下来，在它们的帮助下，人们建起拱顶，并填满拱壁。脚手架非常原始，相比搭建在地上，更好的选择是逐渐加固到建筑物已完成的部件中去。在建造肋拱时，人们采用了一种新技术，避免了费神的聚拢工序，而是用网状或者细胞似的砖石填满拱肋之间的区域。屋顶一般是在拱之前盖好的，用以保护石材。

迄今为止对于中世纪建筑物的建造过程最详尽的描述来自于12世纪的坎特伯雷的修士杰维斯［Gervase］。他告诉我们，1174年，也就是在托马斯·贝克特［Thomas Becket］被谋杀之后几年，一场大火是如何毁掉了主教堂的老唱诗班席；修士们是怎样聚在一块儿寻找一位石匠大师；他们是如何选择了一位法国人桑斯的威廉［William of Sens］以及在六年中他是怎样监制了现在的唱诗班席。但威廉在工作时从脚手架上摔下来受了重伤，只得退出。他的职位由另一位英格兰人威廉所顶替，直到完工。尽管杰维斯并未明说，但显然第二个威廉改变了最初的设计。整个工期大大缩短，总共只用了十二年。我们并不确定坎特伯雷的故事是不是具有普遍性，但没有理由认为它只是个别现象。

哥特式的首个世纪：法国，1150—1250年

12世纪40年代，将哥特式建筑的所有主要元素汇集为一体尚且史无前例。史学家们通常都将位于巴黎郊区的圣德尼［St Denis］大修道院［图74］在1140年所新建的教堂东端视为这一做法的先河。

圣德尼大修道院的重要性不仅在于技术和审美上的创新，还因其声望与荣耀。那里建造的任何东西都会立刻得到人们的注意，并产生广泛的影响。其赞助人修道院院长叙热是法国的一位伟人，是路易七世的首席顾问和代理人，他的大修道院是欧洲较富有的修道院之一。叙热不是一位谦逊的人，他将自己全新的大修道院看作宣称其地位的方式。很幸运，我们找到了他本人对圣德尼大修道院建造过程的描述，这是一份独一无二的档案，生动说明了一位中世纪的教士是如何看待自己和世界的。叙热透露自己花费了多少巨资，用了多少金银珠宝来装饰圣物盒，揭示了彩窗和圣徒塑像的神秘含义，还描述了他如何聪明地找到了所有合适的材料，对此他都引以为傲。但是他却没有描述建筑的细节，也没有提到建筑师。大概他只要最好的，并且他也得到了。

74 圣德尼修道院（约1140年）的回廊东面。整合空间的方式在罗马式建筑中未见先例，空间互相贯通，没有阻隔划分。在修道院院长叙热看来，光线具有象征神圣的隐秘特质。他写道：“明亮宛如高贵的华厦”。

叙热暂时将加洛林式的老中殿放在一边，然后为一座高坛增建了一条半圆形的回廊和放射状的礼拜堂。这里采用了双侧廊、尖拱，隔间上是肋式拱顶。不幸的是，拱廊层上的所有东西都在1231年被拆除并换掉，所以对于人们是否使用了高拱顶或者飞扶垛我们一无所知。然而，可以确定的是建造圣德尼修道院是重要的建筑活力爆发信号，这股力量整合了新风格并且促成了一系列主教堂的诞

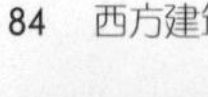

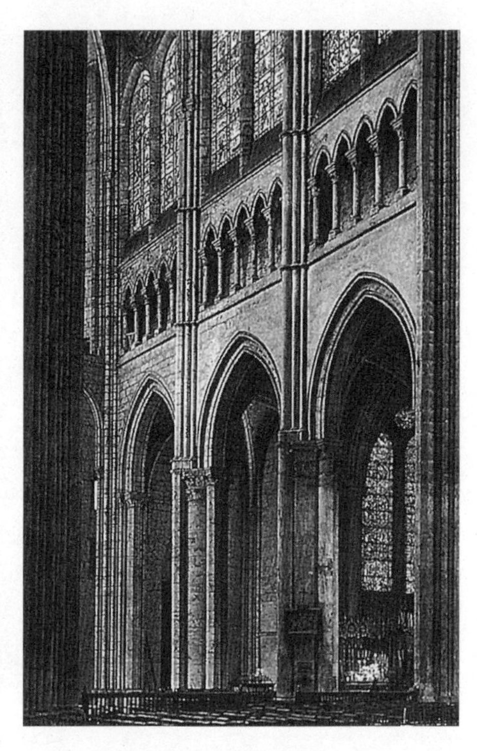

75、76　充满实验精神的12世纪：巴黎圣母院和沙特尔主教堂。维欧勒-勒-杜克在十字交汇处的三个隔间内恢复了巴黎圣母院原本（12世纪70年代晚期）的四层立面。到沙特尔主教堂时（1194年），则建起了三层的立面，三拱式楼廊对应着拱廊和天窗层。

77、78　成熟的13世纪：兰斯主教堂（对页左图）和亚眠主教堂（对页右图）都采用了由立柱和位于四个方位的集柱组成的柱墩，集柱中的每一根都支撑着肋柱。兰斯主教堂（1211年）是法王的至尊加冕教堂，首次使用了条式花饰窗格，立刻就被亚眠主教堂（1220年）学去了。亚眠主教堂具有经典的平面结构（对页下图），还有短小的耳堂和一圈放射状的礼拜堂，尽管其突出的圣母礼拜堂有点与众不同。

生，它们在大胆程度、原创性和想象力上都无与伦比。

这些主教堂都位于或邻近法兰西岛（只有两个例外，库唐塞［Coutances］主教堂和布尔日［Bourges］主教堂）：桑斯主教堂（1143年动工）、努瓦永［Noyon］主教堂（1145年）、拉昂［Laon］主教堂（1160年）［图81］、巴黎圣母院（1163年）［图75］、布尔日主教堂（1192年）［图71］、沙特尔主教堂（1194年）［图76］、兰斯［Reims］主教堂（1211年）［图77］、勒芒［Le Mans］（唱诗班席建于1217年）、亚眠［Amiens］主教堂（1220年）［图78］、库唐塞主教堂（1235年）［图79］和博韦主教堂［图80］。每一座都独具特色，反映出其石匠大师的理念和个性，但这些建筑物都是拥有共同主题的各种变体。它们的平面结构全是十字形的（除了布尔日主教堂），一个中殿、十字交会处、十字型翼部和带有半圆形室（拉昂主教堂后来将其改成方形的了）的高坛。有时十字型翼部超出了侧廊的边线，有时则没有。在立面上，要么是三层，要么是四层：通常有一条拱廊和一排高窗，有时在楼廊和高窗之间还有一条墙壁走道或者三拱式楼廊。（在建筑书籍中，这些术语并没有统

一的说法。拱廊和高窗间的那层通常叫作三拱式楼廊。但如果有四层时，这种说法就会令人费解，如果中间那层如同一条有屋顶的宽阔侧廊，那么我们不妨将其称作楼廊，而如果它只是一条墙里的走道，那么我们才叫它三拱式楼廊）拱廊柱墩要么是圆柱，要么是更常见的一根圆柱和位于四个方位的集柱组合，最里面的柱子用线条提升了建筑物的整体高度。拱顶是四分（每个区域分为四份，对应一个隔间）或者六分（每个区域分为六份，对应两个隔间）。在外部，西端通常有两座塔楼；更为常见的情况是，人们计划建造更多的塔楼，但从未实施（沙特尔主教堂打算建造九座塔楼，拉昂主教堂打算建七座［图 81］）。布尔日主教堂［图 71］、勒芒主教堂和库唐塞主教堂的双侧廊与众不同，里面的要比外面的高，并有着自己的完整立面，布尔日主教堂的这种效果激动人心，因为在中殿的每一边都能看到完整的教堂。博韦主教堂因为是当时最高的哥特式主教堂而闻名于世［图 80］，事实上它是如此之高，以至于其拱顶在 1284 年坍塌而不得不采用更加坚固的形式进行重建。博韦主教堂的工程止步于十字交会处，面对难以实现的雄心壮志，今天的它就如同一位体型庞大却凄凉的见证者。

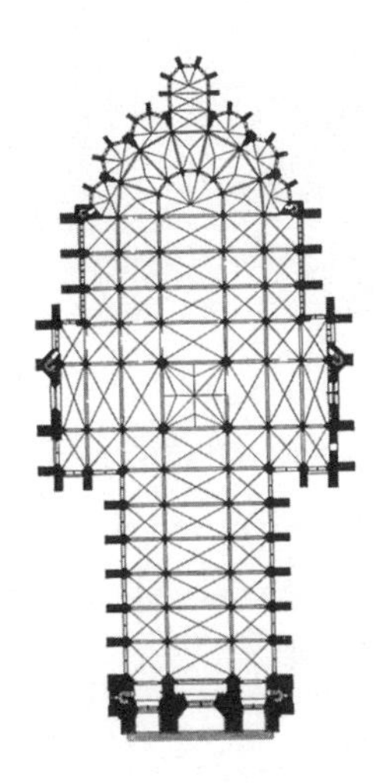

79 诺曼底的库唐塞主教堂位于法兰西岛范围之外，它融合了几个地域的特色，包括窗前的墙壁走道，此处所见是13世纪唱诗班席的回廊。

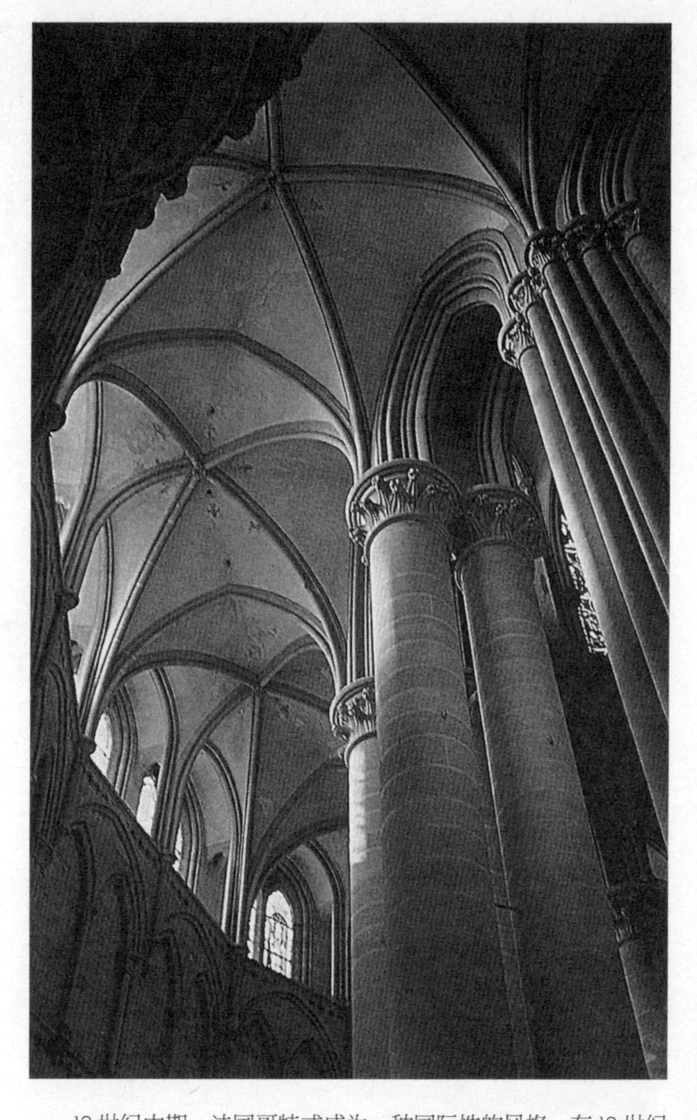

80 对页：博韦主教堂（1248年）标志着仅仅100多年前圣德尼修道院所开创的那个时代的终结。它是最高的哥特式主教堂。教堂的拱顶在1284年坍塌了，这似乎是老天的惩罚，尽管那饱受非议的过分高度从未建成。这幅版画表现了重建时的高坛。十字交处和十字型翼部最终于16世纪完工，但中殿从未完成。

13 世纪中期，法国哥特式成为一种国际性的风格，在 13 世纪晚期的某段时间我们或许可以在每一个欧洲国家中找到法国特色。在德国，科隆主教堂（始建于 1248 年——只有唱诗班席和一个塔楼的底座建于中世纪）在本质上是一座法国建筑物 [图 105、图 106]，而雷根斯堡 [Regensburg] 主教堂、马格德堡 [Magdeburg] 主教堂与拉恩河畔的林堡 [Limburg-an-der-Lahn] 主教堂的大师们显然都在向莱茵河的另一边学习。在西班牙，布尔戈斯 [Burgos]

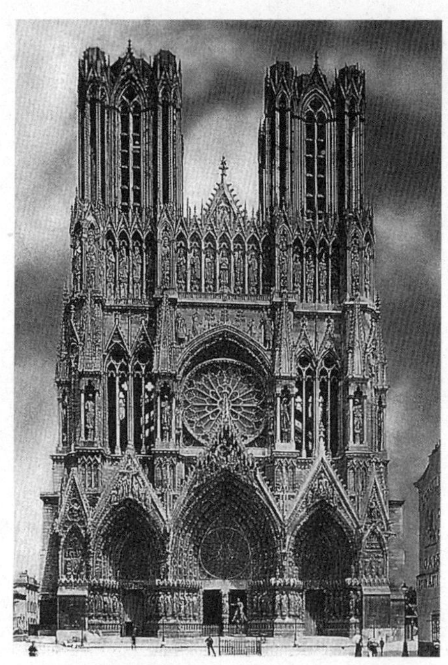

81、82、83 法国哥特式教堂西侧立面的演变。拉昂主教堂（上图，1190年）依旧保留了罗马式的元素——圆拱，中央隔间不同于塔楼隔间，深邃如同洞穴般的门廊从墙壁伸出。塔楼角上对角而置的神龛强调了三维特性，在那里有公牛探出身子。

亚眠主教堂（对页，1220年）保留了三道深邃的门廊山形墙，但立面上的水平线都保持一致，玫瑰花窗（其窗饰可以追溯到15世纪）下有一条雕刻有国王雕像的长廊。这张1914年之前的照片表明几个世纪以来，这座巨大的主教堂一直雄踞一方。

兰斯主教堂（右上图，约1255年）中央门廊的山形墙进入了玫瑰花窗的范围，国王走廊被提到了最高的一层。

和托雷多明显具有法国特色，并且莱昂 [León] 主教堂大概是由一位法国人设计 [图 118]。威斯敏斯特大修道院则更可能是这样。

这些教堂最显著的特色是它们的西侧，通过仪式性的入口进入上帝的居所。带有两座塔楼的正立面继承自诺曼底罗马式风格，反映了中殿和侧廊的内部结构，还有三个或者更加深邃的门廊充斥着圆雕形式的人物和浮雕场景。拉昂主教堂 [图 81] 可以看作早期一次有力的尝试（怪诞的是，其塔楼上布满了眺望乡村景色的公牛）。巴黎、亚眠 [图 82] 和兰斯 [图 83] 各地的主教堂在其盛期都纷纷采用了前者的形式。

我们不得不忽略较小的建筑物，但从中常常能看到最具创意的设计和最精美的手艺。所有这些小规模建筑中最著名的要数圣徒礼拜堂 [Sainte Chapelle] 了，它是法国历代国王的私人礼拜堂（1242 年动工），珍藏了圣物耶稣荆棘王冠的残片，这座教堂宛如一只带有熠熠生辉的彩绘玻璃和雕塑装饰的鸟笼，其双层结构（下层是深色的礼拜堂，上层是浅色的礼拜堂）在几年后被同样显耀的伦敦威斯敏斯特圣斯蒂芬礼拜堂所模仿。

然而，13 世纪中期过后的法国，伟大的实验时代已然结束，

84、85 辐射式风格体现在巴黎圣母院新建的南面玫瑰花窗上，此时正值花饰窗格在13世纪大行其道，巴黎圣母院的花窗由让·德·谢勒始建于1258年（上图），并使花窗成为总体设计中的主要元素。巴黎的圣徒礼拜堂（右上图）始建于1242年，是一座具有辐射式花窗风格的建筑物，其玫瑰花窗在1458年被火焰式风格所取代。

接下去则朝着精致的方向发展。有一个方面发展极为明显，那就是花饰窗格的设计，下一阶段的风格便是以这一特色命名的。最早的哥特式窗户并没有花饰窗格。12 世纪晚期前后，发展出一种板型花饰窗格 [plate-tracery] 的形式，墙壁上一对柳叶形窗口和一个环形窗口被安置在一个模制窗框中；巨大的玫瑰花窗也是以同样的方法制成。大约 1215 年时，兰斯主教堂的墙面经过简化，仅仅呈现出石制线条，并且出现了条形花饰窗格 [bar-tracery]。随着窗户越来越大，条形花饰窗格变得更加精美，但在最初阶段，它基本上是以有限的尖拱与环形组成的几何形式为基础的，常常是尖头的。玫瑰花窗（例如巴黎圣母院的十字型翼部两侧上的那种 [图 84]）则可大做文章，从中心散开的光芒数量不断增加，从而获得了其在法国哥特式经典时期的称呼——辐射式 [Rayonnant]。

人们彻底掌握辐射式风格是由以下几个事实作为标志的：花饰窗格被完全（没有一处是多余的）融入整个设计中；试图采用奇数光芒、新形状（三角和弯曲侧边的方形）和双花饰窗格；去掉块状物，将关键要素精简为骨架式；为三拱式楼廊装上彩窗，一如圣德尼修道院重建的中殿（1231 年）和亚眠主教堂的唱诗班席（1250 年）。石匠大师急不可耐地想要超越前人，就像特鲁瓦 [Troyes] 的圣乌尔班 [St Urbain] 教堂的唱诗班席与十字型翼部（1262 年）的设计者那样 [图 86]，后者的教堂中满是不同寻常之处，包括短缩双花饰窗格 [syncopated double tracery] 以及一个似乎从飞扶垛中长出的门廊。在 14 世纪中期，这种奇思怪想导致了火焰式 [Flamboyant] 风格，花饰窗格条像火焰一般交织摇曳。火焰哥特式的最初源头在英国，现在我们就要开始谈到这个国家了。

86 特鲁瓦的圣乌尔班教堂（1262年动工）的无名设计师在各种新的空间效果方面是一位热切的探索者。在内部，他尝试了切分花饰窗格（也就是一个图案叠加在另一个之上）；在外部，在有窗户的墙前，他创造出骨架式的山形墙，并且用扶垛支撑其南面门廊，而这似乎并非扶垛的主要用途。

哥特式英国

英国的石匠们对法国的事情了然于心，但他们却不急于在主教堂规模的建筑物中使用这种新风格，直到一位法国人向他们展示了实践方法。这人就是桑斯的威廉，在介绍坎特伯雷主教堂唱诗班席的建筑师时我们已经提到过他。

坎特伯雷主教堂的显赫地位如同圣德尼修道院在法国一样。

[图 87] 不仅因为它是大主教的教座所在地，而且也因为自 1170 年以来这座教堂便一直是一个朝圣中心，被谋杀的托马斯·贝克特的神龛在基督教世界可谓至高无上。因此没过多久，英国全境都采纳了威廉的创新方法（实际上，威廉并未被赋予完全的自由。他必须使自己的新唱诗班席适应旧的外壳，这项任务颇费了他一番心思）。坎特伯雷主教堂有着尖拱、六分拱顶，通过隐藏在楼廊中的扶垛扩张力被相反的力所抵消。

有关建筑设计的评论在此时并不多见，但编年史家杰维斯显然意识到唱诗班席前所未见，而且他也颇费心思地想要说明它到底为何物：

新旧唱诗班席的柱子在形式和厚度上差不多，但高度不同。新柱子被拉长到大约 12 英尺（约 3.7 米）。旧柱头朴实无华，新柱头有着精美的雕塑。过去的唱诗班席是没有大理石立柱的，而现在随处可见。过去唱诗班席周围的拱顶素朴简单，现在则带有拱肋和拱顶石头。从前是带有精彩绘画的木制屋顶，现在是美轮美奂的石制拱顶。新的要比旧的高……

杰维斯提到的“大理石立柱”是黑色波倍克[Purbeck]大理石；它们被用以清晰地标示出柱身的线条。我们没能在法国却在弗莱芒的罗马式（图尔奈主教堂的大理石也是黑色的）建筑中找到一些这样的先例。不过，这完全是哥特式的精神并注定会在英国存在相当长的一段时期。

由于一个简单的原因，英格兰主教堂建筑的发展比法国的更难以说清。法国的主教们时刻准备着拆掉过去的老建筑物然后重新开始，而在英国（主要是因为他们不久前已经为修建罗马式主教堂而花费了巨资），他们更加谨慎——加上一个新唱诗班席或者让中殿改造得更现代一些，但很少允许石匠大师创造出全新的景象。只有四座英国哥特式主教堂能够以一种统一的美学角度加以评判。其余的教堂都是混合式的——例如，罗马式的结构，哥特式的拱顶（格洛斯特主教堂、诺威奇主教堂）或者一个哥特式的十字交会处和唱诗班席（伊利主教堂），抑或是间隔很久且多次重建而成的哥特式结构（坎特伯雷主教堂）。参观一座英国主教堂并不比参观一座法国主教堂受益少，而且还会带来截然不同的感受。

这四座“新”的大教堂是林肯主教堂、威尔斯[Wells]主教堂、索尔斯伯里[Salisbury]主教堂和威斯敏斯特大修道院。它们都属于英国哥特式的第一阶段，传统上被叫作“早期英国式”[Early English]。下一个“装饰式”[Decorated] 阶段的建筑物埃克塞特 [Exeter] 主教堂（不算其诺曼式的塔楼）、约克主教堂（不算其早期英国式的十字型翼部）和布里斯托尔主教堂的唱诗班席。第三个也是最具英国特色的阶段，被称作“垂直式”，我们没能找到此例的完整建筑（除了很晚才建成的巴斯修道院），只有一个改造过的唱诗班席（格洛斯特主教堂）和两个重建的中殿（坎特伯雷主教堂和温彻斯特主教堂）。这些风格标签发明于 19 世纪早期，很好地区分了三种容易辨识的风格。

早期英国式与法国哥特式很接近，尽管从一开始英国建筑师们秉持着自己的趣味。

1180 年，当坎特伯雷主教堂的唱诗班席还在建设时，一座新的

87 坎特伯雷主教堂的唱诗班席（1174年）毫无疑问地标志着哥特式建筑在英国的开端，一段当时的文字为我们记录了建造史的独特细节。它的第一位建筑师是法国人——来自桑斯的威廉。受到古典风格启发的立柱和六分肋拱（位于前景中柱墩上方，从图中看不到）源于法国；但大部分装饰和波倍克大理石来自英国本土。由于要保留原来凹殿两侧罗马式的塔楼，从而产生了被“挤压”的奇怪效果，凹殿外是英国人威廉所建的三一礼拜堂，其中有圣托马斯·贝克特的神龛。

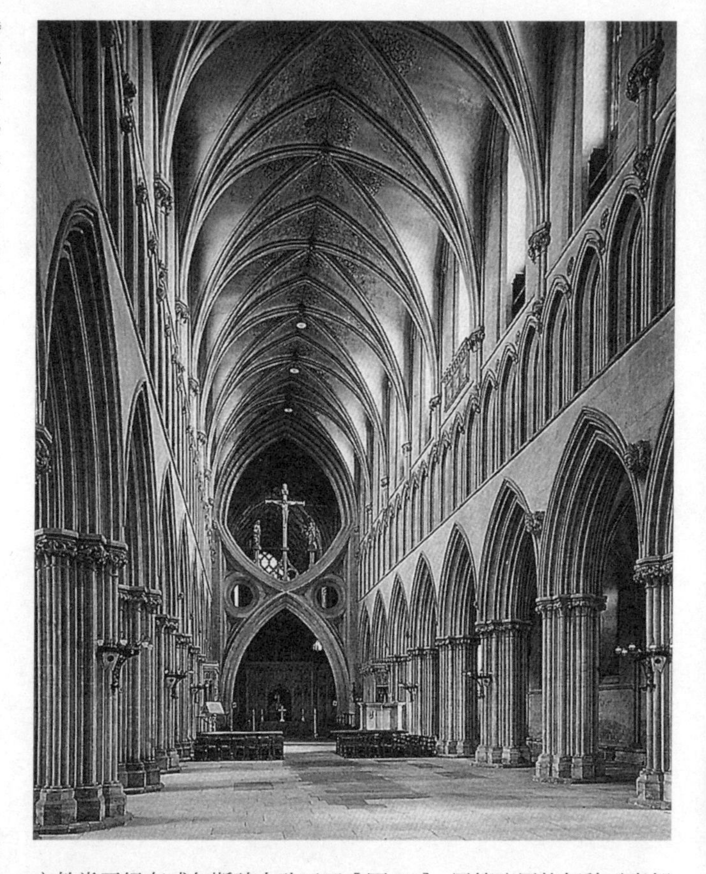

88 在威尔斯主教堂——只比坎特伯雷主教堂晚动工几年，法国的影响则少了许多。英国设计师想要强调的不是垂直方向（例如，可对比布尔日主教堂，图71），而似乎是水平方向。集柱并非从地面升到天花板，而楼廊不间断地从一头排向另一头。1338年增建的“漏斗型拱”在十字交会处粗暴地打断了这一运动趋势。

主教堂已经在威尔斯破土动工了［图88］。尽管这里的每种元素都是哥特式的，但我们却立即意识到它们与法兰西岛上的相去甚远，而且许多典型的英国罗马式建筑的偏好依旧在发挥作用。按照法国的标准看来，中殿太长太矮了。水平方向而非垂直方向得到了强调。柱墩上各个部分的区分变得难以辨认。带有拱顶的集柱并不是拔地而起，而是从低于高窗的地方开始，楼廊的开口不间断地从中殿的一头排到另一头。内部高度只有67英尺（约20米）（亚眠主教堂的是140英尺［约43米］）。显然，英国设计师并未模仿任何法国原型。西面的情况也是一样，建筑师没有利用巨大的大理石门廊强调入口，而几乎像是完全在掩饰有门这一事实。西侧立面只是一道展示雕塑的屏障。

1192年，一座更宏伟的建筑在林肯动工。其计划是逐步拆除原来的罗马式主教堂，取而代之的是一座哥特式的主教堂（除了因为当工程进展到西立面时资金不足而保留了那一部分，其余都按计划完成了）。林肯主教堂的赞助人是精力充沛的主教（后被封圣）休［Hugh］。他指派了一位和他一样特立独行的人作为建筑师。虽然林肯主教堂保留了坎特伯雷主教堂的风格，但其建筑师却完全沉迷于各种个人化的古怪设计中：集柱内包裹着卷叶形花饰的柱身，侧廊的墙上是带叠加层的双联小型拱廊，还有比例奇怪的多角形东端结构（后来被拆除，为天使唱诗班席腾出空间）［图 89］。他采用的拱顶既不是四分拱顶也不是六分拱顶，而是二者的混合，一种奇怪失衡的图案，被现代学者称为“疯狂拱顶”，前无古人后无来者。主教堂的工程还未过半，圣休就死了，而中殿则由继任者完成［图 90］。尽管不如唱诗班席那样古怪，其拱顶的两种新特色注定会在英国长期存在：居间肋拱顶［tierceron］和脊肋［ridge rib］。居间肋拱顶是额外的肋，从墙壁延伸到拱顶花冠：在林肯主教堂，是七条而非三条肋（横向肋和两条对角线）从同一点伸展而出。脊肋沿着拱顶花冠从一端到另一端，如同威尔斯主教堂的楼廊，这些特色有助于消减隔间被划分开来的效果，这对法国人来说非常重要，并且整个中殿成为一个连贯空间。

始建于 1220 年的索尔斯伯里主教堂没有古怪之处，尽管在比例上是很英国式的，但却是形式逻辑上的一次练习［图 91］。其主

89、90 林肯主教堂：向西侧看唱诗班席（下图）和向东侧看中殿（右下图）。唱诗班席奇特的“疯狂拱顶”的韵律不合常规，令人眼花缭乱，这里首次发展出中殿的居间肋拱顶。有一条脊肋贯穿整个中殿，再次突出水平线。

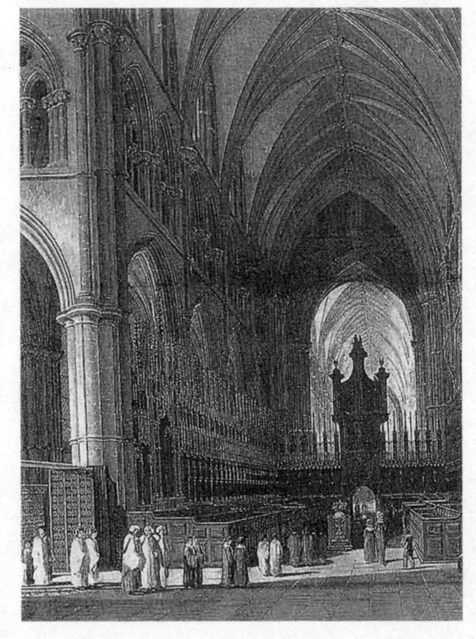

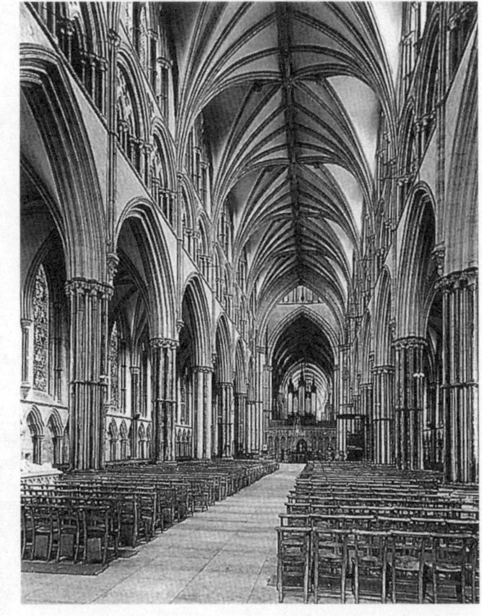

91 索尔斯伯里主教堂始建于1220年。从西南端俯瞰的平面结构图（对页），法国哥特式建筑试图将所有部分融合到一个整体中，许多英国主教堂似乎仍然反映了罗马式的特性，这些部分还是各自分开的。对比图卢兹的圣塞宁教堂，双十字型翼部是另一个在英国常见的特色。

要的设计特色是波倍克大理石，带来了线性（由于完全没有雕塑或者叶形柱头）和某种朴素感。然而，索尔斯伯里主教堂的外部却让人过目难忘，通过一系列轮廓分明的体块耸起巨大的中心塔楼和尖顶。

威斯敏斯特大修道院(1246年动工)再次表明了法国的影响[图92]。据文献记载，它的建筑师叫作“雷恩斯的亨利”[Henry of Reyns]，很可能来自兰斯，而兰斯主教堂正是其最直接的模板。赞助人国王亨利八世认为其彰显了金雀花王朝[Plantagenet]的权威，大量的雕刻装饰、复杂精细的线脚、精美的材质和双花饰窗格使其成为中世纪较昂贵的建筑物之一。唱诗班席矗立着忏悔者爱德华[Edward the Confessor]的神龛，被英王们的墓葬所环绕。在比例——

92　威斯敏斯特大修道院的唱诗班席（1246年）标志着向法国趣味的回归，可见其比例和许多诸如花饰窗格那样的细节。但作为金雀花王朝的加冕和葬礼教堂，威斯敏斯特大修道院的富丽堂皇前所未有。花饰窗格是双层的，拱廊上的空间覆盖以复杂精细的菱形图案。

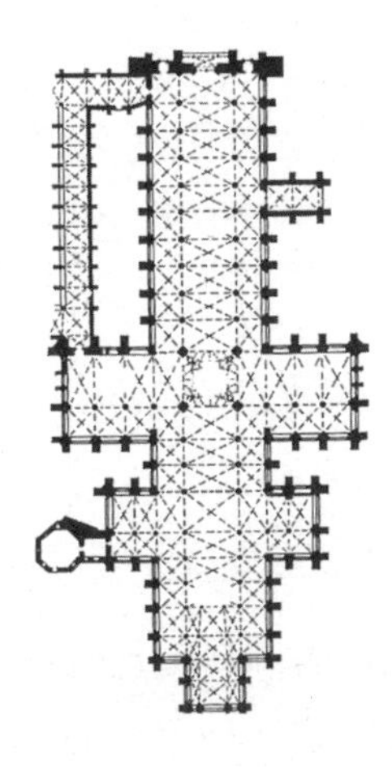

高耸狭窄，同时又强调垂直性——和拱廊、楼廊和高窗等细节上与之前法国建筑很相似，较之于法国的辐射式图案，这也是英国教堂第一次使用花饰窗格，包括北端与南端十字型翼部（尽管大部分是复建的）的大玫瑰花窗和来自于兰斯的最新发明，也就是所谓的球形三角或者凸边三角。威斯敏斯特是早期英国风格的高峰，其影响体现在境内许多教堂和主教堂的增建物上，从林肯主教堂新的唱诗班席（天使唱诗班席）到杜勒姆主教堂奈因祭坛［Nine Altars］的礼拜堂。但到1280年时，英国建筑即将要迎来新的发展，即装饰性风格，这使其在欧洲具有建筑上的领导地位——装饰性风格。

这个名字并不恰当，因为尽管风格上具有高度装饰的特征，但并未说明这一阶段的全部特征。哥特式建筑从形式几何与明显的功能逻辑中破茧而出，步入天马行空的世界，直至（尽管不是在英国）极致丰富的幻想状态，这在圣德尼修道院的大师看来大概是疯了。

过度装饰就是症状之一。在哥特式发展的第一个经典阶段中，装饰物是功能的产物，因为其标志并强调了建筑结构的关键点：立柱的柱头、拱肋起拱处的梁托 [corbels]、肋与肋交会处的凸雕饰 [bosses]。13 世纪 80 年代，繁复的装饰从墙壁到窗户周围铺天盖地；祭坛后的装饰屏风 [reredoses] 密布着构图复杂的雕塑；拱肋从七条增加至九条，最后是十一条 [图 93]，于是它们如同巨大的棕榈叶布满内部空间，在这些肋（居间肋）中又冒出其他肋（枝肋 [liernes]），从前者起始以后者结束，无关结构，只为绮想；随处可见的是由两条 S 曲线构成新的拱形——葱形拱 [ogee]；花饰窗格显然不再中规中矩，开始出现令人意想不到的弯曲和交织，人们为这些形状和空间创造出各种新名字（“穆夏特” [mouchettes]）。

最根本的变化是人们开始以新的方式营造空间。当罗马式的伊利主教堂的中央塔楼于 1320 年倒塌时，人们并不打算将其重建为惯常带有直边的灯笼式塔楼，而采用八角形，切断了唱诗班席邻近的隔间、十字型翼部和带有对角墙的中殿——这在基督教建筑史上前所未见 [图 94]。威尔斯主教堂的建筑师为唱诗班席的后部设计了一套连锁拱顶，使得区分隔间的想法失去意义。1306 年，在布里斯托主教堂 [图 95]，石匠大师使中殿和侧廊等高（也就是说没有楼廊和高窗），承受着小石桥上越过侧廊的拱顶的张力；在附近的礼拜堂里，他建起了一个只有骨架而没有填充物的纯粹由肋构成的拱顶。

装饰性风格是哥特式建筑最激动人心的阶段，从 1280 年到 1350 年大概持续了 70 年之久。正在那时或者不久之后，来自大陆的建筑师们很有可能造访过英国，并被其所见深深打动。或许是对异想天开产生了厌倦，英国建筑转向了截然相反的风格，直线垂直性——其本身也足够令人惊讶——似乎与之前所有的东西都相互抵牾。

哥特式如何结束

哥特式建筑的最后阶段令人困惑，也难以用两三句话说明白。这是因为没人再制定一般规则了。每个欧洲国家都在走自己的路，似乎没有参照其他国家的做法。而这一时期最容易被历史学家所忽视的，但从某种角度看，却是最激动人心的时刻。

我们回到法国。博韦的那批主教堂所确立的古典的国际性风格继续在发展，却无大的变化。墙窗的比例增加了。从 14 世纪开始，

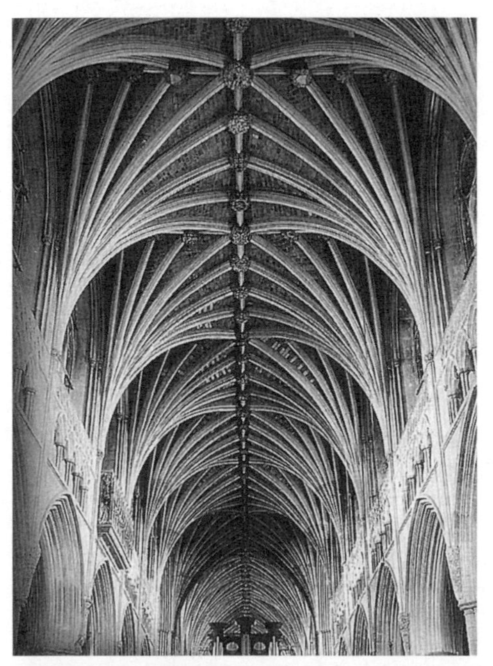

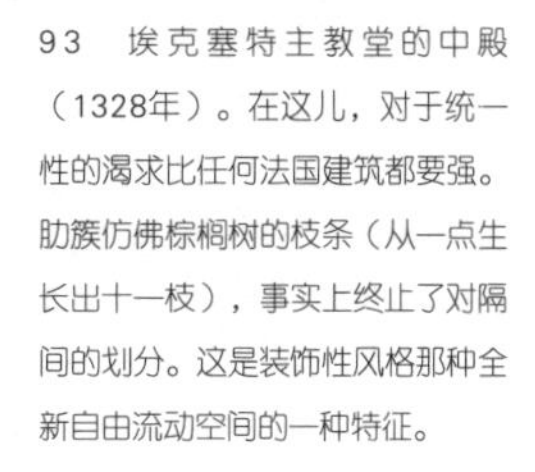

93 埃克塞特主教堂的中殿（1328年）。在这儿，对于统一性的渴求比任何法国建筑都要强。肋簇仿佛棕榈树的枝条（从一点生长出十一枝），事实上终止了对隔间的划分。这是装饰性风格那种全新自由流动空间的一种特征。

94、95 伊利主教堂的八角形塔楼和布里斯托主教堂的侧廊是空间想象力的两次飞跃，由此体现出英国装饰性风格的独特性。在伊利主教堂（左下图）的十字交会处——曾经由于塔楼的倒塌而遭到破坏——被设计成一个单一空间，罩着一只木制八角形灯笼，由对角而置的窗户提供照明。在布里斯托主教堂（下图）唱诗班席侧廊里的小型石桥，凭借自身完备的拱顶承载着主拱顶的张力。

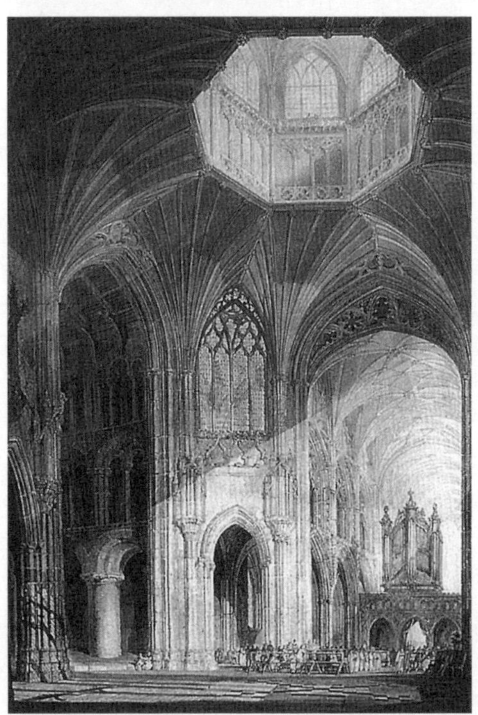

火焰般的花饰窗格如同花朵般绚烂绽放（如阿布维尔的圣伍尔夫兰［St Wulfran］教堂，还有1485年为圣徒礼拜堂加盖的玫瑰花窗［图85］），但并未反映在拱顶图案上，拱顶顽固地保持着四分拱顶的样式。然而，柱墩不再是简单的形式，而是变成了一束一束的线型部件的集合。在外部，实心花饰窗格越来越流行，以高耸壁龛和加长嵌板的形式爬上了塔楼。旺多姆三一主教堂的西立面或者博韦主教堂的南面十字型翼部都覆盖着大量火焰式图案，以至于很难看出哪儿是窗户哪儿是墙［图96］。在鲁昂有两座教堂，圣旺［St Ouen］和圣马克卢，在格局和装饰的复杂程度上都可与英国的装饰性风格相媲美。（圣旺教堂原本设计有对角而视的西面塔楼，这是一项不可复制的实验）

早期的罗马式建筑中有一些地区性的变体幸存了下来。在西南地区有一些貌似堡垒的教堂，不久前刚在阿尔比战争中被毁。以砖石建成的阿尔比主教堂［Albit Cathedral］（1282年）向世人摆出防御的姿态，其扶垛系统包裹在墙壁的形式中，跨过大概是侧廊的那个地方［图97］。这段时期行将结束时，文艺复兴的母题已经进入了法国建筑，此时的哥特式风格宛如迟开的花朵，就像卡昂的圣皮埃尔［St Pierre］教堂垂直拱顶那样的异域奇花（唱诗班席，1518年）。

96 旺多姆三一主教堂的西立面（1499年）已使用了火焰花饰窗格。

97 朗格多克的阿尔比主教堂（右下图，1282年），它乘着阿尔比战争的余波而建。其封闭的表面——此处是从东侧看——仿佛让人觉得是堡垒。后来火焰式的南大门消减了之前的质朴感。

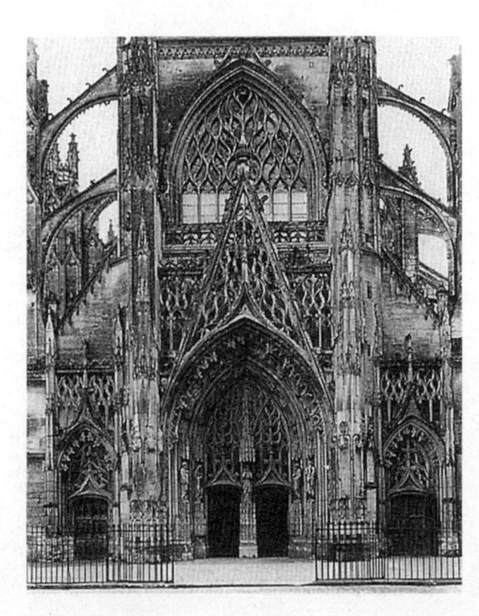

诚如我们所见，英国展开了双臂拥抱垂直风格。早在14世纪30年代，格洛斯特主教堂的南十字型翼部和唱诗班席先后经过改造，代之以贴墙的石制栅格，从而隐藏了罗马式的结构并以紧密肋网的形式延续到越过巨大东侧窗户的拱顶，直条形的玻璃构成了窗户的图案，顶天立地，带有笔直的窗棂［图98］。不管什么原因，对14世纪的英国而言，垂直风格的逻辑性比繁复的装饰性风格更有吸引力。两个世纪以来，数不尽的教区教堂（最著名的教堂位于东安吉利亚［图99］和格洛斯特郡那些富庶的羊毛之乡中）都遵循着同样的程式：带有简单线脚的高大宽阔的拱廊，通常连续不断的柱头，以及带有直线花饰窗格的巨大明亮的窗户。在主教堂的建造过程中，温彻斯特和坎特伯雷的中殿是重头戏，精心营造的结构使人一眼望去便能留下最深刻的印象。质朴的效果常常被墩身［dado］层的封闭镶板所消减，有时甚至拱的侧柱［jambs］和拱腹［soffits］也会起到同样的作用。除了彩窗和颜色丰富的装饰效果，还有两种特色为垂直风格增加了额外的魅力。其一是塔楼：坎特伯雷主教堂［图100］和格洛斯特主教堂的中央塔楼或者萨默塞特郡的许多教堂的西塔楼都还可见中世纪的伟大成就。其二是扇形拱顶，这是英国的独创。在结构上，扇形拱顶是一块坚固的石制屋顶，雕刻着放射肋以倒转半锥体的形式所构成的图案。剑桥的国王

98 1337年，格洛斯特主教堂的罗马式唱诗班席被改造为新的垂直风格。墙壁上覆盖着花饰窗格和玻璃镶板的栅格，一个交缠复杂的拱顶，而东端开了一扇新的大窗户。

99 右下图：从一座典型的东安吉利亚垂直风格的教区教堂的中殿往西看去，埃塞克斯的萨弗伦沃尔登（15世纪早期）。

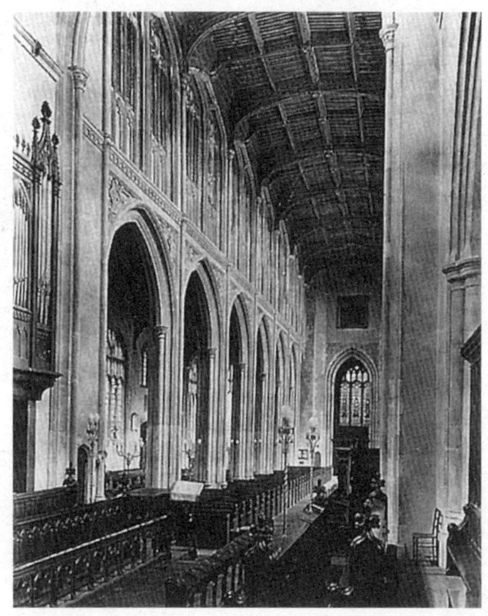

100　坎特伯雷主教堂重建的中殿（1379年）是垂直风格的一个缩影：线条清晰，空间简洁，装饰节制。这就是其注重的全部效果。

101、102 扇形拱顶是垂直风格最后的创新。在剑桥大学国王学院礼拜堂中（下图，约1515年），拱顶采用了在中心汇聚的半锥体经典形式。在威斯敏斯特大修道院中的亨利七世礼拜堂中（右下图，1503年），带有下垂凸雕饰的完整锥体像从屋顶倒挂下来。

学院礼拜堂［King's College Chapel］（1515 年完工）是最奢华的一例［图 101］。在一些特殊情况下，垂吊的凸雕饰从锥体倒挂下来，看上去正在抵抗重力，一如威斯敏斯特大修道院亨利七世礼拜堂（迟至 1503 年动工）中那样［图 102］。

在德国，直到 13 世纪，罗马式才向哥特式投降。第一波革新观念全来自法国，但德国哥特式的形式在 14 世纪却显然存在。布拉格主教堂［Prague Cathedral］是莱茵河以东最雄伟的教堂［图 103］，由法国人阿拉斯的马修［Matthew of Arras］动工，但 1356 年由彼得·帕尔勒［Peter Parler］接手并彻底加以改变，后者是那代德国建筑师中最杰出的一位。他不受约束，大概选择了大厅教堂［hall-church］的形式，这是整个 14 世纪和 15 世纪最受欢迎的类型。由于放弃了楼廊和高窗，建筑师则承担起失去法国哥特式建筑那种垂直高度的风险，可实际上教堂通常还是很高的，因此这一风险从未发生，并且它们在宽度和空间性上获得了前所未有的效果。大厅教堂几乎遍布中欧和东欧，从马尔堡的圣伊丽莎白［St Elizabeth］主教堂（1257 年）到维也纳的圣斯蒂芬主教堂［St Stephen's Cathedral］，还有，如位于施韦比施格明德（1351 年）、兰茨胡特、乌尔姆、苏斯特精美的教区教堂以及纽伦堡圣塞巴都［St

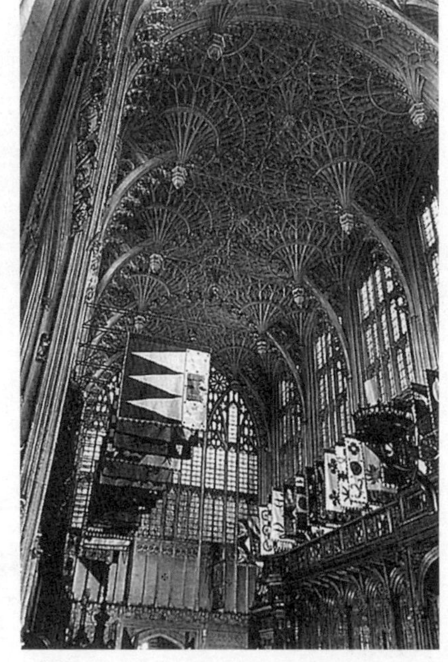

103 彼得·帕尔勒从更加保守的阿拉斯的马修手中接过布拉格主教堂，那时他才23岁。他的拱顶系统——所谓的剪刀拱顶［scissors vault］——（14世纪80年代）重在装饰而非功能。看看三拱式楼廊的走道是如何随着柱墩上的开口而弯曲。

104 德国那些透雕的尖顶中，最完善的一个在布莱斯高的弗莱堡主教堂（右上图）上，于中世纪完工。

105 科隆主教堂（1248年）的唱诗班席有着高耸的天窗和带玻璃的三拱式楼廊，它和法兰西岛上的主教堂同属火焰式风格的最后阶段。

106 虽然只有科隆主教堂右手边塔楼的低矮部分是中世纪的原物，但教堂的设计（约1300年）保留了下来，并于19世纪中期据此建成。

Sebald]（1361 年）和圣洛伦茨 [St Lorenz]（1439 年）两座大教堂。就正立面而言，德国建筑师偏爱透雕 [openwork] 尖顶 [图 104]，布莱斯高的弗莱堡 [Freiburg-im-Breisgau] 主教堂就建有这样的尖顶，而科隆 [图 105、图 106]、雷根斯堡和乌尔姆等地的主教堂也打算这样做（尽管直到 19 世纪才建成）。

107、108 日耳曼哥特式建筑最钟爱的基督教形式是大厅教堂，其侧廊与中殿等高。它衍生出五花八门令人瞠目结舌的肋拱，如1474年建于布伦斯维克的圣布拉修斯教堂中，螺旋形的集柱将肋拱同拱廊连接在一起（左上图），或者如1525年安纳贝格的圣安妮教堂中殿里那样，肋拱开成放射状的花瓣（右上图）。

德国人喜欢大厅教堂的原因之一应该是他们钟爱复杂的拱顶图案，由于肋可以向四面八方而不仅仅是向内生长。建造拱顶是德国晚期哥特式的突出特点。我们不禁想要寻找这一特点同英国装饰性风格间的联系——“星形拱顶”在德国很普遍，大概源自英国多角僧侣会堂的拱顶，德文郡奥特里圣玛丽［Ottery St Mary］教堂预示了（纯属偶然？）彼得·帕尔勒在布拉格主教堂中使用的“剪刀拱顶”——但此种风格不久便步入了一个自律的奇幻世界中去。建于1525年的萨克森州安纳贝格的圣安妮［St Anne］教堂或许有着最精致美丽的拱顶，但它绝不是最极端的那种［图108］。在哈雷的集市教堂［Marktkirche］，肋自由地从拱顶飞出；而在因戈尔施塔特的圣玛丽［St. Mary］教堂（16世纪20年代），肋卷曲成石制卷饼［pretzel］的形状并绽放出石制花朵；在德累斯顿附近的皮尔纳，一条肋肆意蔓生，甚至压根儿没有停止的意思。1474年，在布伦斯维克［Brunswick］教堂［图107］以及其他一些教堂中，扭曲的立柱加强了设计的统一性，以至于从立柱生发出的扭动的肋就仿佛是柱墩线脚的延伸。15世纪行将结束时，人们发明了一种新的变体，肋在中段被断然分开，这一形式由贝内迪克特·里德［Benedikt Ried］发展到极致，库特纳霍拉［Kutna Hora］的

109 德国哥特式建筑在其最后阶段醉心于把玩自己的技巧，肋被叠加或当其不再有用时，就被断然切掉。布拉格城堡（1493年）的弗拉季斯拉夫大厅是出自贝内迪克特·里德之手的杰作。

110、111 波西米亚、西里西亚和东普鲁士——如今都是波兰的一部分——产生出自己的拱顶形式。下图：圣玛丽教堂中殿侧廊布雷斯劳（弗罗茨瓦夫）的沙漠上的圣母教堂展现了所谓的“跳跃拱顶”，或者说三射拱顶，由三边形的单元和三条肋构成。右下图：但泽（格但斯克）的圣玛丽教堂，带有“单元”拱顶，表面是肋条或者交叉肋，并无实际功能。

圣巴巴拉［St Babara］教堂和布拉格城堡中的弗拉季斯拉夫大厅［Vladislav Hall］都出自这位设计名家之手。起初是结构工程上的试验，最后却是一场游戏［图 109］。

日耳曼人土地上的北部和南部地区有着自己的拱顶特色。西里西亚（如今是波兰西部）热衷一种被称作“跳跃拱顶”［jumping vault］的类型，由一系列三角形隔间构成，每个隔间里有三条从

凸雕饰放射出的肋，营造出不规则的韵律感［图 110］。在波西米亚，肋可能被全部消解；一个个“单元”拱顶由砖石敷以厚灰泥（显然是威斯特伐利亚的阿诺德［Arnold］的发明），看上去像皱巴巴的纸［图 111］。两种拱顶类型在中欧广为传布。在德国北部，由于缺少石料，导致人们在技术上十分大胆地使用砖头，甚至在诸如玻璃窗棂这样的细部上也一样。一些了不起的砖石教堂（例如，什未林［Schwerin］主教堂）所表现出的赏心悦目和勇于创新的精神是中世纪建筑最为醒目的成就，这些教堂中有不少出自方济各会和多明我会之手，它们有着高 90 英尺（约 27 米）细窄的窗户，山形墙上的砖石花饰窗格图案宛如童话般梦幻。

112　典型的尼德兰哥特式建筑：斯海尔托亨博斯的圣约翰主教堂，约1430年。大多数花饰窗格——包括奇怪地在一个拱上放置的另一个颠倒的拱——皆19世纪重建，但相当精确。

113、114 隔间的宽度和拉杆或者梁削弱了佛罗伦萨主教堂（上图，1334年以降）和威尼斯圣乔瓦尼保罗教堂（右上图，1260年以前）这两座意大利教堂的哥特式特质。

佛兰德斯和尼德兰的哥特式教堂采取了古典法国程式（在乌德勒支的教堂还保存得相当完整，1265 年），并以别的方式加以发展。拱廊和高窗被赶出了中间层，取而代之的只是一条带图案的石雕工艺带。这批教堂中有一些极其雄伟。安特卫普主教堂 [Antwerp Cathedral] 是三侧廊而非双侧廊，还有一座高 403 英尺（约 123 米）的塔楼。别的塔楼甚至更高，梅赫伦 [Mechelen]（马林斯 [Malines]）大概有世界上最高的塔楼，高 550 英尺（约 168 米），但是工程进展到一半却停止了。斯海尔托亨博斯的圣约翰 [St. John] 主教堂（约 1430 年动工）因其装饰奢华而闻名，包括南面大门上复杂的花饰窗格和成排的小型雕像（现在全已修复）跨坐在飞扶垛上 [图 112]。布拉班特地区也发展出一种特别的装饰母题——“圆头双曲形” [round-topped ogee]，与其最为类似的是现在女性的头饰。

北方来客看到意大利哥特式建筑的第一反应免不了有些失望。这与成败无关，只是审美趣味不同。北方主教堂中复杂的空间感，连同深色紧密的柱墩、线性的复杂构造还有整体的垂直性都被宽敞和清晰的感觉所取代，似乎在表示同神秘事物与神秘主义分道扬镳。佛罗伦萨主教堂 [Florence Cathedral] 的中殿比索尔斯伯里主教堂的更长，但后者分了十个隔间，而前者只有四个［图113］。结果佛罗伦萨主教堂的中殿看起来反而变短了。另外也没有迹象表明存在用于维持平衡的各种外力。意大利建筑师对于横跨中殿用以连接两侧的拉伸铁连杆并不反感，但它却和北方哥特式的整体精神相抵牾［图114］。意大利所有带拱顶的大教堂中都不同程度地采用了这种做法，如锡耶纳主教堂［Siena Cathedral］、博洛尼亚的圣彼得罗尼奥［S. Petronio］教堂、阿西西的圣方济各［S. Francesco］教堂、佛罗伦萨的新马利亚［S. Maria Novella］教堂……只有一个例外：米兰。

115、116　米兰主教堂，大约于1385年动工，与任何其他意大利或者说欧洲教堂都不一样。其宽阔、伸展的比例衬托出高耸的双侧廊——在很大程度上减弱了高窗的采光效果。华丽的外部（下图）设计于14世纪90年代，直到在几个世纪后才完工。在内部（对页），带有华盖的神龛环取代了柱头，削弱了垂直性的效果——这是北方哥特式的标志。

米兰主教堂［Milan Cathedral］极其完整［图115］。这是意大利土地上的一座北方主教堂——但它真是一座北方主教堂吗？其平面结构不同寻常：带有双侧廊的中殿，宽度几乎与长度相等，带有侧廊的十字型翼部，还有一个多边形的东端。中殿和内部侧廊都带高窗，但窗户太小了以至于在采光上用处不大；似乎这座主教堂渴望成为一座大厅教堂［图116］。主拱廊柱墩是组合构成的，硕大的

柱头上是由一个个神龛围绕而成的环形装饰，神龛内是比真人要大的雕像。拱顶为简单的四分型。在凹殿中，巨大的窗户具有和陷入旋涡中的火焰式花窗类似的图案。外部林立着尖塔和雕像，坐落在十字交会处的八角形穹顶[cupola]上。材料全部使用白色大理石。

这座宏大、离奇的建筑物经历了一个世纪的争论、犹豫和妥协以及三个世纪的建造才诞生于世。它体现了中世纪建造方法中的所有问题，但也同样展现了解决办法。动工时间大约是 1385 年。不到十年，专家们就开始怀疑这座教堂的稳定性。总共有五十位建筑师，许多来自法国和德国，包括一位帕尔勒家族的成员充当顾问。通过这些协商会议的记录，我们从而得知大多数石工技术方面的细节、从平面上（以方形 [ad quadratum]，或者三角形 [ad triangulum] 为基础）打造起立面的别样方式，还有意大利、法国

117 对页图："科洛尼亚的胡安"——科隆的约翰尼斯在大约1440年时设计了布尔戈斯主教堂的西面尖塔，显然他从那时尚未建造的科隆主教堂尖塔的画稿上受到了启发（图106）。

118 下图：莱昂主教堂是最具法国特色的西班牙主教堂。大约1255年动工，它几乎可以被视为辐射式风格的教科书。

119 右下图：布尔戈斯的主管礼拜堂（右下图，1482年）由科洛尼亚的胡安之子西蒙设计。拱顶中央的玻璃是现代的改建。

和德国的专家们在诸如扶垛与材料强度等问题上的不同看法。

下面，我们来说说西班牙，许多建筑之路都通向这个国家，但都有去无回。最早那种由法国主导的西班牙哥特式风格我们已经讲过。莱昂［León］主教堂与法国标准（并且其全套彩窗可以和沙特尔主教堂的相媲美）最为接近［图118］。托雷多主教堂紧随其后，带有布尔戈斯的特色——双侧廊和面对内过道的完整三层立面。"科洛尼亚的胡安"，也就是科隆的约翰尼斯［Johannes］在1440年左右设计了布尔戈斯主教堂的透雕尖顶，而且他一定看过为自己老家那座主教堂——那时尚未建造——尖顶所做的画稿［图117］。他的儿子和孙子待在布尔戈斯，他们设计了富丽堂皇的总管礼拜堂［Chapel of the Constable］与中央塔楼，二者都具有十足的西班牙特色［图119］。我们不该忘记，在西班牙，基督教从未失去十字军东征的气质。直到14世纪中期西班牙半岛南部一直在摩尔人的控制之下（格拉纳达，这一荒凉的边境地区，一直延续到1492年），这赋予了西班牙的宗教建筑某种强烈的情感，至今仍能感受得到。

在南方，西班牙哥特式建筑获得了自身真正的特质，其最显著的特色就是宽阔。由于表面覆盖着极度华丽的装饰，而且空间中充斥的屏帐和格栅将内部消减为一系列阴暗的深邃效果，因此这种空旷并未

120、121 对极端宽度的偏爱是加泰罗尼亚地区晚期哥特式的特点，位于巴塞罗那港口附近的海洋圣母教堂（上图，1324年），是一座长宽几乎相等的大厅教堂，让人觉得很宽敞。马洛卡的帕尔马主教堂（右上图，1306年动工，中殿建于1360年）具有同样的特点。在这里，宽高之所以相称是因为整个中殿是在建造过程中被增高的。图中是向东南方看去，一扇大玫瑰花窗填补了中殿和唱诗班席拱顶间的空白。

122 与帕尔马主教堂比较类似的情形出现在赫罗纳主教堂（右图），1416年，人们决定放弃早先唱诗班席（1312年）的设计方案，转而展现宽阔中殿的整个空间。

牺牲原有的神秘感。花饰窗格和拱肋如同英国装饰性风格一般繁茂，有时近乎一种狂热，西班牙的巴洛克风格则继承了这份遗产。

最典型的西班牙大教堂是那些中殿宽度和拱顶跨度将结构上的可能性扩展到极限的。加泰罗尼亚和安达卢西亚的建筑师在这方面尤其大胆。巴塞罗那的两座大教堂——巴塞罗那主教堂和海洋圣母[S. Maria del Mar]教堂[图 120]——为我们迎接马洛卡的帕尔马[Palma de Mallorca]主教堂做好了准备，帕尔马主教堂的建筑者们受到前两座教堂东端的启发，而对于中殿，他们几乎将宽与高都增加了一倍[图 121]。赫罗纳[Gerona]主教堂于 14 世纪初期动工时还是一种传统风格[图 122]，有唱诗班席和侧廊、楼廊和高窗，这项工程于 1416 年由吉列尔莫·博菲[Guillermo Boffiy]接手，他以前所未有的勇气将整个空间融为一体——宽度为唱诗班席加上侧廊，高度有所增加——并用最宽的哥特式拱顶覆盖整个空间。从西端向东端看去，为我们呈现出哥特式风格的一个阶段取代另一阶段的景象。

塞维利亚[Seville]是最大的西班牙主教堂[图 123]，而且也是最大的中世纪主教堂，它晚至 1402 年才动工，到 1518 年竣工，其野心斐然，正如建筑委员会所说，要“让那些看见其建成的人都

123　塞维利亚主教堂（1402年动工，1518年完工）属于最后的哥特式主教堂，也是最大的一座。双侧廊的存在强调了教堂的宽度，高耸的内部立面掩饰了外部低矮的印象。

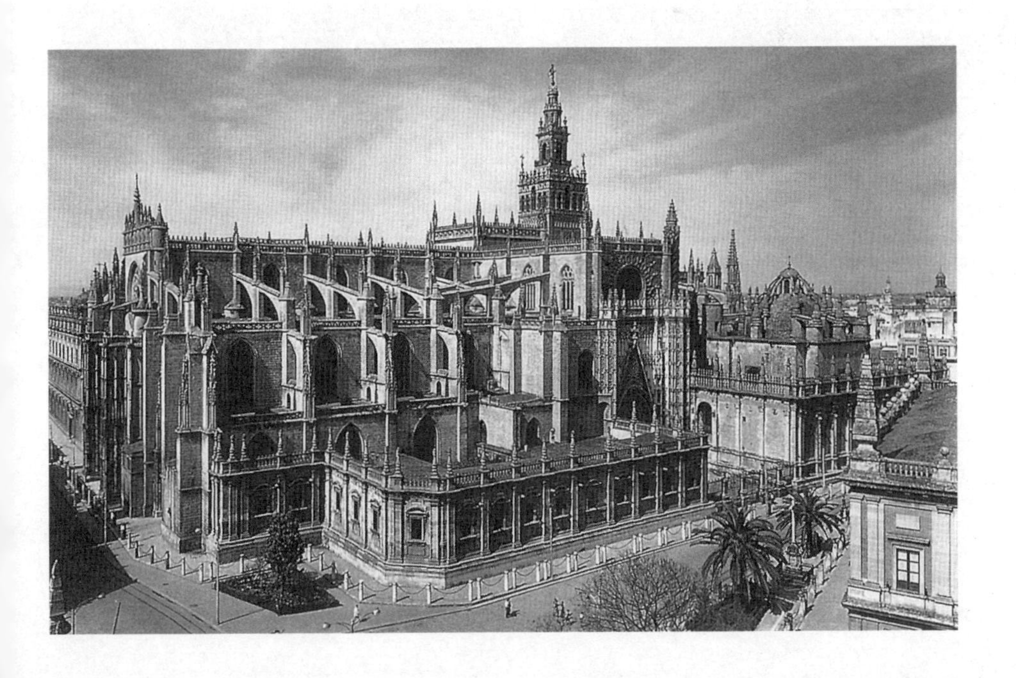

124、125 葡萄牙哥特式建筑的两个极端，但也是最典型的两个例子即曼努埃尔式。上图：里斯本城外的贝伦修道院教堂（1499年）。右上图：托马尔克里斯托修道院僧侣会堂的窗户（约1520年）。

觉得我们疯了”。

为了目睹中世纪哥特式建筑的最后的繁荣阶段，我们必须前往葡萄牙，有人会说那里的哥特式风格最终失去了原有的味道。在曼努埃尔一世（1495—1521 年）的统治下，葡萄牙人的帝国在印度地方迎来了其扩张的巅峰时期。暴富的葡萄牙人开始修建教堂和修道院来炫富，其建筑风格被称作“曼努埃尔式”[Manueline][图 124]。拱廊柱墩如麦芽糖般扭转，并且与探索和大海有关的形象——锚、海藻、贝壳、网——日益增多。托马尔的克里斯托修道院 [Cristo Monastery] 僧侣会堂的窗户和一座三层小楼一般大，其垂花饰 [festoon] 就充斥着这样的母题 [图 125]。最常见的是绳子，它们环绕着建筑物，使后者仿佛是巨大的包裹。维塞乌主教堂 [Viseu Cathedral]的拱肋就是绳子状的，而凸雕饰则是绳结的样子。

当这些建筑物竣工时，意大利文艺复兴已开始了一个世纪，而新的圣彼得教堂在罗马正拔地而起。

世俗和民间建筑

如果主要只针对小教堂和大型主教堂来评价中世纪建筑是不公平的。它们不仅毫无疑问是主要的建筑类型，占据了大部分国家资源，而且也是试验和革新的焦点。然而，对于石工技巧而言尚有其他目标，我们应当简略地考察一下范围宽泛的非宗教建筑物。

城堡几乎同主教堂一样造价昂贵，但它们的形式更多地受到防御科学而非建筑艺术的制约。在早期，塔楼被作为最后的堡垒而加以保留，它建在城堡最易受到攻击的地方。与其互为补充的是一个由墙壁防护的“堡场”，而墙壁本身与塔楼又合为一体。在外面有一条壕沟或干渠。在13世纪，堡垒没有那么重要了，守护者们更多地依靠幕墙［curtain wall］——可能是双层——以形成同心圆。此时门楼成了被重点设防的部分，被看作如同堡垒本身一样，比如威尔士的哈勒赫［Harlech］城堡。每个大型城镇也由墙壁围成圆，间隔有塔楼，其中几座赫然保存至今，从英国的约克郡到北方到西班牙阿维拉再到南方。有时诸如城堡这样的防御工事包含了双层或

126 法国西南部的卡尔卡松要塞保存了其双层环形城墙。其内圈仿佛让人觉得回到了墨洛温时代；它历经增建直到14世纪，并于19世纪被修复。

127 对页图：马林堡（现在的波兰马尔堡）城堡是条顿骑士团的总部，这个骑士团是与信异教的斯拉夫人作战的一个军事团体。

128 对页下图：安格尔西岛上的博马里斯堡（1283年）一直没有完工，是爱德华一世征服威尔士时所建的城堡中最具几何形态的。

129 费德里科二世在阿普利亚的城堡蒙特堡（1240年）是这种结构中形式最完美的一座。带三角楣墙的入口见证了费代里科的古典抱负，预示了两个世纪后的文艺复兴。

三层围墙，在法国西南部的卡尔卡松还可以看到［图126］。

每个强大的权力中心必然壁垒森严，但最具有代表性的城堡皆建在兵燹不断或动荡不安之地。爱德华一世建于13世纪晚期、用以征服威尔士的城堡——哈勒赫、康韦［Conway］、卡那封［Caernarvon］和博马里斯［Beaumaris］，最后这座在形式上最完美——堪称那时通用的战略思想教科书［图128］。而这种战略思想很大程度上来自于在圣地征战的十字军的经验，几个世纪以来，圣地都是作战方法的一个试验场，所有城堡中最雄伟的那些也在此处，诸如叙利亚医院骑士团的骑士堡［Krak des Chevaliers］（13世纪）。名气稍小却更为特别的一些城堡是由另一个叫作条顿骑士团的军事团体在征服异教徒斯拉夫人的运动中建造的，其巅峰之作是马林堡（现在波兰的马尔堡）的骑士团团长总部，这一片巨大的建筑群虎视眈眈地盘踞在维斯瓦河的平原上［图127］。在欧洲的另一端，西班牙在抵抗摩尔人经年累月的抗争中催生了一批城堡，它们曾经位于前线，现在则人去楼空，孤零零地矗立在卡斯提尔干巴巴的景色中。西班牙的城堡并未经历同样的发展。它们通常很紧凑，结合了堡垒和宫殿的功能。马洛卡著名的贝尔韦尔堡［Bellver］

130 巴塞罗那的蒂内尔大厅，展现出如同加泰罗尼亚基督教建筑般的狂热。1359年动工，它用横隔墙拱来支撑木制屋顶。

（14 世纪）似乎在规划时就被当作是一次抽象几何的练习，两方面功能截然分开，宫殿由一圈带两层拱廊的环形庭院构成，而堡垒由一圈较小的塔楼构成，只有一座小桥连接，守卫军就驻扎在这里。在别处，典型的阿尔卡扎［alcázar］（城堡之意，例如塞戈维亚或者托雷多）不过是单个的障碍物，它很大程度上依靠其地势而发挥作用。最引人注目的是科卡堡［Coca］（塞戈维亚），于 15 世纪以砖石建成，从装饰方式可以明确看出其既重实战也重美观。

本书无意于分析这些城堡的军事用途，但我们可以讨论其艺术上的品质。显然，只要地形上不成问题，建筑师们用不着压抑他们对平衡和比例的本能。结果这些城堡自有其动人之美。费德里科二世［Emperor Federick II］在阿普利亚的蒙特堡［Casteldel Monte］（1240 年）是一个完美的八角形，间隔八座一模一样的塔楼［图 129］。在英国，诺森伯兰郡（约 1400 年）的沃克沃思城堡［Warkworth Castle］具有希腊十字形的平面结构，各个房间被极其巧妙地分布在这座城堡里，环绕相连，错落有致。

这一时期的城堡拥有不少宫殿才有的功能；除了军事用途，还发展出居住和仪式功能。14 世纪法国国王们在巴黎郊外的万塞讷［Vincennes］城堡建有不少奢华的会客室和一间礼拜堂。马林堡则拥有一间巨大的礼拜堂和华丽的拱顶大厅。通常这些大厅都是用从城堡周边砍伐的木材所建，现在已荡然无存。

像伦敦的白厅、威斯敏斯特教堂或罗马梵蒂冈的宫殿并非统一设计过的结构，而是随机地将各种不同用途的建筑物集中在一起。莫斯科克里姆林宫［Kremlin］是现存最好的例子。只有很少的中世纪宫殿可以原封不动地保存下来。教皇在阿维农的宫殿（1334 年动工）便是一例，教皇在从罗马出走流亡期间就居住于此。另一个是迈森的阿尔布雷希特斯堡［Albrechtsburg］城堡（1411 年），其中的房间覆盖着由威斯特伐利亚的阿诺德所设计的梦幻的晚期哥特式拱顶，看上去十分接近布拉格城堡中的弗拉季斯拉夫大厅。

131 伦敦威斯敏斯特大厅，原本为罗马式结构，1394年由休·赫兰德增建了木拱脚悬臂托梁屋顶，这是中世纪木工手艺的骄傲。顶起中央部分的木拱脚悬臂托梁的末端被修饰成天使的样子；宽大的拱以极具艺术性的方式将整个空间统一起来。

许多地方实际上各自保存有精美绝伦的大厅，布拉格是其中之一［图 109］。其他的还有普瓦捷伯爵［Counts of Poitiers］大厅（13 世纪和 14 世纪）、温彻斯特的亨利三世大厅（1222 年）、巴塞罗那伯爵大厅，蒂内尔［Tinell］厅（1359 年）［图 130］——一个由数个横隔墙［diaphragm］拱横跨的宽阔空间。最大的要数伦敦的威斯敏斯特大厅［图 131］，在 12 世纪，大厅中间或许有两排柱

132、133　修道院是赞助人们最热衷的建筑形式，这些建筑物仿佛是纪念碑，代表着有节制的想象力。德国毛尔布隆修道院的食堂（1224年）和西班牙波布莱特修道院的僧舍（右上图，12世纪晚期），这两座建筑物都是为西多会团体所建。

134　右图：英国威尔斯主教堂的僧侣会堂的屋顶（约1280年）。八角形僧侣会堂在英国并不常见，为拱顶的发展提供了绝佳的机会。

子，但在14世纪晚期，大厅顶部就覆盖以巨大的木拱脚悬臂托梁［hammer beam］的屋顶，正如我们今日所见。

修道院的布局同罗马式风格时代还保持一致，仅有部分公共建筑物改动较大。其廊庭带有镂空的花饰窗格，有一些还十分精致。西班牙莱里达［Lérida］的廊庭比其所属的教堂还要高。食堂也更大，而且有时中间还会有一排柱子分隔并支撑着拱顶（如德国的毛尔布隆［Maulbronn］修道院［图132］，1224年）。僧舍很少有拱顶，但会用横隔墙拱支撑屋顶，使其看上去仿佛和贵族的大厅一个档次（例如12世纪晚期西班牙的波布莱特［Poblet］修道院［图133］）。

英国修道院和某些非修道院社团的特别之处是环形或者八角形的僧侣会堂，通常有一只中央立柱和呈伞状放射的肋，如威尔斯主教堂那样（约1280年）［图134］。医务室的规模和品质也得到了提升，并成为民间医院的模型，在法国的昂热（1174年）和博讷（1443年）就是如此。

数百年后，旧原则不可避免地发生了松动。西多会修士们将圣伯纳德的话抛到了脑后。修道院院长们为自己修建了宫殿般的住所。旧规则一度禁止的塔楼如今也获得了允许。约克郡的泉水［Fountains］大修道院建于16世纪宗教革命爆发前夕，它就像骄傲罪的一则寓言。

大学和学院同世俗修道院一样有一间礼拜堂，一条廊庭和环绕四周的民房。许多古代欧洲大学的中世纪建筑物已不存于世；英国不仅很幸运地拥有牛津大学和剑桥大学［图135］这两处极好的样

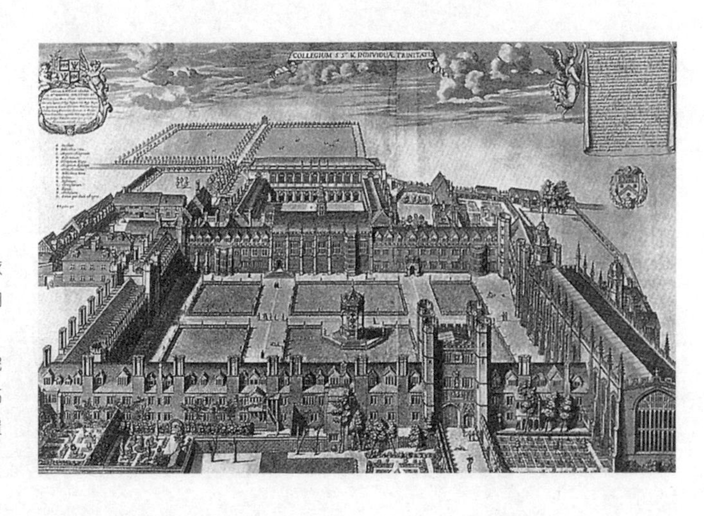

135　剑桥三一学院，17世纪时依旧保持了在中世纪时的样子。人们通过一座精美的门楼进入大庭院。礼拜堂在右边，大厅位于两个庭院之间，凸肚窗对应里面的讲台或高台的位置，并与那道并未对称安置的门相互平衡。

板，而且在伊顿和温彻斯特保留了两所面向少年学子的公学。

最终，我们来谈谈市民和商业建筑物、钟楼和交易所。其中最精彩的建筑理所当然来自于意大利、佛兰德斯和德国的那些自由城市，那里的集体荣誉感是最强的：在意大利，有锡耶纳的市政厅［Palazzo Pubblico］（1289年动工）［图136］和威尼斯的总督宫［Doges' Palace］（1343年动工）［图137］；在佛兰德斯，有布鲁日布料大厅及其钟塔［belfry］（14世纪和15世纪），和伊普尔的布料大厅，都毁于第一次世界大战，不过后来又被精确地重建，还有勒芬［Leuven/Louvain］的市镇大厅（1448年）；在德国，有布伦斯维克（14世纪和15世纪）和布雷斯劳（今天波兰的弗罗茨瓦夫）的市镇大厅。西班牙则有一大批壮观的交易所：如巴伦西亚［Valencia］的交易所（1483年）用两排扭曲的高耸立柱支撑肋拱［图139］。

只有少数华丽的私人府邸得以保存，而其中具有重大建筑意义的则更少。在法国，金融家雅克·克尔［Jacques Coeur］位于布尔日的住宅（1442年）和克吕尼修道院位于巴黎的住宅（1485年）展示出富人们可以享受的奢华生活。大量的房屋掌握在少数上等人

136　奢华的市镇大厅彰显了民众的自豪感，钟楼常常是城市中可以和主教堂尖塔相匹敌的主要元素。锡耶纳的钟楼（1289年）面对着开阔的广场，赛马节就在此举行。

137、138　威尼斯发展出一种蕾丝似的世俗哥特式建筑形式，这种形式从未用在教堂上（因此拉斯金建议19世纪的市民建筑物就应该采用该形式）。对页下图：总督宫（1343年）。下图：金屋（1423年），一座精雕细琢的私人府邸。

EDIFICATA

139　巴伦西亚的丝绸交易所（1483年）那剧烈扭曲的立柱和复杂的拱顶很接近葡萄牙曼努埃尔式风格。

和商人手中，中世纪晚期之后尤为如此，材料为石头、砖头或者（最常用的）木头。它们依据标准的平面结构，一直持续到16世纪和17世纪。核心部分还是大厅，一端设有抬高的高台，主人在此用餐（常常由一扇隔间窗户照明），另一端设有一面屏帐。入口大门连接的过道，就由这面屏帐［Sergius］构成，因此入口处不在正立面的中间而在一头。这条过道上有门通向厨房和贮藏室。在房屋的一端有楼梯通向主人的私人房间。

市镇房屋的结构更简单，英国的带有较高的突腰层，中欧的带有凸肚窗，叫作埃尔克［Erke］。这种房屋的内饰以方便为主，并非为了好看，而外部则加以涂绘装饰，蔚为大观。诸如市镇大厅这样的市民建筑物一般遵循同样的当地传统。1939年以前，欧洲尚有很多漂亮完整的城镇，但泽［Danzig］（格但斯克［Gdańsk］）［图140］与纽伦堡大概是其中最好的。不幸的是它们都遭到战争的摧残。威尼斯的建筑遗迹——其样式基本上还是中世纪晚期的——采用了一种特别的哥特式本土形式，这种具有世俗色彩的形式独一无二，与众不同：较高的两层一般由交叠的葱形拱构成四叶形，为大厅［gran salone］照明。大运河边的金屋［Ca'd'Oro］（1423年）［图138］就是这种风格的典范。

140　战前但泽（格但斯克）繁华的街道，房屋排列在狭长的区块中，是典型中世纪城市的样子。宏伟的圣母教区教堂（见图111）高出山形屋顶，远远超过市镇钟楼；汉萨城市的仓库聚集在河对岸的小岛上。

哥特世纪（黑体所示）与文艺复兴时期重要建筑物、事件以及建筑师年代示意图

1400　　1450　　1500

意大利

菲利波·布鲁内莱斯基

莱昂·巴蒂斯塔·阿尔贝蒂

多纳托·布拉曼特

巴尔达萨雷·佩鲁齐

1418年佛罗伦萨主教堂的大圆顶

1446年鲁切莱府邸，佛罗伦萨

1452年阿尔贝蒂著《论建筑》

1506年
新圣彼得大教堂开始建

1424年金屋，威尼斯

1490年维特鲁威著作首
出版

1508
忧苦之慰圣母教堂，托

法国

1485年圣徒礼拜堂的玫瑰花窗，巴黎

1469年圣旺教堂，鲁昂

1485年克吕尼府邸，巴黎

1443年位于博讷的医院

**1500年
博韦主教堂修建南侧耳堂**

1442年雅克·克尔府邸，布尔日

**1499年
三一教堂修建西立面
旺多姆**

中欧与东欧

1439年圣洛伦茨大教堂，纽伦堡

150
富格尔礼拜堂，圣安娜教堂，奥格斯

1430年斯海尔托亨博斯的圣约翰主教堂修建南侧堂

1474年圣柏拉修斯教堂，布伦斯维克

1452年梅赫伦的塔楼开始建造

1448年勒芬市镇大厅

**1487年
弗拉季斯拉夫大厅，布拉**

1460年马提亚一世的宫殿，匈牙利

150
鲍科茨礼拜堂，埃斯泰戈姆主教

150
圣米迦勒主教堂，莫斯

1474年圣母升天主教堂，莫斯科

1502年旧瓦维尔城堡，克拉科

西班牙和葡萄牙

1416年赫罗纳主教堂修建中殿

1402年塞维利亚主教堂

1482年总管礼拜堂，布尔戈斯

曼努埃尔式在葡萄牙盛

1483年巴伦西亚交易所

英国

1425年舍伯恩大修道院修建了带有扇形拱顶的唱诗班席

1475年圣乔治礼拜堂，温莎

1400年沃克沃思城堡

1446年剑桥开始修建国王学院礼拜堂

**1503年
亨利七世礼拜堂，威斯敏斯特大修道院**

1550 1600

安德烈·帕拉迪奥

1603年马代尔诺为圣彼得大教堂修建中殿，罗马

雅各布·圣索维诺

米开朗琪罗·博纳罗蒂

1570年帕拉迪奥出版《建筑四书》

1524年洛伦佐图书馆，佛罗伦萨

1568年始建母堂耶稣教堂，罗马

1532年塞利奥出版第一版《六书》

1536年圣马可图书馆，威尼斯

1521年维特鲁威著作首次被译为意大利语

弗朗索瓦·芒萨尔

1519年香波尔宫

1547年维特鲁威著作被译为法语

1546年莱斯科开始建造新罗浮宫，巴黎

1532年圣厄斯塔什教堂，巴黎

菲利贝尔·德洛姆

1528年圣皮埃尔教堂唱诗班席竣工，卡昂

1533年弗朗索瓦一世画廊，枫丹白露

1615年奥格斯堡市政大厅

512年里德接手圣巴巴拉教堂，库特纳霍拉

1633年莫瑞泰斯皇家美术馆，海牙

1548年维特鲁威著作被译为德语

1525年圣安妮教堂，安纳贝格

1556年奥特海因里希堡，海德堡城堡

1583年圣米迦勒教堂，慕尼黑

1571年安特卫普市政厅

1536年斯塔德特宫，兰茨胡特

1538年观景楼别墅，布拉格

1521年西吉斯蒙德礼拜堂，克拉科夫

1526年查理五世大帝的宫殿，格拉纳达

1562年开始建造埃斯科里亚尔修道院

1582年维特鲁威著作被译为西班牙语

12年萨拉曼卡主教堂

1554年克里斯托修道院修建廊庭，托马尔

1522年塞戈维亚主教堂

516年萨拉曼卡大学修建正立面

1563年舒特著《建筑原本》

1538年无双宫

1580年沃莱顿府邸

克里斯托弗寺·雷恩

伊尼戈·琼斯

1568年朗利特庄园

1616年皇后屋，格林尼治

1577年伯利别墅

1570年卡比庄园

1619年国宴厅，伦敦

1547年老萨默塞特府

第五章 文艺复兴：古罗马的“重生”

文艺复兴使得建筑发生了翻天覆地的变化，不仅体现在风格上，也反映了行业准则以及委托人的期望。其过程并非是突飞猛进的，事实上它在随后的200年间才逐渐扩展到了整个欧洲。但无论文艺复兴在何时何地确立，都意味着一个传统被另一个完全取代。我们不该忘记文艺复兴建筑只是更为壮阔的文化运动中的一个方面，并且不能仅从建筑的角度加以理解。

这一巨变始于意大利，由于两种传统关系密切，所以并不显得那么突兀。但即便在这里，行业准则的延续性也被中断了。建筑师们不再跟随师父学习世代相传的技艺，他们摒弃了过去的设想、信念和惯例，并从与之在时间、文化以及宗教等各方面均不尽相同的古罗马文明中进行学习。

14世纪时，意大利兴起了一场人文主义浪潮，成功地促使人们重新关注古典文学与哲学，并为文艺复兴的诞生奠定了基础。随着人文主义不断向社会与理性方面扩展，它的影响开始涉及古典法律、历史、艺术以及建筑，甚至试图以勃勃野心重建古罗马文明。因此，建筑师们开始阅读维特鲁威的著作并投身于古典遗迹的研究中，他们不再是拥有精湛手艺的工匠，而被改造成为考古学家和学者，跻身脑力劳动者的行列。

141 单纯从外观来看，布鲁内莱斯基在佛罗伦萨所建造的圣灵大教堂极为新潮，不仅拥有和谐的比例，而且采用了具有古典准确性的装饰线条和柱头。但其基本形式却又是完全传统的。对于普通民众来说，文艺复兴建筑的出现并不突然，而是经历了一段与时俱进的融合期，不断将罗马特色与当下的需求融合在一起。

佛罗伦萨：早期文艺复兴

从建筑学来说，文艺复兴运动始于1418年布鲁内莱斯基[Brunelleschi]设计建造了佛罗伦萨主教堂[Florence Cathedral]的大圆顶[dome][图142]。这在当时仍稍显怪异，因为这个圆顶实际上从哥特式而非古典建筑那里获益良多。还有一点也令人感到奇怪，为何最终会是布鲁内莱斯基被选中来进行设计，从后世的传记作家（着重强调了他的古典主义风格）那里我们可以了解到，布鲁内莱斯基受到的是金匠和雕刻家的训练，其建筑方面的知识也仅

142 从技术层面来说，佛罗伦萨主教堂的大圆顶（1418年完成设计，始建于1420年）可谓一项壮举，其部分承重依靠一个类似哥特式肋拱的支架结构，剩余部分则采用了并不常见的鱼刺状砌砖法，使砖块层层叠起，形成一个连续的螺旋链结构。最具古典特色的采光塔楼和半圆龛（位于鼓形座底部的半圆形隔间）则在最后完工。

限于对罗马遗迹的了解。因此，有一种可能便是布鲁内莱斯基曾在孩提时跟随当时身为雇佣兵招募军官的父亲一起到过法国、德国甚至英国。无论如何，鉴于他对“五分之一锐角”[acute fifth]的了解，他一定懂得一些传统的石工知识，相对于罗马人而言，这种计算尖拱门弧度的方法对于哥特式建造者们来说更为熟悉，他可以利用这种中世纪的计算方式当场绘制出等大的建筑部件来。早在 14 世纪，这座圆顶的基本形状便已确定，根据一幅绘制于 1368 年的画作所示，当时的圆顶除了没有鼓形座，与现在不无两样。不可否认这是一件充满野心的设计，也着实令建造委员会的人揪心，对于他们来说，如何在不借用昂贵脚手架的情况下建成圆顶才是最为关键的问题。但这一点并未难倒布鲁内莱斯基，通过创造出一种新的起重设备，他成功地用横木和铁链将整个底座吊了起来。

如果布鲁内莱斯基仅仅只是建造了佛罗伦萨主教堂的大圆顶，他也不会被人们授予文艺复兴建筑之父的称号。当然作品可以说明一切，他设计的其他建筑也都位于佛罗伦萨，其中包括有：孤儿院的凉廊 [loggia] [图 143]、圣洛伦佐 [S. Lorenzo] 教堂的旧圣器室 [Old Sacristy]、帕齐礼拜堂 [Pazzi Chapel]（存疑）以及圣洛伦佐教堂和圣灵 [S. Spirito] 大教堂 [图 141] 里的礼拜堂，此外还有佛罗伦萨主教堂的圆顶建成后所添置的采光塔楼 [lantern] 和开敞式的半圆龛 [exedrae] [图 142]，这些无不让他实至而名归。在这些作品中，古典元素随处可见，凉廊和两间礼拜堂的拱廊都在带有凹纹的壁柱和圆柱上采用了混合式柱头，礼拜堂内部用来装饰天花板而环绕支撑拱门和平顶的柱头上则有厚片状的檐部（柱顶石）[slabs of entablature（dosserets）]。此外，在旧圣器室和帕齐礼拜堂里还有穹隅处的浅穹顶、采光塔楼、半圆龛的卷扶垛 [scroll-buttresses] 以及蛋–矛饰 [egg-and-dart] 的线脚。

中世纪时，古典建筑语汇仍未完全消失，诸如盘涡形饰、科林斯式柱头、以灰色石灰岩或塞茵那石砌边的圆拱拱廊等都还经常出现在那些托斯卡纳的罗马式建筑中，许多都保留至布鲁内莱斯基的时代；其中一些甚至遗存至今（如圣使徒 [SS. Apostoli] 教堂、圣米尼亚托教堂 [图 63] 和洗礼堂）。对于整个罗马精神来说，布鲁内莱斯基的建筑可谓一场新的视觉冲击，然而其中的一些古代文化

143 佛罗伦萨育婴堂孤儿院 [Ospedale degli Innocenti] 的凉廊是典型的古典风格，与佛罗伦萨主教堂的大圆顶几乎同时建造（1421年）。拱门中间镶嵌着由卢卡·德拉·罗比亚 [Luca della Robbia] 所创作的著名圆形彩釉泥像，展现了裹在襁褓中的婴儿形象。

元素也正是人们一直急切渴望使用的。在并未完工的天使圣母［S. Maria degli Angeli］教堂中他尝试运用了中央集中式的十六边形结构，这一结构利用几何学和比例体系反映出文艺复兴时期建筑的关注点。当然，这些在中世纪的建筑中同样常见，但石工的几何学知识却一直秘不示人，而文艺复兴时期欧几里得［Euclidean］的几何学理论倒为世人所熟知。

布鲁内莱斯基之后，莱昂·巴蒂斯塔·阿尔贝蒂［Leon Battista Alberti］崭露头角，成为下一代建筑师的代表。博学的阿尔贝蒂有着多重身份，首先他是位学者，能够熟读拉丁语，并对希腊文化颇为了解，同时他也是一位训练有素的律师，此外他还擅长音乐和马术，全然是一位完美的 15 世纪绅士。在罗马的建筑领域，身为艺术鉴藏家的他也同样具有绝对的权威，其代表作《论建筑》［*De re aedificatoria*］使他享有“当代维特鲁威”的殊荣并因此成为人们竞相委任的对象。

然而，阿尔贝蒂不仅与布鲁内莱斯基的出身全然不同，还做着几乎完全不同的工作。他可以称为第一位现代意义上的“建筑设计师”，他在纸上设计出建筑方案，然后再转承包商或办事员来进行建造。

此外，阿尔贝蒂还在诸多方面都扮演了先行者的角色。他是第一位现代的建筑理论家，而且是编写古典建筑规范的第一人。他首先向人们展示了罗马建筑中的典型特征（柱式、凯旋门等）如何与现代需求相契合；他还最早提出了在一座和谐的建筑中“任何东西都恰如其分，任何增添或减少都会使其变得糟糕”这一颇具古典风格标准的理论。他对于罗马式典范的认知相比布鲁内莱斯基来说更为纯正和系统。他在佛罗伦萨为鲁切莱府邸［Palazzo Rucellai］所设计的三层正立面更是第一次将多利安式、爱奥尼亚式和科林斯式这三种希腊柱式从下往上以“正确”顺序叠加在一起［图 145］。在他改建位于里米尼的圣方济各［S. Francesco］教堂［图 144］的过程中，为了纪念西吉斯蒙多·马拉泰斯塔［Sigismondo Malatesta］，而把一座小教堂的正立面设计成罗马式的巨大凯旋门，并采用了三个对等的拱门结构。在佛罗伦萨，他为新圣母［S. Maria Novella］教堂设计正立面时推行了以卷扶垛来修饰从较高的中殿向低矮侧廊的巨大转变，这一想法被后人长久地传用下来。此外，位于曼图亚的圣安德烈亚［S. Andrea］教堂与圣塞巴斯蒂

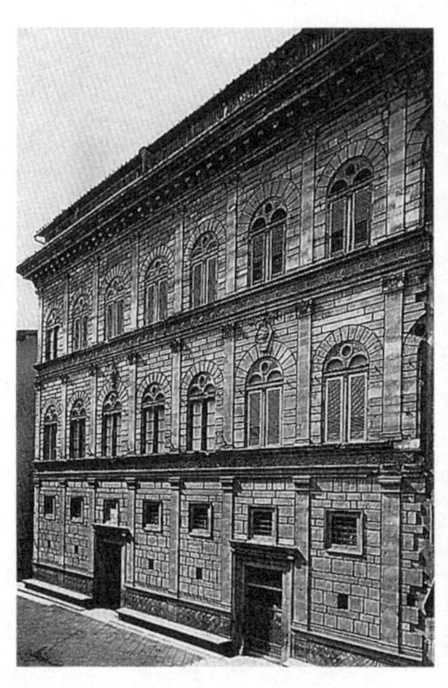

144、145 身为一名博学的文艺复兴建筑师，莱昂·巴蒂斯塔·阿尔贝蒂格外擅长对于古典样式的再创作，如凯旋门式的教堂正立面（位于里米尼的圣方济各教堂，1446年，上图）以及宫殿前的叠加柱式（鲁切莱府邸，同样始建于1446年，右上图）。

亚诺［S. Sebastiano］教堂则是他仅有的两件并未受到前人影响的作品。圣安德烈亚教堂的规模堪比一座主教堂，它的正立面以及中殿的内立面都采用了凯旋门的样式（即中间一座大的拱门外加两边各一个小拱门），这就意味着一系列独立小礼拜堂在此取代了拱廊后接侧廊的建筑模式，而这些小礼拜堂的墙壁刚好起到了扶垛的作用来支撑方格拱顶（仿效自罗马浴室）。圣塞巴斯蒂亚诺教堂最终并未能够完工，按照设计它应是一座在门廊后方四面都留有广场空地的希腊十字型结构。

1472年，阿尔贝蒂辞世。但他却在之后的时日里成为一股强大的独立的力量影响着同代以及更年轻的建筑师们，例如佛罗伦萨的米凯洛佐［Michelozzo］和朱利亚诺·达·圣加洛［Giuliano da Sangallo］，以及来自皮恩扎的贝尔纳多·罗塞利诺［Bernardo Rossellino］和来自乌尔比诺的卢恰诺·劳拉那［Luciano Laurana］等人，其中米凯洛佐甚至比阿尔贝蒂还年长些。15世纪40年代，科西莫·德·美第奇［Cosimo de Medici］聘用米凯洛佐来建造美第奇宫［Palazzo Medici］，这座宫殿位于传统的佛罗伦萨宫［Florentine Palazzo］附近（这是一间在我们看来远远大于一座宫殿的市内宅邸），但却设计了开放式的临街拱廊（后被封）、宽大的飞檐以及由布鲁内莱斯基式拱廊环绕的庭院。在普拉托，朱利亚诺·达·圣加洛为卡瑟利圣母［S. Maria delle Carceri］教堂建造了一座小型的集中式教堂后而被后世所熟知，他在设计这座礼拜堂时巧妙地将阿尔贝蒂的圣塞巴斯蒂亚诺教堂与布鲁内莱斯基的帕齐礼拜堂进行了完美的结合。

贝尔纳多·罗塞利诺曾与阿尔贝蒂一起工作过，后来教皇庇护二世［Pope Pius II］委任他来设计一座小城镇（为了自身荣誉，教皇将该城命名为皮恩扎），于是他得到了一个空前难得的机会将阿尔贝蒂的建筑理论转变为现实。这里有一座主教堂、一座市政大厅、一座教皇寝宫以及一座主教宫，严格遵照了阿尔贝蒂的等级理论：宗教、政治、生活。与此同时，在距离乌尔比诺不远的地方，费代里戈·达·蒙泰费尔特罗大公［Duke Federigo da Montefeltro］聘请了劳拉那为他重建另一座相似的建筑群，同样是为了彰显其作为统治者的权力与品位。尽管劳拉那并未获得多少自由，但依然设计出了一座保留有完整人文主义庭院设施的公爵府，其中包括雅致的庭院、装有巨大壁炉的房间以及环绕着镶嵌装饰板的秘密书房［studiolo］。罗马虽然在不久后便接手了欧洲建筑的领导权威，但也只能拿出一座尚未确定其建筑师的宫殿来与它们相媲美，这座名为文书院宫［Palazzo della Cancelleria］的建筑以两排壁柱装扮正立面，两个庭院内均建有两层高的拱廊建筑。

到目前为止，虽然满怀热情的文艺复兴建筑师和赞助人都是古罗马的推崇者，但我们仍可以清晰地看到他们的建筑物并不纯粹，也并不主要是对古典的效仿。他们是如何做到的呢？在15世纪的意大利，统治者与神职人员并不希望看到寺庙、广场、竞技场或是浴室的出现。他们所追求的是礼拜堂、公共建筑和宫殿。因此，古典风格也不得不屈从于它们的非古典使用者。但不管怎样，文艺复兴的建筑师们并没有将古罗马的成就神圣化，正如我们所看到的，他们也同样迷恋一些并不直接来源于古罗马的东西，比如几何学。这便造成了一个结果，在教堂建筑的设计中几何学开始成为一种主导法则而不再仅仅是教会主张的辅佐工具。根据柏拉图的理论，由于正确的几何形（正方形、立方体、圆以及球形）完全符合宗教对于完美之物的追求，因此建筑师本人并不会意识到这种冲突的存在。对于文艺复兴时期最伟大的建筑师多纳托·布拉曼特［Donato Bramante］来说，正是古罗马理论与现代几何学的完美结合才造就了他那些无与伦比的杰作。

罗马：盛期文艺复兴

1500年左右，布拉曼特从米兰搬至罗马。他在家乡乌尔比诺时曾为当地的贵族统治者工作，那里不仅是数学和透视学的研究重镇，同时也是创造想象与现实理想空间的乌托邦。他在早期作为画家和建筑师时的作品便反映了这些兴趣（他在米兰建造圣沙迪乐圣母 [S. Maria presso S. Satiro] 教堂时在虚构的空间中利用虚假的远景营造出存在整个唱诗班的假象）。在米兰，他还结交了莱奥纳多 [Leonardo]，他们之间的友谊无疑促成了他对于集中式教堂的构想，就像1492年他在米兰为帕维亚主教堂 [Pavia Cathedral] 和圣玛利亚慈悲 [S. Maria delle Grazie] 修道院设计建造十字拱顶 [domed crossing] 所做的那样。

然而直到五十六岁来到罗马之后，布拉曼特的艺术生涯才算真正开始。随后的十四年间，他所设计的五座建筑都成为建筑史上里程碑式的杰作，即和平圣母 [S. Maria della Pace] 教堂的庭院（1500年）、蒙托里奥圣皮耶特罗 [S. Pietro in Montorio] 教堂院内的小神庙 [Tempietto]（1502年）、梵蒂冈的观景楼庭院 [Belvedere]（1503年）、新圣彼得大教堂 [New Basilica of St Peter's]（1506年

146、147 布拉曼特在罗马最初的两次古典主义尝试分别为1500年为和平圣母教堂所设计的庭院（拱门与檐部、壁柱与圆柱的结合）以及1502年所建蒙托里奥圣皮耶特罗教堂院内的坦比哀多礼拜堂（圆形柱廊与壁柱的结合）。

开始动工）以及拉斐尔故居［House of Raphael］（约1510年）。

其中前两件作品的规模并不大，但如果仔细观察它们的细节，依然能够清晰地接收到布拉曼特所想要传递的理念。他为和平圣母教堂设计了一个两层的庭院［图146］，下面一层用多利安式的柱墩支撑各个圆拱门，并由爱奥尼亚式壁柱撑起上方的横饰带；上面一层则用一小排科林斯式圆柱将混合式壁柱［Composite pilaster］顶上的平整檐部分成若干段。在处理拐角时，人们通常采用以一个完整的壁柱作为终点的做法，而布拉曼特则别出心裁地利用一条小路［thread］来指示那里是否还有房间。

罗马的小神庙［图147］是为纪念基督教的一位英雄人物圣彼得［St Peter］而修建的，尽管布拉曼特在设计时彻底解决了两种文化之间的冲突，但同时也面临了一系列前所未有的难题。礼拜堂圆形内殿外围绕着一圈圆柱，外侧柱廊的周长远大于内侧外墙的周长。因此，墙上的壁柱（可以看作圆柱投射在墙面上的影子，所以大小体积都一样）都排列得相对紧密一些。门和窗户都穿插在壁柱之间，并为此调整了比例。通过将窗框嵌入两柱之间的墙体，布拉曼特巧妙解决了这些难题。然而人们对于这座建筑的各种分析几乎从未停止过。当塞利奥［Serlio］和帕拉迪奥［Palladio］利用实例

148 在建造卡普里尼府邸［Palazzo Caprini］和拉斐尔故居（始建于大约1510年，1517年起为拉斐尔所有）时，布拉曼特采用了底层为粗琢装饰的罗马店面、楼上以成对的圆柱支撑起多利安式横饰带的设计模式，并在圆柱中间增加了三角楣墙式的窗户。对比鲁切莱府邸（图145）我们可以清楚地看到布拉曼特时期的建筑相比阿尔贝蒂时已更为立体和雄伟。

证明古罗马时期的大师杰作对于文艺复兴的建筑师产生了深远影响时，也将这座礼拜堂奉为了经典，而布拉曼特则与罗马人不相上下。

此外，在其他三座建筑中，有一座已被拆毁，其余两座也被改造得面目全非。被拆毁的拉斐尔故居是一座融合了古罗马元素与意大利传统的城中宅院，一楼是粗面［rusticated］巨大砖石（实际上是混凝土）所砌成的店铺；二楼使用了平整的琢石［ashlar］构造，一排带有檐部的多利安柱成对安置，恰好对应了后方墙面上的大窗边框［图148］。这种既实用又美观的设计被帕拉迪奥所借鉴，并在此后的三个世纪中被运用到了无数乡间别墅及临街店面的设计上。

观景楼庭院建造在教皇宫［Vatican Palace］以北约0.3公里的地方，是教皇尤里乌斯二世［Pope Julius II］为了在教皇宫中重现古罗马建筑的雄伟壮丽所修建的。布拉曼特采用了坡道结合台阶的结构，将长方形的开放空间一分为二，并同时补齐了升高的地平面，末端还建造了一座半圆形的开放式座谈间。不同于高处院落单层立面的格局，低处院子的较长两边则具有三层的立面（即开放式的拱廊，底层为多利安式，中间为爱奥尼亚式，最高处为科林斯式）。其中一些结构特征均可在古罗马的建筑中找到范例，比如开放式的座谈间便效仿了帕莱斯蒂纳（即古时的普勒尼斯特）［Palestrina (Praeneste)］的神庙建筑群；另一些则是布拉曼特的独家创造，如最北面的螺旋式楼梯。

在他生命的最后十年里，布拉曼特将所有精力都投入到了一件作品中，那便是令其他所有作品都黯然失色的新圣彼得［the new St Peter's］大教堂［图149］。1505年，教皇尤里乌斯二世下令拆除并重建了有着千余年历史的基督教圣母［Mother Church of Christianity］教堂，这一决定即便在今天看来都令人瞠目结舌，但对于布拉曼特来说则是一个梦寐以求的绝好机会。

然而不幸的是，教皇的通谕和布拉曼特最终的定稿均未保存下来。因此，关于他是否计划建造了一个拉丁十字或者希腊十字的重要疑问就变得尤为扑朔迷离。塞利奥等人坚持认为，原初的设计很有可能是以希腊十字为中心，并由四个拱臂［apsidal arms］延伸至穹顶的中心区域。虽然整体规模宏大，但其内部空间却被十字型大厅周围的诸多礼拜堂巧妙分开。四个巨大的柱墩支撑起半圆拱，再由这些拱架起整个穹顶——每个半球下方都是一个鼓形座，就像坦比哀多礼拜堂那样。教堂的建造工程始于1506年，并且完成了

149　布拉曼特的基金会纪念章发行于1506年，已成为了解他原初设计为数不多的线索之一。根据分析纪念币上画面以及布拉曼特去世前已建成的部分，塞利奥及之后的评论家们得以重新构建起对于原初设计方案的推断，并认为存在四个拱臂（其中一个为入口）、四个角楼、一个列柱廊鼓形座以及建有半球形穹顶的万神殿。

四个起基础作用的大拱，但如今它们都被五十年后由米开朗琪罗[Michelangelo] 所增添的厚重砖石结构所覆盖。由布拉曼特设计的外观如今只能通过当时奠基纪念章上的雕像窥见一二 [图 149]，内部可见于拉斐尔所创作的《雅典学院》[*School of Athens*]，并在画中成为伟大古物学家们会面的地方。

布拉曼特成名于世完全是因其建筑家的身份——与之相对的是业余爱好者。较于以前的建筑师，古典风格对于布拉曼特的影响更为深刻，甚至成为他的原则和逻辑。同时古典风格还结合了艺术的想象与现实的制约，例如赞助人的影响，对于赞助人来说，他们更为看重建筑的实用价值。因为古典主义已开始妥协，布拉曼特几乎所有的任务都需要去解决此类委托人所提出的要求。如果两条拱廊互相垂直会怎样？如果建筑本身是圆形的，那么柱间距 [intercolumniation] 与墙壁开口之间的关系又会怎样？如果使用螺旋梯，那么楼层顺序又该如何展现？这些问题在哥特式建筑中未曾出现过，因此布拉曼特遇到的困难并无前车之鉴。对于他来说，单纯美化建筑外形是远远不够的，他奋力追求的其实是“真理”，尽管米开朗琪罗并不是一个友好的见证者，但他却目睹了这一切。

风格主义的难题

1514 年布拉曼特去世，建筑史家们对于此后的八十至九十年时间争议颇多。这不仅是因为争论本身长期存在，更因其引发了两种完全对立的解释。其中一种观点是由鲁道夫・维特科威尔 [Rudolf Wittkower] 和尼古拉斯・佩夫斯纳 [Nikolaus Pevsner] 于 20 世纪三四十年代时所提出的，在他们看来，建筑和其他的艺术形式在 16 世纪的前二十年里，因拉斐尔和布拉曼特那代人的出现而达到了一个平衡点，并展现出和谐之美。然而这种和谐却在米开朗琪罗时期被打破，宗教改革运动 [The Reformation] 和罗马之劫 [Sack of Rome]（1527 年）已使人们充斥着不满情绪并对文艺复兴产生了信任危机，这表现在米开朗琪罗变强大的个性魅力上，他不仅动摇了盛期文艺复兴的秩序，同时也取代了质疑、不安和破坏，年轻一代的艺术家们尾随其后，争相效仿，这一运动被称为风格主义 [Mannerism]。

不可否认，身为米开朗琪罗的追随者同时也是其传记作家的乔治・瓦萨里[Giorgio Vasari]在对待这样的评价时一定做出了妥协。

他在评论美第奇礼拜堂［Medici Chapel］时曾说道：“他（米开朗琪罗）的设计与那些中规中矩的建筑物有很大不同，而且他也并未像其他人那样恪守功用性，并以维特鲁威和古代建筑大师作为效仿对象……因此，匠人们应当永远感激他，是他打破了常规，使他们摆脱了功用性的束缚。”然而，瓦萨里显然并不觉得米开朗琪罗破坏了古典“规则”，反而将它们进一步向前推进，从而发现和创作出新的“美丽”与“优雅”。无独有偶，后来的建筑家们也同样认为自己并非背弃了布拉曼特和古罗马的建筑风格，只是进行了改进和优化。如今人们一致认同了一个观点，即并不存在一个所谓各种规则清晰明了并被人们广泛遵守的正统黄金时代。在布鲁内莱斯基之前，人们也一直在不断地进行尝试、改变和创新。他们推崇维特鲁威和古罗马的前辈，但也并非变得教条主义。一个世纪以来，最具影响力的两本建筑指南都坚定地维护着古代权威，它们是塞利奥所著的《建筑学》［*Architettura*］（第一部分出版于1537年）和维尼奥拉［Vignola］的《五柱式法则》［*Regola dei Cinque Ordini*］（1562年）。事实上，正如塞利奥在其书中所提到的：“如今人们喜欢追求新颖的东西，尤其是当它们同样有章可循时。”（第六卷，第23页）

尽管表现“新颖”的形式多种多样，但并非所有的建筑师都能够经得住如此肆无忌惮的诱惑。例如，贝尔纳多·布翁塔伦蒂［Bernardo Buontalenti］在设计佛罗伦萨的乌菲齐宫殿［Uffizi］（1580年）［图150］时，难道仅仅出于娱乐而将传统的三角楣墙一分为二，并呈半圆形置于入口之上的吗？也有人并不认同他的做

150、151　手法主义风格既轻佻又严肃。布翁塔伦蒂为佛罗伦萨乌菲齐宫的祈祷者之门［Porta delle Suppliche］（1580年）设计了古典的三角楣墙，并从中间对切后又反向对接在一起。米开朗琪罗同样在这里建造了美第奇礼拜堂（右图，1520年），其诸多建筑特征似乎除了制造假象和令人困惑并无他用，如壁柱间的小建筑、空柱基以及只有石雕花环的平坦壁龛。

152　在设计佛罗伦萨洛伦佐图书馆的门廊时（1524年），米开朗琪罗似乎有意制造出一种张力效果。门框上莫名重叠的平面、嵌进墙面的圆柱及其前方伸出的支柱都引发出重重问题但却均无直接的回答。

153　朱利奥·罗马诺在曼图亚郊外所建的泰宫（1526年）之所以让人觉得怪异，很大程度在于其“粗琢”的外表下所体现出的乡村气息。因此出现了不规则的粗琢砌面和从檐部上消失的石块，甚至还有中央拱门巨大的粗制基石。

法，尤其是在见过他的其他作品之后，例如佛罗伦萨圣斯特法诺［S. Stefano］教堂里的祭坛楼梯，越到尽头就变得越狭窄并最终卷起，也不过是为了嘲笑原本的功能性。

虽然米开朗琪罗也认为功能的重要性不及形式，但他却并不属于这一类建筑师。出于雕塑家的本能，建筑物对于他来说便是立方体与空间的结合、凸起与凹陷的交替以及装饰线条与平面的组合。而他直到职业生涯的最后一个阶段才真正开始涉及建筑领域。1520年，美第奇家族为了安置家族陵墓而委托米开朗琪罗为佛罗伦萨的圣洛伦佐［S. Lorenzo］教堂建造一间纪念性的礼拜堂［图151］。这个小房间与布鲁内莱斯基所建的旧圣器室对称分布于教堂的两侧。而他所添置的都是一些毫无实用性的装饰物，如壁柱、神龛、壁龛和窗框等，所有这些精心的设计都在众人的预设之外，同时也让瓦萨里之前的评论家们感到不悦。拿其壁龛来说，由于并不十分贴合壁柱与三角楣墙之间的空隙而与柱顶部分重叠。壁龛顶部还有一些奇怪的矩形凹槽，当它们靠近部分三角楣墙时，那种向前的趋势如同约翰·萨默森所说“就像触电了一样”。此外，对于细节的追求同样展现在不远处洛伦佐图书馆［Laurentian Library］的门廊设计中，这项工作始于1524年，收到了令人惊喜的效果［图152］。当人们靠近观察时就会发现一些问题。三个平行的楼梯为何会出现不同的台阶数目？如果成对出现的支柱是用来支撑圆柱的，那为何会被安置在圆柱的前面？如果圆柱用以支撑墙体，那为何又被嵌进了墙里？这些都成为风格主义的典型问题。

与此同时，布拉曼特的成就也被一批极具天赋的建筑师所继承和发展，其中包括了拉斐尔、朱利奥·罗马诺［Giulio Romano］、佩鲁齐、圣加洛兄弟［Sangallos］、圣米凯利［Sanmicheli］以及圣索维诺［Sansovino］等人，他们虽与罗马联系密切，但大多活跃于意大利北部各地。他们以相似的审美价值观念和相同的结构形式，设计出了完全不同的建筑物，并深深打上了自己独特的风格烙印。

其中，拉斐尔不仅与布拉曼特相识并且很可能一起设计了罗马的圣埃利焦金匠［S. Eligio degli Orefici］教堂中的小礼拜堂。此外，拉斐尔还设计了位于罗马郊外的玛达玛庄园［Villa Madama］，这座集古典灵感与文艺复兴时期的创新于一体的作品虽然在他去世前尚未完工，但仍极具影响力。朱利奥·罗马诺在他去世后不仅替他完成了位于梵蒂冈的壁画，同时还帮他建成了这座庄园；1526 年，当朱利奥第一次独立设计位于曼图亚郊外的泰宫［Palazzo del Tè］［图 153］时，玛达玛庄园便清晰地呈现在他的脑海中。这座乡间别墅拥有正方形的庭院，其外围还环绕着四座带有大花园的独立建筑。得益于乡间别墅的包容性，朱利奥设计了诸多并不符合常规的构造，例如不规则排列的壁柱、拼凑状的粗琢装饰以及部分掉下来的檐部，都令别墅看上去如同一座废墟。

巴尔达萨雷・佩鲁齐［Baldassare Peruzzi］也同样是围绕在布拉曼特身边的一位建筑师。1532 年，他在罗马设计建造了马西莫柱宫［Palazzo Massimo alle Colonne］，从而声名远扬。他在这里别出心裁地使用了弯曲的正立面，入口两侧排列着壁柱，前方是一片宽阔的由圆柱围起的空地，墙面上也并未采用任何古典式的衔接而仅仅设计了奇怪的带框窗户［图 155］。

老安东尼奥・达・圣加洛［Antonio da Sangallo the Elder］是朱利亚诺・达・圣加洛［Giuliano da Sangallo］的哥哥，他最为著名的作品就是圣比亚焦圣母［Madonna di S. Biagio］教堂（始建于 1518 年），这是一座位于托斯卡纳大区蒙特普齐亚诺小镇郊外的朝圣教堂，并且借鉴了布拉曼特的正立面拐角建有（独立的）塔楼的希腊十字结构，而内部则是标准的罗马式风格。与之相近的

154、155　位于托迪的忧苦之慰圣母教堂（下图，始建于1508年）是一座完全遵循布拉曼特式逻辑所建的集中式教堂，如果考虑建筑师的名气，相比于毫无名气的科拉・达・卡普拉洛拉而言，它应该更受世人赞誉。众所周知就连成功设计出马西莫柱宫（右下图，1532年）的佩鲁齐也参与过该教堂的建造。

156　圣米凯利在维罗纳所建造的贝维拉夸宫（约1535年）拥有复合式正立面，尽管有所暗示但依然巧妙地绕开了绝对的对称。

还有位于托迪的忧苦之慰圣母［S. Maria della Consolazione］教堂（始建于1508年，建造者不详），无论是从时间还是空间上来看都可以算作这一类型教堂的典型代表［图154］。根据达·芬奇式的严格几何学规范，这座大教堂是以一块正方形空间为中心（事实上空间高度要大于长和宽），并向四方延伸，犹如展开了两对一模一样的半圆形臂膀，顶部还有由鼓形座撑起的大圆顶。除他们之外，在这一群体当中，还有另一位圣加洛家族的成员，即小安东尼奥·达·圣加洛［Antonio da Sangallo the Younger］（他是老安东尼奥和朱利亚诺的侄子），作为一位活跃于罗马的建筑师，他有幸参与建造了全罗马最为奢华的宫殿——法尔内塞宫［Palazzo Farnese］（1513年之前）。平滑的巨型石砌面使得宫殿外观气派却不守旧，正立面上一字排开的十三扇大窗还被增添了类似拱廊建筑的窗框。庭院内部则由多利安式以及爱奥尼亚式立柱支撑起檐部并结合拱门将道路分割开来，一如罗马圆形大剧场里那样。最顶层以及巨大的顶部飞檐则是在圣加洛去世后，由米开朗琪罗接替设计建造的。

另有一位名为米凯莱·圣米凯利［Michele Sanmicheli］的建筑师曾在1527年之前与小圣加洛一起工作并于这一年离开罗马回到了家乡维罗纳，当时的维罗纳城仍处于威尼斯人的管辖之下。15世纪30年代，他在维罗纳共建有三座别墅，全部借鉴了拉斐尔故居［图148］的双层结构，底层是粗琢的外墙，二楼则排列着圆柱或壁柱。其中贝维拉夸宫［Palazzo Bevilacqua］还开创性地采用

157、158　这两座宫殿的立面均由传统的威尼斯式（如金屋，见图138）转变为了文艺复兴式，一座是圣米凯利建造的格里玛尼宫（约1555年），另一座是圣索维诺的格兰特宫（1537年）。威尼斯建筑在风格转变的过程中始终保持了自身的独特性。

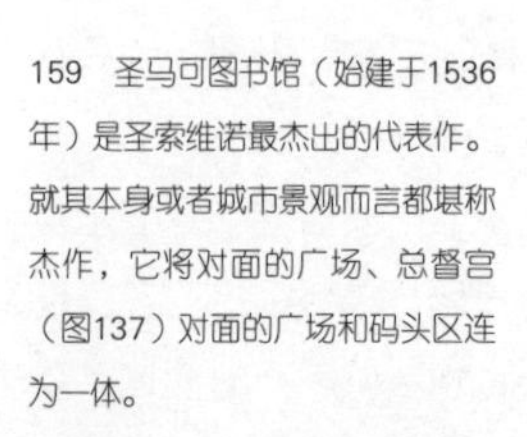

159　圣马可图书馆（始建于1536年）是圣索维诺最杰出的代表作。就其本身或者城市景观而言都堪称杰作，它将对面的广场、总督宫（图137）对面的广场和码头区连为一体。

了带有螺旋沟纹的圆柱，这一样式效仿自几百年前古罗马的拱门设计，有时还被看作风格主义的一个象征 [图 156]。但他却并不热衷于宗教建筑，佩莱格里尼礼拜堂 [Pellegrini Chapel]（始建于 1529 年）是为数不多几件中的一件，这座位于维罗纳的圆形小礼拜堂效仿了帕特农神庙的样式并进行了有趣的改造。到了 15 世纪 50 年代，他在威尼斯所设计建造的格里玛尼宫 [Palazzo Grimani] 则颇具布拉曼特式建筑的纪念碑性。

作为大运河边最具文艺复兴盛期风格的建筑，格里玛尼宫在威尼斯显得颇为与众不同，但它并不是最早的代表 [图 157]。1550 年之前，威尼斯一直都以这种新风格著称，但也从未舍弃过它所独有的地域特征。虽然所有的意大利城邦都是如此，但威尼斯则表现得更为明显，并逐渐发展出了独具特色的威尼斯哥特式。这里的宫殿临水而建，底层几乎都是开放式的门厅加以三联式的入口，楼上才是开有三扇大窗的主客厅 [gran salone]。这一建筑模式一直被延续，甚至被哥特式以及文艺复兴风格的建筑吸收借鉴，例如毛罗·古达西 [Mauro Codussi] 在大约 1500 年时所建造的凡多拉明-卡拉基宫 [Palazzo Vendramin-Calergi] 便同时包含了盛期文艺复兴式的三层列柱以及哥特式风格的窗户；而圣索维诺在设计格兰特宫 [Palazzo Corner della Ca' Grande]（1537 年）时选用了明显的罗马式建筑外观，成对的圆柱与拱窗交替排列，但整体来说依然是毫无疑问的威尼斯式建筑 [图 158]。

出生于佛罗伦萨的雅各布·圣索维诺 [Jacopo Sansovino] 是布拉曼特圈子里的最后一位成员。他于 1505 年到了罗马，并在 20 年后来到了威尼斯，随后成为这里的建筑领袖直至 1570 年去世。他所设计的圣马可图书馆 [Library of St Mark's] [图 159] 修建在圣马可广场的一边，与另一边的总督宫 [Doges' Palace] 遥相呼应，被誉为文艺复兴时期较为壮丽的建筑之一。它的两层立面大量使用了古典元素，并毫不费力地解决了所有的问题，如用多利安式和爱奥尼亚式圆柱依次排列共同支撑起檐部，同时又用缩小版的相同列柱贯穿其中用于支撑拱门。此外他还用丰富的雕刻饰物装饰了每一侧的立面，并添加了巨型的横饰带及栏杆。

就在圣索维诺建造自己作品的同时，一位来自附近维琴察的年轻建筑师被他的设计深深吸引，一位慷慨的赞助人赋予这位年轻人一个颇为诗意的名字——帕拉迪奥 [Palladio]。

160　对页上图：帕拉迪奥最早的作品是带有古典圆柱和拱门的维琴察大教堂（1549年），围绕着维琴察的老市政厅。帕拉迪奥借鉴了圣索维诺在威尼斯所建的圣马可图书馆（图159），设计出一套可隐藏不同隔间的结构方案，其大气的立面使得整座建筑尽显雄伟庄严。

161　对页下图：维琴察的奥林匹克剧院是帕拉迪奥生前所建最后一件作品（1580年），这是为了有教养的古典主义者所建的罗马式室内剧场。

162　下图：在建造那些维琴察式宫殿时，帕拉迪奥创造出一系列完整的包括柱子、凉廊、横饰带和小型建筑物在内的样式变化。由他所建的基耶里凯蒂别墅（16世纪50年代）被认为是“广场”的一部分，其柱廊也成为公共空间。

发展中的文艺复兴风格

帕拉迪奥是一位极具想象力的建筑师，它不仅熟练掌握各种古典原则，同时还能将建筑物设计得便利宜居。但最终为他赢得建筑史上特殊地位的并非他的这些才华，而是他所撰写的著作《建筑四书》[*I Quattro Libri dell' Architettura*]（1570 年），这本书在随后 200 年里成为欧洲大陆甚至更远地区的指导性建筑著作。

帕拉迪奥所设计的作品包括位于维琴察的一座公共建筑、一座剧院以及数间城中宫殿以及周边郊外的大量别墅，还有威尼斯的三间礼拜堂。这些建筑全都采用了文艺复兴盛期经典的建筑元素，并未出现风格主义的怪异风格，此外他还能够将建造费用严格控制在出资人的预算之内。

维琴察大教堂 [Basilica of Vicenza] 便是他设计的那座公共建筑，他所做的是为其古老的中世纪门厅增添最新式的双层凉廊 [图 160]。于是他使用了圆柱结合檐部与三重拱门结合门楣的主体结构，这一设计后来被人们称作“帕拉迪奥式的母题”，事实上这一命名有失公允，因为他其实是参照了圣索维诺所设计的图书馆 [图 159]，并非完全自己独创。奥林匹克剧院 [Teatro Olimpico] 则是

一座他为一个学术团体所重修的罗马式剧院，其中的远景透视布景很可能也是他的设计，但却未能在他去世前被安置好［图161］。维琴察大教堂是帕拉迪奥的第一件作品，开启了他辉煌的职业生涯，而最终则由这座剧院为这一辉煌画上了圆满的句号（1549年和1580年）。

对于城中宫殿的设计来说，变化大都体现在它们两层高的正立面上，有的是粗面底层外加二楼的圆柱或壁柱结构（如波尔图宫［Palazzo Porto］和希安府邸［Palazzo Thiene］），有的则楼上楼下皆为整排的壁柱（如波尔图-布雷甘扎宫［Palazzo Porto-Breganza］和瓦尔马拉纳宫［Palazzo Valmarana］），还有的被设计为两列的附墙柱（如巴尔巴拉诺宫［Palazzo Barbarano］）或者独立圆柱（如基耶里凯蒂宫［Palazzo Chiericati］［图162］）。

在建造别墅时，帕拉迪奥还可以更自由地进行三维空间设计，并且更为全面地使用他的比例方法。威尼斯的贵族们修建这些别墅有的是为了享受田园雅趣，有的是作为劳作农庄，但他们都接受了帕拉迪奥几乎不断在变化的设计式样，身为人文主义者的别墅主人们甚至可以在这里产生一种回到普林尼［Pliny］或是西塞罗［Cicero］那个年代的感觉。然而，帕拉迪奥所设计的这些别墅与那些古典标准完全不符，他成功地将门廊设计成为私人住宅的一部分，而在古代，门廊则是神庙建筑所特有的。因此在他所设计的大多数别墅中都加入了这一形式（例如马尔康坦塔别墅［Villa Malcontenta］和基耶里凯蒂别墅［Villa Chiericati］）。有时还会进行一些改变，比如门廊被设计为两层的高度并且还有一部分被嵌入到了房屋建筑的立面（如科纳罗别墅［Villa Cornaro］和皮萨尼别墅［Villa Pisani］）。此外别墅本身与其他农场建筑物［barchesse］之间的格局也成为它们的一大特色，有些并排而建，分立于别墅的两边（如巴巴罗别墅［Villa Barbaro］和埃莫别墅［Villa Emo］［图163］），有的则在别墅两侧呈弧线形展开（如巴多尔别墅［Villa Badoer］）。别墅内部的设计则受预算的制约故而十分精简。此外，他所设计的圆厅别墅［Villa Rotonda］更是堪称一件精心杰作，这座别墅具有四面相同的门廊，共同围起中间的圆形大厅。尽管这种外观效果明显缺乏实用性，但却拥有比任何一座文艺复兴建筑都要多的追随者［图164］。

圣乔治·马焦雷［S. Giorgio Maggiore］教堂、救世主［Il Redentore］教堂以及圣方济各［S. Francesco della Vigna］教堂

163　帕拉迪奥所建的乡村农庄往往都包含了主人的别墅、农场以及工人的住房。埃莫别墅便是其中较为质朴的一座建筑，但其宏大的处理手法以及嵌入式的古典门廊使之声名远扬。

164　卡普拉别墅又名圆厅别墅（约1550年），是一位权贵的避暑山庄而非农场。帕拉迪奥将其设计为全对称式结构，并在中间设计了带有圆顶的大厅。

165、166 从罗马圣彼得大教堂的背面看去，其整体轮廓受后建中殿的影响而不甚明朗，人们可以追随着米开朗琪罗的视野站在广场进行欣赏，但已无法体会大圆顶当年是何等吸引人们的目光。其内部（右图）祭坛上方安置着由贝尔尼尼所建的雄伟华盖，占据着视觉中心，但教堂整体比例、高大的壁柱以及方格筒形拱则都出自米开朗琪罗之手。

是他为威尼斯所建造的三间教堂，它们具有相同的创新点。帕拉迪奥在设计正立面时采用了两个三角楣墙上下组合的形式，上方的三角楣墙位于中央门廊之上（与内部中殿等高），在其两侧下方则是另一较大三角楣墙的两个三角局部（与侧廊等高），这一经典且合理的设计被他运用在三座教堂的立面上，堪称他的一项伟大贡献。教堂内部也同样如此，那些以柱基或是地面作为支撑的巨大柱子将空间进行了明确的分割。

在他去世后，他的学生温琴佐·斯卡莫齐 [Vincenzo Scamozzi] 接替了他未完成的工作，并继续在威尼斯地区建造别墅。随后他的风格逐渐转变为巴洛克式 [Baroque] 的了。帕拉迪奥的时代仍未到来，若有那天，将会是在意大利之外的地区出现。

此外还有切尔多萨 [Certosa] 修道院（加尔都西会修道院 [Carthusian Monastery]），位于伦巴第大区，靠近帕维亚，是一座在本国受到的关注 132

程度远不及在邻邦法国影响力大的建筑。气派的大理石正立面修建于 16 世纪早期，并且使用了几乎所有的装饰形式，如三角楣墙、横饰带、飞檐以及浮雕和雕像装饰带等，其中大多都效仿自拉斐尔的罗马蔓藤花纹样式。

最后，再次回到罗马来关注未能完工的圣彼得大教堂。在布拉曼特之后，拉斐尔作为建筑师接替了这一建造工作，集中式平面结构的想法因得不到教士们的支持而几乎放弃，中殿的设计尽管完成度很低，倒也算是完成了。拉斐尔之后是佩鲁齐和小安东尼奥·达·圣加洛。尽管都为教堂设计了完整的建筑方案，但他们两位所取得的进展也很有限。1547 年，米开朗琪罗接手，他沿用了布拉曼特的希腊十字设计 [图 149]，但通过增加需要承受拱顶重量的柱墩和墙壁的厚度从而改变了原来的比例 [图 166]。在他去世之前，整个工作已经进展到了鼓形座的建造 [图 165]。

米开朗琪罗晚年另一件重要的作品是对罗马市政广场 [the Capitol] 的改造，这一广场又名卡比托利欧广场 [Campidoglio]，米开朗琪罗使其拥有了梵蒂冈似的重要地位 [图 167]。他在设计时部分利用了已有的建筑，从而形成了一个楔形的空间，入口处是带有台阶的纪念平台，中间竖立着古罗马马可·奥里利乌斯 [Marcus Aurelius] 的骑马雕像。广场两侧各有一座宫殿，即保守宫 [Palazzo dei Conservatori] 和卡比托利欧宫 [Palazzo Capitolano]（17 世纪

167 卡比托利欧广场就是古时的市政广场，象征着罗马帝国的权威，米开朗琪罗自1546年起开始对其进行政治性的改造。其人行道的设计以及两侧宫殿立面的诸多细节都在米开朗琪罗去世后被重新修改，但整体的雄伟设计理念（可见于一幅18世纪的绘画作品）得以保留。

才开始建造），它们的正立面不仅雄伟壮丽，而且首次采用了整排的壁柱设计，这些巨大的壁柱足有两层楼那么高。

1564 年米开朗琪罗去世，此后直到 16 世纪末，贾科莫·巴罗齐·达·维尼奥拉 [Giacomo Barozzi da Vignola] 都可谓罗马建筑界的权威。他建造了第一座椭圆形教堂（圣安娜 [S. Anna dei Palafrenieri] 教堂，1565 年），并为耶稣会 [the Jesuit Order] 设计了对后世影响深远的母堂耶稣教堂 [the Gesù]（1568 年），甚至成为世界各地耶稣会教堂竞相模仿的典范。这座教堂参照了阿尔贝蒂在曼图亚所建的圣安德烈亚教堂，拥有宽敞的筒形拱中殿，中殿两侧由内部扶垛支撑起的小礼拜堂取代了侧廊构造。教堂的立面是由维尼奥拉同时代的年轻建筑师贾科莫·德拉·波尔塔 [Giacomo della Porta] 所设计的，他利用卷扶垛将侧廊的顶部隐藏起来，这一做法此后同样被大量仿效，出现于各地的建筑中。此外，维尼奥拉还在罗马郊外为教皇尤里乌斯三世 [Pope Julius III] 建造了朱利亚别墅 [Villa Giulia]（1551 年），他沿用了拉斐尔设计玛达玛庄园的传统，灵活地运用古典元素创造出了丰富的立面以及迷人的空间。而在罗马城北的卡普拉罗拉 [Caprarola]，他还建造了法尔内塞别墅（1559 年），他为这座宫殿设计了圆形的庭院以及五角形的外观，宛如城堡一般。

也许我们可以将所谓的风格主义看作一个在新风格即将产生前必经的探索实验阶段。一直到维尼奥拉的时代，对于古典"准则"的阐释依然具有意义，事实上维尼奥拉本人也的确在他的书中实践了这一点。1600 年以后，规范性便已难觅踪迹（虽然不久后便又出现）。建筑师们也已随心所欲地将多利安柱式、爱奥尼亚柱式、科林斯柱式的柱子、檐部、横饰带以及飞檐等进行了改造。卡洛·马代尔诺 [Carlo Maderno] 便是其中的一位代表，他给予了圣彼得大教堂今天我们所见到的中殿和立面，并且完成了收尾工作，他是意大利风格主义的最后一位艺术家，同时也是第一位巴洛克大师。

在探究文艺复兴对于意大利以外地区追求古典主义所达到的效果之前，我们必须先简略关注一下建筑的另一重作用。虽然意大利建筑为欧洲其他国家提供了学习的典范，但却并未涉及它们在古罗马时期所担负的防御功能。15 世纪时，随着火药的使用和大炮制造业的发展，那些中世纪城堡变得不堪一击。人们需要厚实的围墙来抵挡敌人炮弹的袭击，同时也为自己发射火炮进行掩护。因此，最理想的解决办法便是建造五角形的堡垒 [star-bastion]，这一发明通常都归功于圣米凯利。人们在整个城镇以及孤立的据点周围建造了由钝箭头构成的防御系统，并将炮位安置在内部易于隐藏的墙角处，这样不仅有利于防御，同时还能从壁垒的侧翼发动连环攻击。通常在一座城镇周边都会设立十二个左右的堡垒进行攻守。尽管这种方式需要占用大量的土地，但是直到 16 世纪，几乎所有的欧洲城镇仍然都还采用着这种防御形式。大多数文艺复兴时期的建筑师在被要求进行堡垒设计时也都会欣然接受，也许是因为这些"堡垒"具有纯粹的数学之美，而这种美在其他建筑形式中都不曾体现。到了 19 世纪，这种过时的军事防御体系基本已被废弃，并被宽阔的新修道路所代替（林荫大道 [boulevard] 一词起初的含义就是堡垒或防御土墙，后被赋予了新的含义）。但仍有一些地方的城墙被保留了下来，例如意大利的卢卡［Lucca］［图168］和帕尔马诺瓦［Palmanova］、英国的特威德河畔贝里克［Berwick-on-Tweed］、马耳他［Malta］的瓦莱塔［Valletta］以及法国那些由17世纪伟大工程师沃邦［Vauban］所设计的坚固阵地［places-fortes］，如莱茵河畔的新布里萨克［Neuf-Brisach］。

意大利之外的文艺复兴：东欧和中欧

对于意大利来说，文艺复兴建筑的出现属于本土艺术风格的一次自发性衍变。但对于其他国家来说则是一场席卷而来的国外艺术风尚。因此，意大利便成为这场变化的唯一源泉，并通过三种方式影响到其他国家：其一，由意大利的建筑师带出国去；其二，由来过意大利的国外建筑师或赞助人引入到自己的国家；最后便是通过塞利奥、维尼奥拉以及帕拉迪奥等人的相关画册。其他国家的文艺复兴运动可谓百花齐放，同时开拓出一派不尽相同的发展前景。

历史曾带给我们很多的惊喜，其中之一便是文艺复兴运动在东欧国家的迅猛发展。虽然15世纪之前便有意大利建筑师到过匈牙利的记载，但真正的影响始于大约1460年，当时的匈牙利国王马

168 在意大利北部城市卢卡依然保留着文艺复兴时期防御系统的特征，包括五角形的堡垒以及在其掩护下的炮台。

169、170　位于匈牙利埃斯泰戈姆主教堂里的鲍科茨礼拜堂（上图）是意大利之外最早出现的纯正文艺复兴风格建筑中的一件代表作。它始建于1506年，完全可谓一座高水准的佛罗伦萨式教堂建筑。在俄国，位于克里姆林宫的圣米迦勒主教堂（右上图）则将意大利式立面与拜占庭式穹顶进行了结合。

提亚一世［King Matthias Corvinus］是一位进步的人文主义者，为了修建位于布达和维谢格拉德的宫殿，他请来了一大批意大利画家、雕塑家以及建筑师（其中就有佛罗伦萨建筑师基门蒂·卡米恰［Chimenti Camicia］）来为自己工作。从如今遗存的部分来看，这些宫殿的精美程度绝不亚于任何一座意大利宫殿。1490年，马提亚一世去世，此后赞助文艺复兴建筑的接力棒便交到了埃斯泰戈姆的大主教陶马什·鲍科茨［Tamas Bakócz］手中。陶马什·鲍科茨也曾不止一次到过意大利，1506年他出资在埃斯泰戈姆主教堂［Esztergom Cathedral］为自己修建了一座礼拜堂［图169］。尽管这座礼拜堂在19世纪时曾被整体搬迁并入到另一座新的主教堂中，但仍完整地保存了下来。设计这座礼拜堂的建筑师如今已不得而知，但可以推测是一位意大利建筑师，而且可以肯定的是，圣坛的雕刻工作是由一位意大利雕塑家所完成的。这是一间具有筒形拱龛和穹隆顶的正方形礼拜堂，采用了红色大理石材质并呈现出明显的佛罗伦萨风格。

我们永远无法得知匈牙利的文艺复兴运动原本将会走上怎样的发展道路。1526年，土耳其在莫哈奇战役中大获全胜，随后攻入布达，导致匈牙利在随后的几个世纪被迫脱离了基督教。

如果沙皇俄国的统治者也是一位人文主义者的话，那么莫斯科也许就会出现类似的情况。但伊凡三世［Ivan III］终究不是马提亚一世。尽管1474年时，他从马提亚一世那里得到了一位来自博洛尼亚的建筑师阿里斯托泰莱·菲奥拉万蒂[Aristotele Fioravanti]，但却并未将文艺复兴风格展现给俄国大众，反而使之遵从了俄国的传统，这一点极为令人不解，位于克里姆林宫的圣母升天主教堂[Cathedral of the Dormition]便是他的一件代表作。二十年后，彼得罗·索拉里[Pietro Solari]在教堂边上建造了多棱宫[Faceted Palace]，并采用了流行于费拉拉以及其他地区的多棱立面[diamond-rustication]。到了1504年，建筑师“阿莱维斯”(阿尔维斯？)[Alevis(Alvise?)]又在教堂对面建造了圣米迦勒主教堂[Cathedral of St Michael][图170]，此时文艺复兴风格终于得到了完整的表现机会(尽管它采用了由鼓形座支撑起五个圆顶的结构)。而在随后的两百年时间里，沙皇俄国再没有追随过西方艺术发展的脚步。

波西米亚也同样效仿匈牙利很早便出现了文艺复兴风格的建筑。15世纪90年代，波西米亚与匈牙利联合王国的国王、亚盖隆王朝的统治者弗拉季斯拉夫二世[Vladislav II]委派了贝内迪克特·里德到布达学习这种新风格。在此之前，里德便已是一位杰出

171 布拉格城堡内的弗拉季斯拉夫大厅（1493年）。才华卓越的贝内迪克特·里德为其设计了非常规的文艺复兴式入口和哥特式拱顶。（还可见图109）

172 右下图：瓦维尔主教堂的西吉斯蒙德礼拜堂（1521年），由佛罗伦萨建筑师巴尔托洛梅奥·贝雷奇所建。

的晚期哥特风格建筑师，他似乎就是那种永远无法固定风格的建筑师，他尝试过哥特式，如今又开始古典主义。在设计布拉格城堡里的弗拉季斯拉夫大厅 [Vladislav Hall of Prague Castle]（1493 年）时，更毫不犹豫地将两者合二为一 [图 171]。大厅外窗是典型的佛罗伦萨风格，但内部却运用了带有螺旋凹纹的古典圆柱以及方形的凹纹柱墩，并在底部和科林斯式柱头之间扭转成了 90 度角。这一设计即便是在风格主义盛行的意大利也不失为一项大胆的创意。

相比而言，布拉格的那些晚期文艺复兴建筑就稍显过时。1538 年，意大利建筑师保罗·德拉·斯泰拉 [Paolo della Stella] 与德国建筑师博尼法斯·沃尔穆特 [Bonifaz Wohlmut] 开始合作修建布拉格的观景楼别墅 [Villa Belvedere]，他们分别设计了底部带有连拱的门廊和更为庄严的上层部分。类似的国际合作还有第一座具有东欧巴洛克特征的代表作——布拉格近郊的星星夏宫 [Hvezda Castle]（1555 年）。

1502 年，亚盖隆家族的另一位成员西吉斯蒙德 [Sigismund] 在当时的波兰首都克拉科夫定居。随后二十年里，曾有两位佛罗伦萨建筑师在这里工作。其中一位被人们称为“佛罗伦萨的弗朗西斯库斯”[Franciscus Florentinus]，他负责翻新了旧瓦维尔城堡 [Wawel Castle]，使之呈现出现代风格。这座城堡是波兰皇室的日常居所，建筑师在庭院中建造了三层高的凉廊，下面两层带有连拱，最上面一层的高度是其他的两倍，并且竖立着一排桅杆式的高大柱子。整体来看几乎没有任何的意大利特质，但依然成为诸多波兰城堡所效仿的对象。

还有一位就是巴尔托洛梅奥·贝雷奇 [Bartolommeo Berrecci]，他拥有更为纯粹的佛罗伦萨趣味。1521 年，他接受委任开始为瓦维尔山上的瓦维尔主教堂修建西吉斯蒙德礼拜堂 [Sigismund Chapel] [图 172]。四方的建筑主体之上是八角形的鼓形座，二者共同托起穹隆顶。圆形的窗户开凿在鼓形座上，圣坛与皇室的陵墓安置于三面墙上的拱龛里。壁龛上的雕像位于陵墓两侧，陵墓肖像本身和它每一面上的浮雕装饰以及礼拜堂的圆顶都精美无比。如此精致的小建筑在阿尔卑斯山以北地区只此一件，并足以媲美任意一座意大利本土的建筑杰作。

在德国和英国，文艺复兴建筑未能被广泛接受。主要原因有两点：首先，宗教改革之后，新教徒对于天主教的敌视阻挡了意大利

173 对于海德堡城堡内奥特海因里希堡的设计者来说，传统意大利文艺复兴风格的建筑样式似乎简洁到令人感到无趣。因此他增添了一系列基本的古典元素，如粗琢的壁柱、女像柱、卷涡纹以及装饰物等，但却并未考虑古典法则。

建筑师前往新教国家谋求工作的机会（尤其是因为建筑并不能像学术那样单靠书籍便可传授）。其次则是哥特式传统的势力依然强劲，正如我们如今所看到的那样，哥特式诸多伟大成就都是 1500 年之后所创造的。不仅如此，这种因宗教而产生的分裂直到 18 世纪末都一直影响着建筑领域。

奥格斯堡的富格尔家族 [Fuggers] 如北方的美第奇家族一样是个酷爱艺术的银行家族。1509 年，雅各布·富格尔 [Jakob Fugger] 在圣安娜 [St Anna] 教堂所出资建造的家族礼拜堂成为德国第一座具有文艺复兴风格的建筑。十年之后，马丁·路德发起宗教改革运动。塞巴斯蒂安·勒舍尔 [Sebastian Loscher] 参照威尼斯的建筑为这座礼拜堂设计了质朴的古典柱墩、圆拱门以及大理石装饰，但他依然未能摆脱哥特式风格的影响，采用了扇形的肋拱结构。

到了 16 世纪，新修建的文艺复兴风格建筑已屈指可数。其中名为斯塔德特宫 [Stadtresidenz]（或称兰茨胡特 [Landshut]）的城中别墅（1536 年）便是一次对文艺复兴盛期经典风格的成功运用，其正面（背面）底层的粗琢立面上方采用了托斯卡纳壁柱，还有一排科林斯柱矗立在庭院中优雅的多利安式拱廊之上。别墅内部同样是高水准的意大利风格。其建筑师似乎是意大利人——来自曼图亚

174　对于16世纪的佛兰德斯来说，意大利文艺复兴为其提供了全新的装饰来源，而非一种全新的建筑理念。科内利斯·弗洛里斯在建造安特卫普市政厅（1571年）时便将传统的弗兰芒山形墙改造为成对的组合柱、壁龛、雕像和小型建筑物。

的“西吉斯蒙德大师”，灰泥工和画工也来自同一个地方。

其他地区直到16世纪最后二十年才显现出文艺复兴风格的潜在影响，但却未接受它的那些基本原则。这些影响时常显得不够和谐，例如采用附加的古典柱列构成不合理的德国式山形墙。奥特海因里希堡［Ottheinrichsbau］位于海德堡城堡内部（1556年），其庭院正立面便像是一张由意大利风格主义那些怪异母题堆积起的选集［图173］。然而最成功的实践出自荷兰人科内利斯·弗洛里斯［Cornelis Floris］之手。1567年，他在建造科隆市政大厅（大会堂）［Rathaus of Cologne(townhall)］时加入了双层的凉廊结构，并用两排圆柱支撑起内部带有拱门的檐部。

到了16世纪80年代，德国南部的天主教徒便已能够全盘接受这样一种新风格。始建于1583年的慕尼黑圣米迦勒教堂［St Michael's］便是阿尔卑斯山以北地区第一座真正意义上的古典式雄伟教堂。其设计者很可能就是曾在意大利深造过的建筑师弗雷德里克·舒斯特里［Frederik Sustris］，由于这是一座耶稣会教堂，因此他的设计在很大程度上参照了维尼奥拉当时在罗马即将竣工的耶稣教堂。

1615年，埃利亚斯·霍尔［Elias Holl］在奥格斯堡以当时盛行的风格主义风格建造了市政大厅。尽管他并不是一个特别具有创造力的建筑师，但却建造出了富丽堂皇的金色大厅［Goldener Saal］。1613年，海德堡城堡中多了一座看起来更为雅致神秘的英国式建筑，如今已被归入到伊尼戈·琼斯［Inigo Jones］名下。对此，人们都乐意接受这一说法。

荷兰以及佛兰德斯的建筑风格与德国紧密相连。1571 年，科内利斯·弗洛里斯开始负责建造宫殿般的安特卫普市政厅［Stadhuis of Antwerp］，他将古典的圆柱、山墙以及壁龛大量运用到了一座非古典建筑上［图 174］。

对于英国来说，荷兰具有十分重大的意义。一是因为当时有一大批能工巧匠为了躲避反宗教改革运动而移居到了英国；二是大量图书已在英国出版发行，其中弗雷德曼·德·弗里斯［Vredeman de Vries］（1583 年出版）和文德尔·迪特林［Wendel Dietterlin］（1593 年、1594 年出版）的著作更被广泛当作参照典范，尤其是他们所设计的围屏、陵墓和壁炉架。随着这些书籍的普及，一种名为“带状饰”［strapwork］的独特装饰类型也逐渐流行起来，其最初源自于法国的枫丹白露派［French School of Fontainebleau］（见下文），后成熟于拉斐尔的追随者。虽然他们被称作风格主义者，但却与意大利的风格主义完全不是同一个概念。

英国、法国和西班牙：入乡随俗的问题

如果说德国的文艺复兴运动进展缓慢的话，那么英国几乎处于停滞状态。1509 年，在亨利八世［Henry VIII］统治之初，人们还曾预想事情会有不一样的发展，因为亨利八世将一大批意大利画家和雕塑家请到了伦敦，其中最为著名的便是雕塑家皮耶罗·托里贾诺［Pietro Torrigiano］。他为亨利八世的父亲修建了陵墓，并将文艺复兴风格带入到汉普顿宫［Hampton Court］和无双宫［Nonsuch Palaces］。1554 年之后，威尔特郡朗利特庄园［Longleat］［图 176］的建造者与时俱进地将古典壁柱加入到了建筑立面中。到了亨利八世的女儿伊丽莎白女王［Elizabeth］统治时期，罗伯特·斯迈森［Robert Smythson］更已接触到了意大利的著作，受到塞利奥和位于那不勒斯周边的波焦雷亚莱［Poggio Reale］的启发，并依此设计了位于诺丁汉郡的沃莱顿府邸［Wollaton Hall］［图 175］。1563 年，约翰·舒特［John Shute］出版了英国第一部建筑手册《建筑原本》［*First and Chief Groundes of Architecture*］。他的这部著作完全得益于维特鲁威和塞利奥的理论，并未涉及任何实际建筑，因此对于实践并无大用。但两国的建筑师却并无来往，意大利的不曾到过英国，而英国的也从未去过意大利。

175、176 沃莱顿府邸（顶图）和朗利特庄园（底图）是16世纪下半叶出现在英国的两座现代英式建筑。也许是受到法国的影响，它们灵活运用了文艺复兴主题并遵守了对称法则，但却保留了类似垂直式的大窗。

1550—1610年间，英国建造了大量打破中世纪模式的雄伟建筑，但这并不能算是文艺复兴建筑潮流的一部分。这些建筑继承了垂直式风格的大窗（如位于德比郡的哈德维克府邸 [Hardwick Hall]，1590年），对于意大利装饰的使用也相对稚嫩（如位于北安普敦郡伯利别墅 [Burghley House] 的巨型方尖碑，1577年），并在其具有艺术氛围的室内保留了典型的英式楼廊。此外，出于部分政治目的，都铎王朝还有意保留了中世纪风格进行怀旧（类似斯宾塞 [Spense] 的《仙后颂》[*Faerie Queene*]）。因此仅有两座建筑体现了真正的古典主义，其一是位于伦敦的老萨默塞特府 [Old Somerset House]（1547年），其装饰立面采用了三联凯旋门作为底层（已拆）。另一座是位于北安普敦郡的卡比庄园 [Kirby Hall]，

177　位于北安普敦郡的卡比庄园，其门厅（1570年）采用了文艺复兴的风格样式，尽管带有长凹槽的爱奥尼亚式壁柱非常精致，但窗户却仍保留了英式风格（门廊处的圆头窗是17世纪时添加的）。

始建于 1570 年，拥有一排高大的壁柱，但并未涉及檐部且将都铎式的传统网格窗与效仿塞利奥的细部结合了起来［图 177］。

然而，所有这些都随着伊尼戈·琼斯的出现发生了戏剧性的转变，（不夸张地说）他几乎凭借一己之力将英国带向了建筑时尚的前端。

起初，琼斯是一位舞美师兼宫廷化装舞会的设计师，曾两次游历意大利，第二次还在阿伦德尔伯爵［the Earl of Arundel］府上生活了一年多的时间。他去过米兰、帕多瓦、罗马、那不勒斯以及最为重要的两个地方——维琴察和威尼斯。在那里，帕拉迪奥的建筑给他留下了极为深刻的印象；他还结识了斯卡莫齐［Scamozzi］，阅读了他所誊写的《建筑四书》并记录了详尽的笔记。1615 年回到英国后，他被任命为皇家建筑的检验员并成了当仁不让的行业权威。

琼斯对于帕拉迪奥的仿效直接但并不盲目。他所建造的帕拉迪奥式建筑不仅独特，且堪称典范。位于伦敦白厅街［Whitehall］上的国宴厅［Banqueting House］（1619 年）便采用了将爱奥尼亚和科林斯柱式相叠加的组合方式，中间以四根圆柱隔开窗户，两侧以壁柱对称嵌边，并配以花环状装饰带，屋顶则还设有栏杆［图 178］。这在 17 世纪 20 年代的伦敦可谓一件惊人之作，与周边建筑格格不入。格林威治的皇后屋［Queen's House］（始建于 1616 年，随后一直修改设计，直到 1635 年内战前夕才得以完工）是一座简洁的帕拉迪奥式别墅，二楼建有爱奥尼亚式柱廊以及带有凉廊的立方大厅［图 179］。此外，伦敦还有三件影响广泛的建筑，分别为：圣詹姆斯宫［St James's］的女王礼拜堂［Queen's Chapel］、科文特花园［Covent Garden］“露天广场”［Piazza］（伦敦首个广场）连同圣保罗教堂［St Paul's］那间如谷仓状的礼拜堂，以及曾不幸遭遇伦敦大火的老圣保罗主教堂［Old St Paul's Cathedral］的附属建筑，那些带有高大科林斯柱式门廊的建筑都被烧毁。那些他在伦敦之外所设计的建筑不易考证，但位于威尔特郡的威尔顿庄园［Wilton House］却很可能就是其中一件。伊尼戈·琼斯毫无疑问是建筑史上无比重要的一员，他将帕拉迪奥式建筑根植于英国，并以此为起点开始征服世界。

178　伊尼戈·琼斯在伦敦所建的国宴厅（1619年）标志着文艺复兴风格在英国的正式确立。其建筑比例、中间附墙柱和两侧壁柱（在末端以双倍出现）的使用、完整和局部的三角楣墙的交替以及横饰带的出现都展现出对于意大利模式的熟悉和了解。

法国与意大利的联系要比英国紧密得多。1494—1525 年间，三任法国国王查理八世［Charles VIII］、路易十二［Louis XII］以

179 格林尼治的皇后屋是伊尼戈·琼斯所建的一座帕拉迪奥式长形建筑（始建于1616年）。左手边的中部原本是敞开的，有一条道路贯穿两侧。这一空隙直到1662年才被琼斯的后继者约翰·韦伯［John Webb］填上。

180 弗朗索瓦一世位于卢瓦尔河［Loire］沿岸的马德里城堡展现出一种与古典价值观相去甚远的内在浪漫主义情怀。在香波尔宫，那些意大利风格元素汇聚出了童话般的北方轮廓。

及弗朗索瓦一世［François I］都曾入侵意大利。他们成功占领米兰公国并维持了25年的统治，最终因帕维亚战役的惨败而告终。但法国人在这些年间逐渐了解了这一地区的建筑物，尤其是帕维亚修道院［Certosa of Pavia］，这一点在弗朗索瓦一世的奢华宫殿中得以体现，在这些设计中意大利式的装饰元素被运用到了依然保留中世纪法国传统的建筑物上，如巴黎郊外的马德里城堡［Châteaude Madrid］、香波尔宫［Chambord］［图180］以及布鲁瓦宫［Blois］和枫丹白露宫的一部分。此外，教会建筑中也同样存在相似的混合样式。卡昂的圣皮埃尔教堂［Church of St Pierre］是一座晚期哥特式教堂（1528年竣工），其圣坛内外都布满了意大利式的装饰纹样。若干年后，修建于巴黎的圣厄斯塔什教堂［Church of St Eustache］虽一眼看去是一座纯哥特式教堂，但仔细观察便会发现它的柱墩是由带凹纹的壁柱和科林斯式柱头组成，四周环绕拱门，并有成排的古典飞檐，是一种风格内部的奇妙再创造［图181］。

那些从意大利来到法国的艺术家同样产生了重要的影响，例如1530年的罗索·菲奥伦蒂诺［Rosso Fiorentino］，1532年的弗朗西斯科·普里马蒂乔［Francesco Primaticcio］，1536年结束在罗马为期三年的建筑学业后回到法国的建筑师菲利贝尔·德洛姆［Philibert Delorme］，以及1541年时也来到了这里的萨巴斯蒂亚诺·塞利奥［Sebastiano Serlio］，他们在一定程度上将专业知识带入法国，这是在当时北欧的其他地方并不被允许的。最初体现意大利文艺复兴风格的法国建筑是由吉勒·勒·布雷东［Gilles Le Breton］在枫丹白露所修建的，在他之后不久，罗索和普里马蒂乔也加入到为弗朗索瓦一世建造枫丹白露宫的队伍之中。他们用真人大小的灰泥人像和彩绘镶板对弗朗索瓦一世画廊（1533—1540年）进行了组合装饰，并创造出与风格主义相等同的枫丹白露画派。1568年，普里马蒂乔为宫殿设计了一个完整的新侧翼以及位于圣德尼［St Denis］修道院的圆形陵墓，但后者最终并未完工且不久便被拆毁。塞利奥则不仅创作出影响巨大的著作，同时还为昂西-勒-弗朗宫［Ancy-le-Franc］（1546年）建造出与布拉曼特的观景楼别墅极为不同的内部庭院。

从某种意义上来说，尽管菲利贝尔·德洛姆所设计的建筑幸存无几，但他依然被看作法国的伊尼戈·琼斯。他的第一件作品圣

181 巴黎的圣厄斯塔什教堂由一个法国人始建于1532年，据说其原本习惯运用哥特式传统，但后来接纳了多梅尼克·达·科尔托纳（这位曾参与修建过香波尔宫的意大利建筑师原本是个木雕家）的建议，设计出了一个奇怪的混合体，其中的古典壁柱、柱头和檐部似乎都醉心于一场中世纪的游戏。

莫尔城堡［Château of St Maur］早已被毁。阿内城堡［Château of Anet］（1550年）也只保留了入口部分、小礼拜堂以及正立面，礼拜堂的设计尝试了有趣的集中式理念，而正立面则采用了三重柱式相结合的模式，如今已在巴黎重建。1564年时，他又为凯瑟琳·德·美第奇［Catherine de Médicis］在杜伊勒里宫［Tuileries］里建造了两侧带有侧廊的圆顶凉亭，但也于1870年时被拆毁。德洛姆有意识地在作品中加入文艺复兴风格并将其本土化，同时主张将新的“法国柱式”［French order］与古典柱式相结合，他的这一雄心壮志在其所著《建筑学》［*L'Architecture*］（1561年）一书中同样有所体现，并运用到了杜伊勒里宫的设计之中。

巴黎的罗浮宫可谓法国最为重要的建筑杰作，出自一位并未像德洛姆那般备受关注的建筑师皮埃尔·莱斯科［Pierre Lescot］之手。罗浮宫曾是一座中世纪风格的城堡，弗朗索瓦一世在位时决定将其拆掉重建，并计划扩建为原本的四倍大小。莱斯科所设计的庭院（始建于 1546 年）大约只占今天方形中庭［Cour Carrée］面积的八分之一，但却奠定了整体的风格，直到 19 世纪都依然作为人们效仿的典范［图 182］。从水平方向来说，这种三层的建筑模式将最底层设计为连拱柱廊，二层是古典的带有窗框的大窗，此外还有阁楼以及法式的大屋顶（所有这三层结构都使用了科林斯柱式以及混合壁柱）。垂直来看则由三座凯旋门状的凉亭连接而成，装饰有独立的圆柱以及部分巨大的三角楣墙。此外，法国文艺复兴时期最为伟大的雕塑家让·古戎［Jean Goujon］还在此安置了数量颇丰的雕塑作品作为装饰。

亨利四世［Henri IV］统治时期（他于 1610 年去世），皇家建筑的重心逐渐转向面积辽阔的郊外广场。他在巴黎建造了太子广场［Place Dauphine］和皇家广场［Place Royale］（如今的孚日广场［Placedes Vosges］，它是琼斯设计科文特花园的灵感来源），甚至踌躇满志想要修建半圆形的法兰西广场［Place de France］，但终究未能实现。

如果说持续健康发展的哥特式传统会阻碍人们接受文艺复兴风格的话，那么文艺复兴风格在西班牙的生根发芽则着实让人感到惊讶。萨拉曼卡主教堂［Salamanca］与塞戈维亚主教堂［Segovia］均为大型哥特式教堂中的典型代表，分别始建于 1512 年和 1522 年，并且直到 16 世纪末都未能彻底完工。布尔戈斯主教堂［Burgos］到了 1568 年也才仅仅建好了中央塔楼。在这里，哥特式风格并未

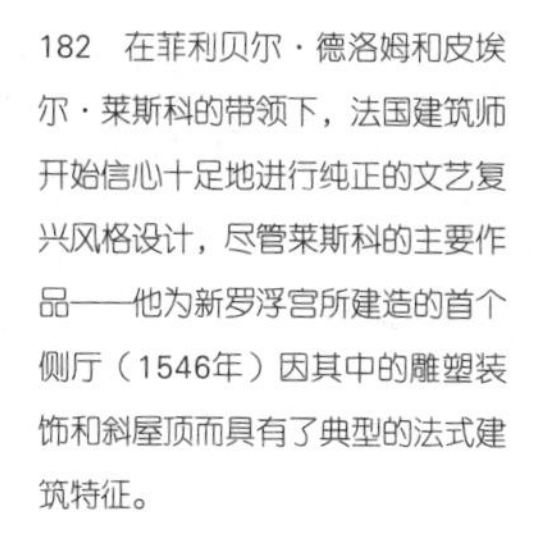

182 在菲利贝尔·德洛姆和皮埃尔·莱斯科的带领下，法国建筑师开始信心十足地进行纯正的文艺复兴风格设计，尽管莱斯科的主要作品——他为新罗浮宫所建造的首个侧厅（1546年）因其中的雕塑装饰和斜屋顶而具有了典型的法式建筑特征。

183、184 西班牙是一个疯狂的国度。萨拉曼卡大学（上图，1516年）展现出文艺复兴风格发展的最初阶段，复杂叶饰风格从本质上来说是一种装饰风格，使得古典元素与哥特式和摩尔式在此发生了激烈的碰撞。然而随后查理五世大帝建于格拉纳达的朴素古典主义宫殿（右上图，1526年）则与之完全相反。

结束，反而与那些已逝风格一样辉煌并富有创造力，如同明日黄花绽放出别样的凋零之美。

但这里的情况却并不简单明确，甚至比欧洲其他国家更为复杂。建筑师们需要直面多种风格的抉择，他们的设计可以是哥特式或古典主义，甚至是“复杂叶饰风格”[Plateresque]。

复杂叶饰风格通常指一种在1475—1550年间流行于西班牙的艺术风格。从字面意义来说就是“以银匠的方式工作”，用来形容那些带有装饰的圣坛、十字架、圣物箱以及神龛等物，丰富的银质原料都来自于新大陆。这些由技艺精湛的银匠所制作的器物将哥特式、穆迪哈尔式（摩尔式）[Mudéjar(Moorish)] 以及古典主义的装饰纹样融合在一起，被认为是一种对于空虚的疯狂恐惧，并逐渐影响至建筑领域。如果我们在西班牙的城镇里偶遇这种极度奢华的复杂叶饰风格建筑的话，还是稍许会被这样的美感所震撼。教堂里高大祭坛装饰屏风 [retablos] 的整个立面都被卷叶式浮雕、尖顶、盾牌纹饰、小天使雕像、枝状大烛台以及马蹄拱饰所填满。而这些在巴利亚多利德的圣格雷戈里奥学院 [College of San Gregorio]（1492年）以及萨拉曼卡大学 [Salamanca University]（1516年）的立面上也同样可以看到 [图183]。

然而这样的喧闹在随后戛然而止。1526年，查理五世大帝

[Emperor Charles V] 决定在格拉纳达建造一座新的宫殿 [图 184]，并选址在他刚刚夺取不久的摩尔式宫殿阿兰布拉宫 [Alhambra] 内。他的建筑师佩德罗・马丘卡 [Pedro Machuca] 曾在罗马跟随拉斐尔学习绘画，想必也与布拉曼特有过接触。这座新宫殿整体呈四方形，主立面的中间部分是用成对的多利安柱式和带基座的爱奥尼亚柱式隔出的双层三联凹面。侧面则采用了粗琢砖砌在下、爱奥尼亚柱式在上的设计，每层的中间都开有圆窗来进行采光。内部正方形的庭院内还建有双层以多利安式和爱奥尼亚式圆柱共同构成的开放式圆形柱廊。

与此同时，在几百米外，全新的格拉纳达主教堂 [Granada Cathedral] 也正在紧锣密鼓地修建 [图 185]。这座始建于 1523 年的哥特式教堂到 1528 年时由迭戈・德・西罗亚 [Diego de Siloé] 接手从而开始转向文艺复兴风格。西罗亚在教堂的最东边建造了大量的方格拱门[coffered arches]，并由它们引向十边形的圆顶圣坛。而他对于格拉纳达主教堂的设计也很快就在马拉加和哈恩地区流行开来。

这种趋势到了查理五世的继承人腓力二世[Philip II]统治时期，更是在他的推动下得以强化。1562 年，腓力二世开始兴建埃斯科里亚尔修道院 [the Escorial]，这座位于马德里城外数英里的建筑

185、186　西班牙与葡萄牙文艺复兴风格的成熟期。下图：格拉纳达主教堂（1528年）东端，深方格拱门支撑起十边形的大圆顶。右下图：托马尔克里斯托修道院 [Cristo Monastery] 的新回廊（1554年），几乎没有出现意大利建筑的最新发展。

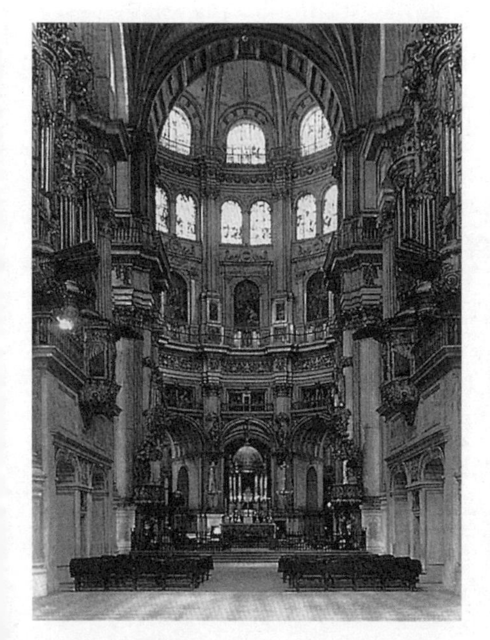

群可谓他最为伟大的一项功绩［图 187］。这里不仅规模空前（占地面积为 670 英尺 × 530 英尺［约 204 米 × 162 米］），并且集宫殿、修道院、皇室陵墓于一体，成为西班牙王室称霸欧洲天主教的地位象征，甚至还具有一座耶路撒冷圣殿［Temple of Jerusalem］以及圣劳伦斯烤架［Gridiron of St Lawrence］，矩形庭院暗示了这个烤架的形式。为此，腓力二世挑选了曾在那不勒斯学习的西班牙建筑师胡安·包蒂斯塔·德·托莱多［Juan Bautista de Toledo］。托莱多设计了建筑方案并即刻开始施工，1567 年在他去世之后，胡安·德·埃雷拉［Juan de Herrera］接替了他的工作。随后埃雷拉完成了内部立面以及礼拜堂的修建，但修道院的整体风格，尤其是它庄严肃穆、令人敬畏之情油然而生的外部立面依然延续了托莱多所既定的风格。不管怎样，腓力二世的设想得以实现。他在给埃雷拉的一封信中写道："最重要的就是不要忘记我所跟你讲的，要简洁不失细节，庄严不失亲和，雄伟而不浮夸。"

从远处眺望，最先看到的就是最后完工的教堂拱顶以及双子塔楼。正方形的教堂从内部被正中的拱顶分隔为九部分，入口处设有玄关，并为修士们在对面建造了唱诗班所用的圣坛。高处的走廊及教堂后殿直接连通着国王在宫殿中所住的房间。地下墓室面积辽阔，是埋葬西班牙王室成员的皇家陵寝。埃斯科里亚尔可谓欧洲皇家宫殿中第一座重要的大型建筑综合体，并为后世所建的卡塞塔王宫［Caserta］、凡尔赛宫［Versailles］、圣彼得堡［St Petersburg］的冬宫等无数宫殿开了先河。不仅如此，它还取代了诸如白厅

187 腓力二世的埃斯科里亚尔修道院（始建于1562年）位于马德里周边，是一座集宫殿和修道院于一体的大型建筑，它的出现结束了西班牙建筑的朴素期。这张鸟瞰图展现了庭院中的建筑分布，以及中心地带雄伟的圆顶教堂。

[Whitehall Palace] 和克里姆林宫这样并未进行整体规划的旧时行政中心。

随后几十年间，西班牙建筑都被笼罩在埃斯科里亚尔的无限光环下。在埃雷拉此后的建筑作品中，最为引人瞩目的当属巴利亚多利德主教堂 [Valladolid Cathedral]，虽然它未能完工，但却影响了位于萨拉戈萨的皮拉尔圣母圣殿主教堂 [Pilar] 中礼拜堂的奇怪矩形和多拱顶设计。

在葡萄牙，相似的趣味变革也将曼奴埃尔式风格 [Manueline] 彻底抛弃并转向与其大相径庭的“平实之风” [Plain Style]。依照罗马的严苛规则，所有乐趣与想象都不复存在。这种新风格最早出现在托马尔，在那里教会礼堂的窗户已彻底摆脱曼奴埃尔式风格的影响，这一点颇为反常（也许可以被理解）[图 125]。16 世纪 30 年代，若昂・德・卡斯蒂略 [João de Castilho] 在建造康塞桑小礼拜堂 [Conceição Chapel] 时便设计了两座毫无装饰的朴素柱廊，并配以平整的檐部支撑起筒形拱。1554 年，迪奥戈・德・托拉尔瓦 [Diogo de Torralva] 为克里斯多修道院新修了一个回廊 [图 186]，他将双层的凉廊结构与来源于桑索维诺在威尼斯所建图书馆的“帕拉迪奥式主题”做了结合 [图 159]。

为了了解更多西班牙和葡萄牙的建筑情况，我们将首次关注大西洋对岸的世界。墨西哥与加勒比群岛都曾是西班牙的殖民地，那时文艺复兴运动对这里几乎没有产生任何影响，这里修建的第一批教堂都是哥特式风格，如圣多明戈主教堂 [Cathedral of Santo Domingo]（1512 年）。到了 16 世纪 60 年代，古典的柱式、方格拱以及穹隆顶都开始出现在像尤卡坦州的梅里达地区这样的新大陆上。几乎与此同时，墨西哥的瓜达拉哈拉、墨西哥城、普埃布拉等城市则开始兴建一些规模宏大的教堂建筑，成为埃雷拉所建巴利亚多利德主教堂的一种延续。在秘鲁，整个 16 世纪 80 年代，利马与库斯科的那些主教堂同样也都体现了迭戈・德・西罗亚和埃雷拉的最新建筑理念。

在探索西班牙以及北欧各国文艺复兴建筑发展脉络的过程中，我们看到了意大利模式在这里的快速繁衍。原本需要两百年时间进行发展的事物在这里却仅仅用了一百年甚至更少的时间。然而到了 17 世纪，西欧国家再次坚定地关注意大利并随时准备迎接一场新的艺术盛宴，那就是巴洛克风格的到来。

第六章　巴洛克与反巴洛克

16 世纪末，欧洲天主教已逐渐从之前路德改革及北欧部分地区脱离教会的双重打击中恢复，重新争取主动权。在随后的特伦托会议（1545—1563 年）上，教会阐明教义并革除了一些旧有弊端。为重新夺回业已失去的利益，他们增定了一系列激进的宗教法令（尤以耶稣会为甚），并将天主教势力扩展至美洲和亚洲。这一时期，所有艺术都成了服务于教会的工具，用以传播那些正面信息，如救赎的奇迹、圣母与圣徒们慈悲的祈祷以及对于天堂极乐的狂迷等。巴洛克（原为一种充满贬义的称呼，用来形容"畸形的珍珠"）作为一种本质上反对宗教改革的艺术形式，它的出现恰好顺应了教会运动的这些需求。

然而新教国家的情况却并非如此。由于新教教义反对超自然势力的崇拜（诸如圣母的礼拜、圣徒的祷告、圣物的敬奉、图像的使用等），故而强调道德的纯粹、真理和善举，以及清教徒式的反"偶像崇拜"。因此能够反映该价值标准的艺术风格怎能算是真正的巴洛克呢？从某种意义来说，这仅是一个术语问题，实则不然。18 世纪 40 年代，巴伐利亚州的天主教堂（如十四圣徒朝圣教堂［Vierzehnheiligen］［图 188］）和新英格兰州的新教教堂（如波士顿的国王礼拜堂［图 189］）之间还存在着明显差别。其重点便是新教教堂中不存在任何绘画和雕塑装饰。即使忽略了这些，其教堂建筑本身庄严朴素的气质也与强化情感的天主教堂全然不同。使人不禁要问将其称作"反巴洛克"真的合适吗？事实上是在"反对天主教"，不是吗？从另一方面来说，美学感受与宗教情感也必须谨慎对待，避免将二者混为一谈。对于许多坚定地反天主教的建筑师来说，巴洛克风格有着强烈的吸引力，例如格奥尔格·贝尔［Georg Bähr］曾在德累斯顿建造了圣母教堂［Frauenkirche］［图 212］。就连雷恩［Wren］和霍克斯莫尔［Hawksmoor］也同样具有一定的巴洛克倾向，甚至比其他建筑师表现出的还要多。更为有趣的是，对于巴洛克的仇视竟然经受住公然的宗教偏见，一直影响

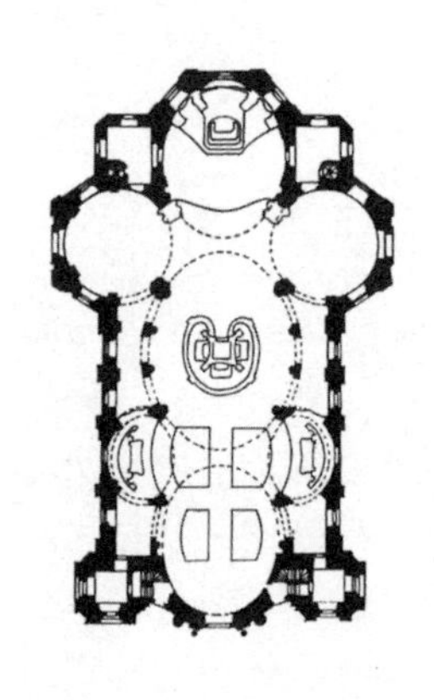

188、189　18世纪40年代，正在建造中的天主教教堂和新教教堂。上图和对页上图：巴尔塔扎·诺伊曼在巴伐利亚州所建的十四圣徒朝圣教堂。对页下图：彼得·哈里森在美国波士顿所建的国王礼拜堂。教义的分歧导致了建筑样式的不同。二者都能称得上是巴洛克风格吗？

190　1565年帕拉迪奥开始在威尼斯建造圣乔治·马焦雷教堂，直到1610年才完工，该教堂在建筑元素的逻辑层次结构中体现出了对于盛期文艺复兴价值的保持。完整的圆柱连同柱基一起支撑起对应中殿的大三角楣墙，从地面耸立的壁柱支撑起对应侧廊的半三角楣墙。

到20世纪那些盎格鲁—撒克逊的新教历史学家和艺术批评家。

意大利的巴洛克：萌芽期

从风格主义向巴洛克的转变并非风云突变。同样的形式基本都以相同的模式进行组合，不同的只是被突出的重点及其整体效果。例如这三座不同教堂的立面：帕拉迪奥在威尼斯建造的圣乔治·马焦雷教堂（1565年设计）[图190]是典型的文艺复兴盛期样式，体现了静止和稳定性，每个局部都轮廓清晰且功能明确；贾科莫·德拉·波尔塔在罗马为耶稣教堂所设计的风格主义风格正立面则不尽相同（1571年）[图191]，一些特质被削弱，甚至某种程度上遭到否定，局部依然明确但相同部分被重复使用，个体性也逐渐模糊；隆吉[Longhi]在罗马建造圣维桑和圣阿纳斯塔斯教堂[SS. Vincenzo ed Anastasio]的巴洛克正立面时（1645年）[图192]，明确的目的性被重新确立，但现在动态却压倒了理性。这一系列变化是如何发生的？无疑已是整个古典体系对于专注表现活力和运动做出的让步。柱子不再假装承重，并如同交响乐中的重复和弦般强调自身的重要性；檐部则以同样坚定的旋律进行回应；三角楣墙的顶角上添加了基路伯与小天使们一起将一顶主教的帽子举向天堂的装饰雕像。这终究该被看作一座建筑、一件雕塑还是一部歌剧？想

191　在贾科莫·德拉·波尔塔为罗马的耶稣教堂所设计的立面中（对页上图，1571年），文艺复兴的价值理念遭遇挑战，逻辑性也受到了蔑视。壁柱一个压一个出现，中间的隔间则由完整的两部分挤压在一起而形成，其中一部分是壁柱和不完整的三角楣墙，另一部分则是半圆柱和三角形的三角楣墙。

192　马蒂诺·隆吉在罗马建造圣维桑和圣阿纳斯塔斯教堂的同时（右图，1645年），出现了一种新的逻辑，使得戏剧性战胜了功能性。

193 卡洛·马代尔诺在罗马为圣苏珊娜教堂所建正立面（1597年）值得我们与耶稣教堂进行深入的对比。虽然采用了相同的建筑元素，但却具有清晰的组织性和使命感。底层除了两边的侧廊，都采用了完整的柱列；上层则选用了壁柱结构。大门上方的三角形框架中安置着并不完整的三角楣墙。

必维特鲁威也要自惭形秽了。

罗马的圣苏珊娜［S. Susanna］教堂（1597年）拥有建筑领域第一座明确的巴洛克风格立面［图193］，建筑师卡洛·马代尔诺［Carlo Maderno］选用传统的耶稣教堂模式，通过将中心向前移动并对壁柱和柱列进行调整的方式制造出纵深和重点。教堂竣工那年，马代尔诺被选中参与修建圣彼得大教堂，他负责建造了教堂中殿及其立面。虽然这项工作在世界建筑行业里享有最高荣誉，但着实不是一件值得羡慕的事情。因为无论如何设计都会与米开朗琪罗的方案相冲突，并遮挡到大圆顶的采光，甚至整个后续工作也会受到米开朗琪罗已完成部分的制约和影响。最终，马尔代诺交出了一份不算大获全胜但也不至于满盘皆输的保守作品。他在中殿保留了米开朗琪罗的十字型结构和十字型翼部的整体规模［图196］，以及主要组成部分，并为正立面设计了一排高大的科林斯柱。然而，前后两任教皇的不同需求还是对正立面整体的庄严性造成了不小的负面影响。其中一位要求在中心地带连接上祈福凉廊［Benediction Loggia］，另一位则要求在两侧加盖两座塔楼，后者因结构问题而中止，因此底层并未过多拉长正立面破坏整体比例。

马尔代诺之后诞生了三位极具天赋的建筑大师：彼得罗·达·科尔托纳［Pietro da Cortona］（1596年出生）、詹洛伦佐·贝尔尼尼［Gianlorenzo Bernini］（1598年出生）和弗朗切斯科·博罗米尼［Francesco Borromini］（1599年出生），他们彼此相差不超过三岁且同在罗马工作。

建筑师彼得罗·达·科尔托纳作为画家同样声名卓著，他曾设计过一座完整的教堂以及两座以上教堂的立面。第一座圣卢卡和马丁娜［SS. Martinae Luca］教堂采用带拱臂的希腊十字结构，成组的爱奥尼亚圆柱在内部固定连接，立面采用双层设计，左右两边用双壁柱进行加固，中间部分呈弧线向外凸起，看似从内部向外推出一样。和平圣母教堂的正立面则更显立体效果［图194］。凹墙外围的门廊是一圈呈半圆排列的牢固圆柱，门廊上方是同圣卢卡和马丁娜教堂相似的结构，有一扇窗和一面看上去过于庞大的不完整三角楣墙（堪比米开朗琪罗所设计的美第奇礼拜堂）。设计拉塔路圣母［S. Maria in Via Lata］教堂时，科尔托纳却迫于压力放弃了这种效果，建造出一座古代晚期风格的纪念碑式立面。

詹洛伦佐·贝尔尼尼是位长寿的全才，成功对他来说触手可得。1629年，年仅三十一岁的贝尔尼尼接手圣彼得大教堂的建造工作。作为一位禀赋聪明的雕塑家，他的设计同样体现出强烈的雕塑感。圣彼得大教堂主祭坛所建造的青铜华盖［baldacchino］及其前方的圣彼得宝座［Cathedra Petri］都堪称是集建筑和雕塑于一体的精美杰作［图166］。圣安德烈阿尔奎里内尔［S. Andrea al

194、195　罗马巴洛克的繁盛景象。左下图：彼得罗·达·科尔托纳所建的和平圣母教堂（1650年）采用了凹凸结合的模式，高处墙面上曲线状的凸起似乎是科尔托纳的一项创新。右下图：贝尔尼尼的圣安德烈阿尔奎里内尔教堂（1658年），椭圆形中殿高耸在雄伟的门廊背后。

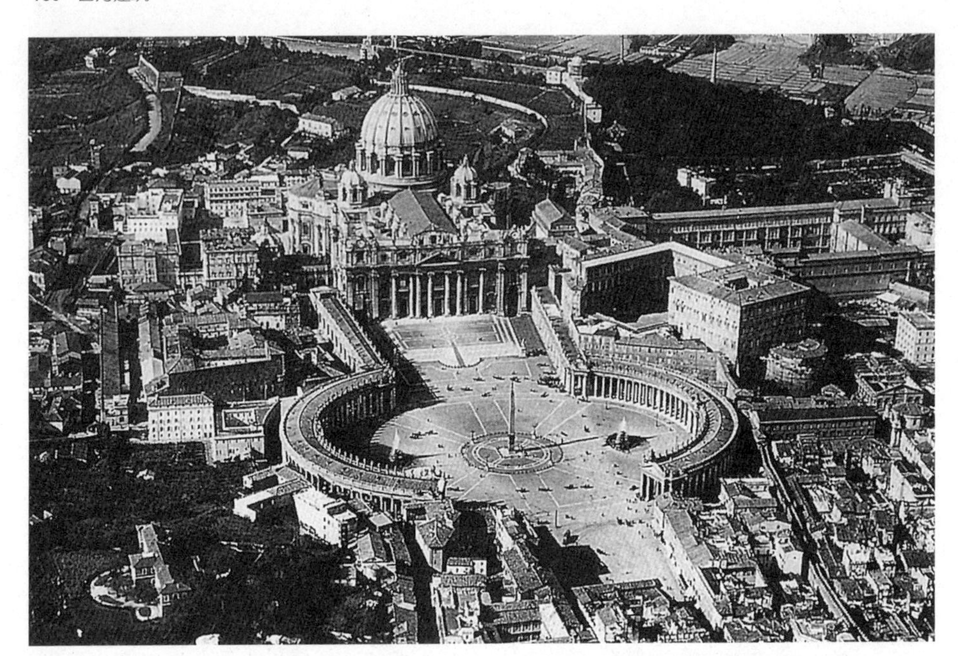

196 马代尔诺在建造圣彼得大教堂正立面时所留下的问题最终由贝尔尼尼巧妙地解决，他在教堂前方的开阔空地上建造了两排卵形柱廊，然后通过两条曲线使其形成漏斗状，以便教堂看起来更显紧密和狭窄。

197 贝尔尼尼首次设计的罗浮宫东立面（1665年）。凹凸有致的曲线在此争奇斗艳，使之成为一件戏剧性的绝妙佳作，但却遭到路易十四的朝臣科尔贝［Colbert］的反对，其理由不过是认为国王的寝宫不够清静而已。

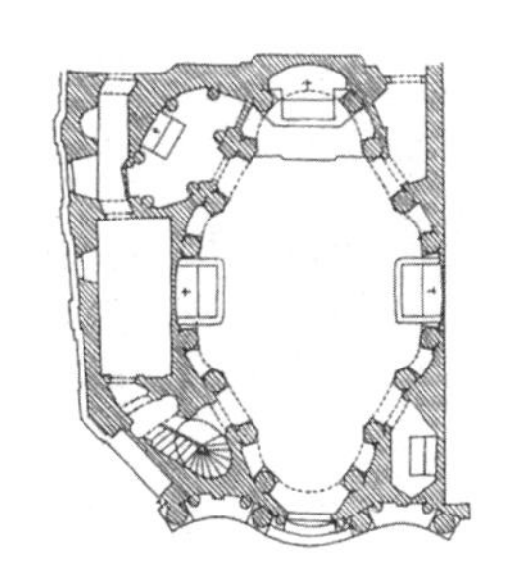

Quirinale] 教堂 [图 195] 是一座著名的典型巴洛克式建筑，教堂外形呈椭圆结构（带有方向的圆），带有半圆形 [porchlet] 的粗边框门廊就像是从里面被推出的一样。彩色大理石的光芒使教堂内部熠熠发光，这里充满了体现强烈动感的小天使、丘比特及圣徒雕像。此外，圣彼得大教堂前雄伟的椭圆形柱廊最全面地体现出他所具有的创造建筑天分 [图 196]。毫无疑问正是贝尔尼尼的柱廊拯救了马尔代诺所建立面的设计缺陷，横向并列四排的多利安圆柱支撑起左右延展的坚固柱廊，中间环绕出一座椭圆形广场，展现着令人震惊的权位力量。1665 年，路易十四 [Louis XIV] 邀请贝尔尼尼到巴黎设计罗浮宫的东立面（面向城里的那面），尽管最终的三份设计方案均未被采用，但第一种方案中凹凸结合的设计模式却影响到了其他地方 [图 197]。

四泉圣嘉禄 [S. Carlo alle Quattro Fontane] 教堂（1638 年）是弗朗切斯科·博罗米尼的建筑处女作，充分展现出建筑师的两大特点 [图 198]：首先是他对几何学的迷恋，其次是对细节创造的无限追求 [图 199]。教堂主体呈两个等边三角形合并所得的菱形图案，仅在每条边的中间一段保留直线设计。菱形的四角都由曲线环绕，呈现出将逻辑性与随意性完美结合的波浪状效果，混合柱式以及关键位置上方柱顶过梁的添加更使效果得以增加。直线边以类

198、199 博罗米尼的四泉圣嘉禄教堂（1638年，立面建于1665年）凝聚了他所有的创造天赋。其内部垂直的檐部代表了整体设计中基础的对三角结构。祭坛坐落于半圆形后殿，左右两边采用了分段的曲线。教堂立面亦为曲线设计，展示出充满力量的波浪线。

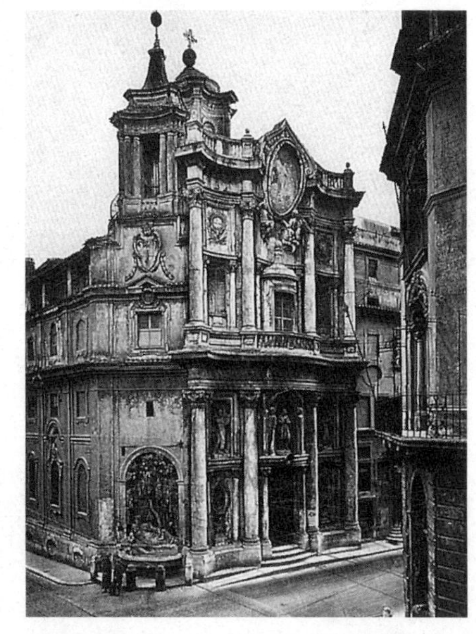

200 博罗米尼的圣依华教堂（1648年）与四泉圣嘉禄教堂（见图198、图199）一样同为小型教堂，但都具有丰富的空间理念。其内部拱顶采用一对三角形扣合出一个六边形的方式促使凹凸曲线得以毫不费力地清楚转换。

似穹隅状结构撑起椭圆形穹顶，以十字形和借鉴罗马人行道而来的八边形为装饰纹样，最终，所有的不和谐都被顶部高窗上三角形的三位一体像［Trinity］所化解。

圣依华［S. Ivo della Sapienza］教堂是一座位于罗马的大学教堂，博罗米尼在设计时以两个等边三角形叠加出了六芒星样式［图 200］。其中三个角被凹进的弧线取代，另三个被包裹进向外凸出的三个半圆，最终由科林斯式壁柱和坚固的檐部将它们连为整体，并在拱顶处汇聚成一个圆。

建筑的外观同样能够反映其内部的复杂程度，四泉圣嘉禄教堂具有呈凹一凸一凹状连续波动的外观，而圣菲利波·内里［S. Filippo Neri］教堂的礼拜堂是一座浅凹状长弧形建筑。圣依华教堂的穹顶上耸立着罗马最具代表性的尖塔，螺旋式外观象征着中世纪寓言中的知识之丘［Hill of Knowledge］。在博罗米尼的作品中，最引人瞩目的当属他对细节的处理。深受米开朗琪罗影响的博罗米尼创造出变化无穷的门窗外框和栏杆造型，以及不同的三角楣墙、壁龛、飞檐甚至花环装饰。这些纹样最初通过素描稿被人们熟知，随后出版为画册，并于 18 世纪早期风靡了整个欧洲，在波兰和葡萄牙更是随处可见。

弗朗切斯科·博罗米尼虽是一位有着承前启后重要作用的关键性人物，但长期生活在贝尔尼尼的阴影下使他变得孤僻、强迫甚至神经质，并最终以结束生命的方式终结了这一切。他的作品犹如取之不尽的宝藏，能够带领人们经历一场充满想象的历险，这一点永远无法被仿制，也永远不会被完全理解。

17 世纪末 18 世纪初的罗马，人们的兴趣开始从单体建筑转向追求大型城市建筑物的整体效果。著名的人民广场［Piazza del Popolo］（1662—1679 年）和其中的双子教堂、西班牙台阶［Spanish Steps］（1723 年）［图 201］、圣伊尼亚齐奥广场［Piazza S. Ignazio］（1727 年）以及特莱维喷泉等［Trevi Fountain］（1732 年）均为其中的代表。这种欲将整座城市打造成一件巴洛克艺术品的雄心壮志在意大利的其他地方更是有过之无不及。在西西里这座地震火山活动频繁的小岛上，重建后的墨西拿、卡塔尼亚和诺托可谓三座巴洛克之城。首府巴勒莫及其附近地区的巴洛克式别墅更是将一些匪夷所思的巴洛克风格样式推向了极致。费迪南多·圣费利

201　罗马的西班牙台阶（1723 年）由亚历山德罗·斯佩基［Alessandro Specchi］和费迪南多·圣费利切共同建造，连接着西班牙广场、贝尔尼尼的喷泉以及山上天主圣三［S. Trinità dei Montia］教堂，共同展现出典型的巴洛克城市规划局部。

切 [Ferdinando Sanfelice] 是一位那不勒斯的楼梯建筑师，他的家乡与西西里在政治上紧密相连，并以培养出一位如此不同寻常的建筑师而倍感骄傲。楼梯的复杂性、运动感以及连接空间的无限可能使之成为建筑中最能体现巴洛克精神的组成部分（圣费利切设计的大多是双楼梯或三重楼梯）。1631 年，巴尔达萨雷·隆盖纳 [Baldassare Longhena] 开始为位于威尼斯大运河入口处的安康圣母 [S. Maria della Salute] 教堂建造礼拜堂，他在八角形的底座上安置了卷扶垛来支撑巨大的穹顶，创造出巴洛克建筑中最为重要的一件代表作 [图 202]。

博罗米尼的遗产最终归西北部的皮埃蒙特大区所有，那里直到今天仍是一个建筑业并不活跃的地方。当时的都灵已成为一个新王朝的首都并在 17 世纪初逐渐形成了一种当时流行的建筑风格。1666—1770 年的这近百年时间里，瓜里尼 [Guarini]、尤瓦拉 [Juvarra] 和维托内 [Vittone] 这三位杰出的建筑师在那里开启了

202　隆盖纳在威尼斯所建的安康圣母教堂（1631年）占据了大运河入口处的主导地位。人们从任意角度都能够欣赏到它夸张的8个立面、16个卷扶垛以及单个的穹顶，如同观看巴洛克戏剧一样。

203、204　1667年和1668年，瓜里尼分别为裹尸布礼拜堂和圣洛伦佐教堂建造了两座都灵式圆顶，并探索了空间想象的新领域。前者建构在三角形底座上，并由鸟巢状的平圆拱结构延伸至顶部。而后者则一定受到了伊斯兰拱顶的启发（对比一座西班牙罗马式建筑，见图70）。

各自的建筑生涯。

瓜里诺·瓜里尼［Guarino Guarini］为裹尸布礼拜堂［Chapel of the Holy Shroud］［图 203］和圣洛伦佐教堂［Church of S. Lorenzo］［图 204］所造的穹顶可谓前无古人后无来者。礼拜堂（1667 年）呈圆形平面，三拱的设计使其看上去趋于一个三角形，上方的鼓形座连接着六个拱门和壁龛。每对相邻拱门的顶部都有一个浅拱形结构，共六个；在这些浅拱形的顶部又有六个更小但却更高的拱形，依次往上，一层一层的拱形结构越来越小，直到最后汇聚成一个圆。借用这种方法，瓜里尼构造出一系列阶梯状的半球形，并得以在每一层都建造出小巧的隐形窗户用来采光。圣洛伦佐教堂（1668 年）也很特别，八根拱肋支撑起穹顶，但并未从穹顶中心穿过，而从边上绕过，并在中间位置留出八角形的采光塔楼。拱肋之间所形成的空间也为采光之用。瓜里尼对于几何学和哥特式建筑样式的掌握（似乎还有伊斯兰风格）使他能够把那种带有张力和复杂线条的风格带入到巴洛克之中。他在都灵所建最主要的一座世俗建筑——卡里尼亚诺宫［Palazzo Carignano］，也表明他一定研究过贝尔尼尼为罗浮宫所创作的设计方案。

菲利波·尤瓦拉［Filippo Juvarra］在戏剧方面亦颇具想象力，并格外关注对角视图，这些都在他所设计的舞台布景中得以体现，但在现实作品中他却受到古典主义的束缚，尤其是位于都灵的女王宫殿［Queen's Palace］和玛达玛宫［Palazzo Madama］（1718 年）。

斯都皮尼基宫 [Stupinigi]（1729 年）是一座由他设计建造的乡村城堡，城堡以高大的圆顶大厅为中心，沿斜线向外延展出四座侧厅。此外还有苏佩尔加 [Superga] 教堂（1717 年），具有圆形中殿和向外突出的科林斯式门廊，当人们在山顶鸟瞰都灵城时，最先映入眼帘的便是这座修道院教堂的雄伟穹顶 [图 205]。尤瓦拉是一位熟练运用多种风格的多产的建筑师，能将从法国、德国以及其他地方所借鉴到的精华统统运用到自己的设计中。

贝尔纳多・维托内 [Bernardo Vittone] 是他们中的最后一位，某种程度来说也是最吸引我们的一位，正是他为巴洛克艺术在中欧的发展指明了前进的方向。维托内的作品全都位于皮埃蒙特地区，并且是在一些小城镇。通过改变设计的整体主导原则，他在这里创造出一系列令人赞叹的新穹顶。当人们走进瓦里诺托至圣所 [The Sanctuary of Vallinotto]（1738 年）[图 206]、基耶里的圣贝尔纳迪诺 [S. Bernardino at Chieri] 教堂（1740 年）、布拉的圣齐亚拉 [S. Chiara at Brà] 教堂（1742 年）或是维拉诺瓦蒙多夫伊的圣十字 [S. Croceat Villanova di Mondovì] 教堂（1755 年）时，都能抬头看到一层一层叠加起来的穹顶将视觉空间推得更远，光线通过那些意想不到的散落小孔撒进教堂内部，使得教堂中的每一部分都不再孤立，彼此融为一体。较之博罗米尼和瓜里尼，维托内的设计更显华丽且也不过于严肃，这种绝对的精湛技艺使其成为建筑史中独树一帜的一章。

205 菲利波・尤瓦拉将蓬勃的巴洛克能量与新古典主义的内在规则进行了结合。他所建的苏佩尔加教堂（1717年）坐落在都灵郊外的小山顶上，尽管教堂的细部，尤其修道院侧翼末端的楼亭是奔放的巴洛克风格，但其依然呈现出一种平静的壮丽之美。

206　关于瓦里诺托的教堂（1738年），贝尔纳多·维托内自己描述道："这是一座由三个拱顶共同支撑起的单层建筑，拱顶相互叠加，都带有开口，使教堂内部得以一览无余……"在拱顶的运用上，他已明显改进了源自于瓜里尼的设计理念。（见图204）

中欧和东欧：繁花似锦

对中欧的建筑师来说，巴洛克不过是哥特式的再生。所有那些文艺复兴风格所摒弃的神秘色彩与运动感、流动性与自由精神以及充满活力的情感力量都以全新面貌得到恢复。

中欧的巴洛克可上溯至1700年，最初在与意大利和北方国家的交流中深受影响。当时不仅北方建筑家来到南方（如菲舍尔·冯·埃拉赫［Fischer von Erlach］和希尔德布兰特［Hildebrandt］），意大利的建筑师更频繁地游历北方并留下作品，如圣迪诺·索拉里［Santino Solari］建造的萨尔兹堡主教堂［Salzburg Cathedral］、卡洛·卢拉戈［Carlo Lurago］的帕兹［Passau］主教堂、卡洛·安东尼奥·卡洛内［Carlo Antonio Carlone］的圣弗洛里安［St Florian］修道院。这一时期的大部分作品都位于瑞士的提契诺州、格劳宾登州以及福拉尔贝格州。这些地方几乎未受文艺复兴风格的影响，从而促使南北方在此实现了融合。与此同时，一种独特的巴洛克新类型逐渐显现，在初期更多体

207 菲舍尔·冯·埃拉赫在维也纳建造的查理教堂（1716年）混合了巴洛克的想象力与古典主义的学术性，不算成功并略显奇怪。一对圆柱（仿造罗马的图拉真柱）代表了哈布斯堡王朝徽章上的赫拉克勒斯之柱，象征着古代世界中的直布罗陀海峡和已知世界的尽头。

现于灰泥装饰，甚至超过建筑结构本身。可以说用灰泥进行粉饰几乎成为一种流行普及开来，而建筑整体也开始考虑体积与空间问题。最终，灰泥成为一种人们普遍使用的材料。灰泥粉饰、人造大理石、图绘以及镀金开始取代其他成为建筑内部的标准模式，有时也被用于建筑表墙。

18世纪上半叶起，巴伐利亚、法兰克尼亚、波西米亚、奥地利以及波兰等地涌现出一大批极为精美的巴洛克教堂、宫殿以及住宅，它们大多规模小巧并为小社团所用，由当地的建筑师或者诸如彤姆［Thumbs］、贝尔［Beers］、丁岑霍费尔［Dientzenhofers］、齐默尔曼［Zimmermanns］和阿萨姆［Asams］这样的石工建筑世家所修建，这些家族在中世纪曾长期占据主导地位。

对于奥地利的巴洛克艺术来说，约翰·伯恩哈德·菲舍尔·冯·埃拉赫［Johann Bernhard Fischervon Erlach］作为维也纳宫廷的御用建筑师可谓起着决定性作用。他曾在意大利生活多年，因此毕生保有一些罗马人的特性——从两方面来理解，既可以是恺撒的罗马也可以是教皇统治下的罗马。他具有扎实的古典建筑知识（他撰写了最早的建筑史），维也纳的查理教堂［Karlskirche］

(1716年)[图207]便是最能体现其博学的代表作。他用一对图拉真柱[Trajan's Column]象征王权，并将帕特农神庙的带柱门廊与类似米开朗琪罗或科尔托纳的穹顶造型进行了结合。此外，他还从贝尔尼尼和博罗米尼那里借鉴来他们最富想象力的设计结构，如波西米亚弗拉诺夫城堡[Vranov Castle]里的雄伟大厅(1690年)、弗罗茨瓦夫主教堂[Wroclaw Cathedral]的选帝侯礼拜堂[elector's chapel]以及查理教堂都采用了椭圆形构造，位于萨尔斯堡的两座教堂更是建造了凹凸结合的教堂立面。对他而言规模同样不是问题，位于维也纳郊外的皇室宫殿美泉宫[Sch□nbrunn]原初便被他设计为一座试图超越凡尔赛的宫殿；即使缩小规模后的修改方案依然雄伟得令人惊叹。维也纳皇家图书馆[Imperial Library](1722年)[图208]是他最完美的一件杰作，敞亮的室内空间利用拱门和圆柱隔成三个区域，又以一条走廊沿书架将其分为上下两层，走廊随书架的一个个隔断前后延展。带有精致雕刻的书架连成一排，犹如一场学习的盛宴、一份充满书籍的宝藏，这一设计甚至影响到远在葡萄牙的科英布拉。

菲舍尔曾与其之后的卢卡斯·冯·希尔德布兰特[Lukas von Hildebrandt]等人一起致力于将维也纳和哈布斯堡王朝的第二首都布拉格打造成奥匈帝国贵族们的宫殿之城。他们建造了布拉格

208　菲舍尔·冯·埃拉赫所建的维也纳皇家图书馆（1722年）具有严格的建筑结构和华丽的装饰，属于典型的巴洛克范畴。内部划分明确的三个区域也被精心装饰过。

的克拉姆-葛拉斯宫 [Clam-Galas Palace] 和维也纳的欧根亲王府 [Prince Eugene] 以及上下观景楼 [Upper and Lower Belvedere]。德国的需求更大，政治上的分裂对于建筑来说反而是件好事。每位亲王和采邑主教 [prince-bishop] 都会建造自己的王室宅院，并以其规模、气势和非凡的生命力震惊世人，如巴伐利亚的波梅尔斯费尔登城堡 [Schloss Pommersfelden]（希尔德布兰特始建于 1711 年）[图 209]、萨尔斯堡的米拉贝尔宫 [Mirabell]（希尔德布兰特始建于 1715 年）以及维尔茨堡主教宫 [Würzburg Residenz]（诺伊曼 [Neumann] 始建于 1737 年）。宫殿样式也逐渐形成标准化模式，

209 巴洛克建筑中的楼梯堪称一门艺术，为空间的运用提供了无限的可能。在位于巴伐利亚的波梅尔斯费尔登城堡内（1711年），卢卡斯·冯·希尔德布兰特将楼梯运用在了整座长廊大厅中。

210　巴尔塔扎·诺伊曼在布鲁赫萨尔设计了双段弯曲楼梯来连接位于照片右上角位置的露天平台（1731年），这里具有超乎想象的充足采光，并在遭到战争破坏后奇迹般得以修复。

其中包括用于处理国事的房间［state apartments］，一间会客厅，甚至一间国王使用的王殿［throne room］，连接它们的是雄伟的大厅和楼梯。楼梯也是巴洛克建筑中最具代表性［par excellence］的组成部分。诺伊曼建造于布吕尔［Brühl］（1728年）和布鲁赫萨尔［Bruchsal］（1731年）［图210］的宫殿里还收藏有大量雕塑及绘画作品，并通过精心改变光线亮度从而营造出美轮美奂的渐变效果，就像欣赏巴赫［Bach］的慢乐章一样。

至此，巴洛克已然发展到了最后一个阶段，并逐渐转变为我们熟知的洛可可［Rococo］之风。洛可可实际意味着一种反映建筑与装饰间差别的风格。作为一种假设，这样的说法错得离谱，但事实却往往如此。在法国，最初是那些只负责装饰并不实际建造房子

211 在弗朗索瓦·居维利埃所建慕尼黑阿玛利堡（1734年）的内部，装饰图案已突破了原有的局限，模糊了空间，并以一种出乎预料的方式巧妙地变身为一种新风格，即洛可可风格。

的人推动了这一风格的诞生。而在德国和中欧地区，结构与装饰虽常为一个整体，但实际上被用来定义洛可可的大多数元素依然是装饰性的。如活泼、不对称、怪异假山的非古典造型（类似贝壳的装饰指的就是假山）、贝壳、叶饰、羽饰、蜘蛛网状以及昆虫等。洛可可的线条稀疏、优雅、卷曲成波浪形；颜色较为明快，多将蓝色、绿色以及黄色反衬在亮白色背景之上；所有的墙面都毫无逻辑地增添了精美的灰泥装饰，从而弱化了建筑结构。这种轻快之风有时甚至显得轻佻，当它作为主教宫殿以及教堂的圣坛装饰时，人们难免大为震惊。（人们会如何形容呢？说它们看上去如同全帆装船［fully-rigged ship］的操纵台，布满桅杆、船帆和锚，抑或一个头戴圣奥古斯丁帽子并朝远方爬去的小天使？）但洛可可之风还是吹遍了天主教的中欧地区甚至刻板的新教王国普鲁士。有四座著名的洛可可建筑杰作可以充分体现出这一风格的范围之广以及成果

212 德累斯顿是一座拥有天主教教廷的新教首府，其艺术与建筑则是专一的巴洛克风格。1726年，格奥尔格·贝尔开始建造圣母教堂，这座典型的新教教堂着重于布道而非主持圣礼；在其内部，整排的长廊也使之更像个剧院而非一座教堂。1945年，原本的教堂建筑被彻底毁坏，后又重建。

之显著，其中包括弗朗索瓦·居维利埃［François Cuvilliés］在慕尼黑为巴伐利亚选帝侯所建的阿玛利堡［Amalienburg］(1734年)［图211］，其中一系列小房间都被装饰为极其明亮的格调；巴尔塔扎·诺伊曼［Balthasar Neumann］为维尔兹堡大主教［Bishop of Würzburg］的主教宫所设计的帝王大厅［Kaisersaal］(1744年)，并由安东尼奥·博西［Antonio Bossi］进行了苛责的细节粉饰工作，詹巴蒂斯塔·提埃坡罗［Giambattista Tiepolo］增添了天顶壁画；此外还有两座世俗建筑，一座是由格奥尔格·文策斯劳斯·冯·克诺贝尔斯多夫［Georg Wenceslaus von Knöbelsdorff］在波兹坦为著名的普鲁士新教国王腓特烈大帝［Frederick the Great］建造的无忧宫［Sans Souci］(1745年)；另一座是丹尼尔·马塔埃乌斯·珀佩尔曼［Daniel Mathaeus P□ppelmann］所设计的茨温格宫［Zwinger］(1711年)［图213］，这是萨克森选帝侯［Elector of Saxony］位于德累斯顿的仪式性阅兵场，看台和四周围墙上都以巴尔塔扎·珀莫瑟［Balthasar Permoser］所做的那些或优雅或风

213 始建于1711年的德累斯顿茨温格宫是一座未建成宫殿的阅兵场，宫殿的各个尽头都建有被用作橘园的楼亭。其建造者丹尼尔·马塔埃乌斯·珀佩尔曼曾学习过罗马以及维也纳的宫殿和花园建筑。（曾经开放过的另一侧入口在19世纪因戈特弗里德·桑佩尔所建的博物馆而关闭。）

214　出身于意大利著名剧院设计世家的朱塞佩·加利–比别纳曾为拜罗伊特总督精致的宫廷剧院（1748年）设计建造了令人惊讶的巨大舞台。从总督包厢看向舞台的视野如照片所示。

215　社会和修道院图书馆都被丰富的绘画及雕塑改造成了知识圣殿。1742年，戈特哈德·哈伊贝尔格［Gotthard Hayberger］开始为奥地利的阿德蒙特大修道院建造图书馆，书架位于一系列圆弧形凹陷空间内，并借鉴了菲舍尔·冯·埃拉赫在维也纳皇家图书馆所采用的三分组合（图208）。

216 雅各布·普兰道尔所设计的梅尔克大修道院（1702年）占据了俯瞰多瑙河的绝佳地理优势，在其前方庭院还可欣赏到高耸入云的教堂外表。两边的侧廊从后方延长了修道院建筑并支撑起大理石厅［Marble Hall］与图书馆，面积超过了许多宫殿建筑。

格奇异的雕塑作品作为装饰。所有这些都不能以单纯的建筑准则来进行评判，这也许正是洛可可风格的关键所在，并已逐渐开始淡化对于不同标准的分类。

此外，剧院与修道院图书馆作为两种新兴建筑类型，可谓巴洛克与洛可可风格最忠实的拥护者。前者的出现并未出乎人们的预料，早在17世纪，现代的舞台剧场便在威尼斯出现，随后迅速上升为德国宫廷生活的重要组成部分。最为壮观的是两座位于拜罗伊特的剧院（1748年由意大利人朱塞佩·加利-比别纳[Giuseppe Galli-Bibiena]和卡洛·加利-比别纳[Carlo Galli-Bibiena]所设计）[图214]和居维利埃[Cuvilliése]在慕尼黑所建造的居民剧院[Residenz Theater]（1751年）。由于倍显热情欢乐，巴洛克风格直到20世纪依然是剧院建筑设计的不二选择。但修道院的图书馆则完全是另一番景象，甚至比剧院更具生机和活力。在位于萨克森的瓦尔查森[Waldsassen]大修道院图书馆、瑞士的圣加尔修道院图书馆以及奥地利的阿德蒙特[Admont]大修道院图书馆[图215]里，可人的丘比特雕像支撑起内部护栏，天顶上绘制了天国景象的壁画，还有无尽的波浪形镶板和木制品，这一切对于人们视觉上的吸引甚至远远超过思想上的关注。

217 在奥地利和德国南部这些依然归属于狂热天主教的地区，人们修建或者重建了数不胜数的大型修道院。卢卡斯·冯·希尔德布兰特所设计的维希大修道院（1719年）代表了一种理想化的、从未被涉及但也并非夸张之作的建筑理念。

对于中欧的巴洛克建筑来说，教堂是其最为耀眼的明星，仅就

218 1714年，约翰·米夏埃尔·普鲁纳开始在奥地利建造施塔德尔-保拉教堂，为了体现圣三位一体，他采用了三立面、三塔楼（其中一座耸立在最显眼的位置）以及三凹殿的设计。

规模而言已无与伦比。它所创造出的灿烂只有中世纪晚期可以同日而语，此后再未被超越。作为众多同时期教堂的代表，雅各布·普兰道尔［Jakob Prandtauer］所设计的奥地利梅尔克［Melk］大修道院（1702年）［图216］以及希尔德布兰特与他人合建的戈特维希［Göttweig］大修道院［图217］（1719年），其规模都如同一座小型城镇，以至于如今很难加以利用。当时的教士与建筑师似乎都在追求新颖且令人难忘的效果，从而创造出无尽精妙且复杂的空间，仿佛每个设计都是一项挑战，都要创造出前所未有的样式。

有时特殊的要求还会催生出与众不同的设计方案，如用三角形来象征三位一体，可见于格奥尔格·丁岑霍费尔［Georg Dientzenhofer］在德国瓦尔查森所建的卡普尔［Kappel］礼拜堂（1685年），抑或约翰·米夏埃尔·普鲁纳［Johann Michael Prunner］在奥地利建造的施塔德尔-保拉［Stadl-Paura］教堂（1714年）［图218］。在瑞士，汉斯·格奥尔格·屈恩［Hans Georg Kuen］和卡斯帕·莫斯布尔格［Caspar Moosbrugger］在设计艾因西德伦［Einsiedeln］修道院（1703年）时被迫改变已有的神龛来配合右侧内部的入口，教堂中殿的第一个隔间也被改造为圆形空间。1743年，诺伊曼开始修建十四圣徒朝圣［Vierzehnheiligen］教堂［图188］，为了将朝圣祭坛安置在最中心位置，他将教堂中央设计为椭圆结构，并在两端各延伸出一个椭圆，中间则用较小的圆形进行了填充。还有内雷斯海姆［Neresheim］教堂（1747年），这里的椭圆空间被柱列隔出的侧廊所环绕（在一个规整的建筑主体内）。尽管多数情况下，侧廊都不比过道宽出多少，但却能在建筑内部起到分隔空间的作用，也不会对建筑外型产生任何影响。此外，多米尼库斯·齐默尔曼［Dominikus Zimmermann］所设计的两座教堂（建于1728年的施泰因豪森［Steinhausen］教堂以及修建于1746年的维斯［Die Wies］朝圣教堂［图219］），则将椭圆结构运用到了建筑外形上，仍被围绕在由单个或成对圆柱所组成的侧廊中，构造出复杂的内部空间。

然而，人们对于平面上的这种改变仅仅是个开始。除此之外还会涉及教堂的立面视图、灰泥粉饰的细节、色彩的平衡、具象的雕塑以及变换多样的窗户形状。溯其源头，大多都始于博罗米尼和瓜里尼，但整体效果却各具千秋。最重要的是，这场令人目不暇接的建筑运动将圆柱、柱头、拱门、拱顶以及窗户等部分都毫不违和地结合了起来。在一些偏僻的地方，古典建筑语言一直占据统治地位，如今这种毫无约束的摇摆与跳动如同神圣精神般令人陶醉。

到了科斯马斯·达米安·阿萨姆［Cosmas Damian Asam］与埃吉德·奎林·阿萨姆［Egid Quirin Asam］兄弟，戏剧性效果变

219　维斯（“草地”）朝圣教堂由多米尼库斯·齐默尔曼和约翰·巴斯蒂斯特·齐默尔曼共同设计建造（1746年），成对的圆柱支撑起椭圆形中殿，通向狭长的高坛。彩色的人造大理石、粉饰灰泥、镀金饰品和光线共同体现了其象征性内涵以及使人情绪高涨的潜在力量。

220、221 阿萨姆兄弟都是杰出的建筑师，但同时科斯马斯·达米安还是个画家，而埃吉德·奎林则是个雕塑家。他们在威尔腾堡大修道院（上图，1718年）绘制了展现圣乔治大步向前并在闪耀的光芒中打败巨龙的画面。圣约翰内波穆克小教堂（右图，1733年）建在兄弟二人位于慕尼黑的住所旁，祭坛上盘旋着圣三位一体的图像。

222 在波西米亚，约翰·圣蒂尼不仅建造了巴洛克教堂和精美绝伦的各式宫殿，同时还有他为恢复中世纪教堂而设计出的一种“哥特式巴洛克风格”，并将这一风格运用到了克拉德鲁比大修道院，成为这座西多会修道院拱顶的组成部分。

得更加保守并成为宗教剧院的固定形式。位于德国的罗尔［Rohr］大修道院和威尔腾堡［Weltenburg］大修道院［图 220］是他们所建的两座主要教堂，其中祭坛都采用了描绘圣母、圣乔治与龙的题材作为背景画面。在慕尼黑，他们出资建造了私人的圣约翰内波穆克［St John Nepomuk］小教堂（1733 年）［图 221］，祭坛上方奇迹般升起的三位一体像被隐秘的彩色光线点亮，并与躁动的建筑元素结合在一起。

对于波西米亚人来说，约翰·圣蒂尼［Johann Santini］（又名圣蒂尼–埃歇尔［Santini-Aichel］）是他们的巴洛克天才。他不仅将巴洛克风格推至顶峰，同时展现出这一风格与哥特式之间紧密的内在联系。因此，修复大型哥特式教堂便成为他的主要工作之一，塞德莱茨［Sedlec］的人骨教堂以及克拉德鲁比［Kladruby］的大修道院都是他所修复的代表作。但他并未局限于历史性的仿造，反而创造性地将他对于哥特式拱顶的设想运用到了灰泥装饰上［图 222］。在自行设计教堂时，他使用了巴洛克平面设计中的所有样式，并将它们与哥特式元素完美地融合起来，正如赖赫拉德［Rajhrad］修道院（1722 年）中展示的由相互贯通的椭圆、八角形以及长方形所组成的统一整体。而他最著名的作品是位于萨扎瓦［Žďár］附近的小朝圣礼拜堂（1719 年），这座集中式小礼拜堂象

征着臬玻穆的若望［St John Nepomuk］的星形光环［图 223、图 224］，博罗米尼所建圣依华堂［图 220］除星形拱顶外与其并无更多相似之处。

在中欧，国界从未对艺术间交流产生过多干扰，无论建筑风格还是建筑家本身都在这个大范围内互通有无。丁岑霍费尔家族的诸多建筑师成员都同时活跃于德国、奥地利、波西米亚以及波兰，尤其是他们中的格奥尔格、约翰以及克里斯托夫［Christoph］和他的儿子基利安·伊格纳茨［Kilian Ignaz］。他们偏爱混合出现或位于拱顶交叉处的横向椭圆平面，如布拉格附近的布雷诺夫［Břevnov］修道院（1708 年），巴伐利亚班茨［Banz］大修道院（1710 年）［图 225］。

223、224　位于萨扎瓦附近的圣约翰内波穆克教堂（1719年）是圣蒂尼所有作品中最具原创性的一件，其外部具有十边形的围墙、小礼拜堂，以及为朝圣者所建的保护性拱廊。教堂平面呈五角星形，从内到外都象征着圣人的殉道，这种迷人的形状在反宗教改革期间颇受推崇。

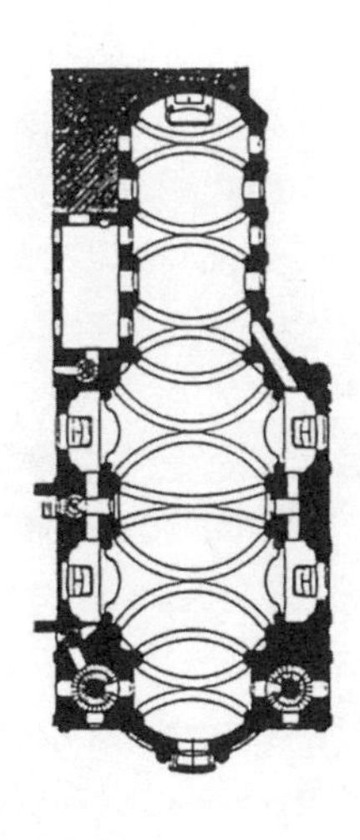

225　约翰·丁岑霍费尔出身于建筑世家，并活跃于整个中欧地区。他在德国班茨所建的教堂（1710年）以三个交叉椭圆决定了墙面高度以及拱顶结构。

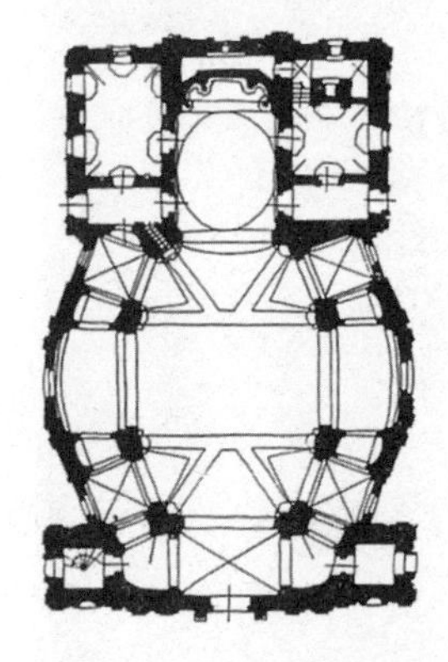

226 18世纪的波兰曾是欧洲天主教不可分割的组成部分，德国和意大利的建筑师们都曾在这里得到赞助。保罗·安东尼奥·丰塔纳在卢巴尔图夫所建的圣安妮大教堂（1738年），其精巧的平面结构不亚于任何西欧的教堂。照片中所展现的是教堂的东北角，左边是“十字形耳堂”，右边是圆顶的高坛。

意大利和中欧地区对于波兰的影响始于17世纪中叶。从劳伦丘斯·莫雷托·德·森特［Laurentius Murettode Sent］所建的克利蒙图夫教堂［Klimontów］（1643年）到莫斯琴斯基伯爵［Count Moszynski］的奥古斯图斯［Augustus］的塔尔诺波尔［Tarnopól］教堂（1770年），巴洛克的椭圆形特征都以不同形式被反复呈现。保罗·安东尼奥·丰塔纳［Paolo Antonio Fontana］在卢巴尔图夫［Lubartów］建造圣安妮［St Anne］教堂（1738年）时还创造性地把椭圆与希腊十字相组合，对角的礼拜堂位于臂段中［图226］。

随着巴洛克风格不断向东传播，在更远的俄国，巴洛克与当地的拜占庭风格相互融合，创造出独具特色的本土化风格。1700年，彼得大帝［Peter the Great］开始兴建圣彼得堡，但直到他的女儿伊丽莎白女王［Empress Elizabeth］统治时期，这座城市才真正成为欧洲建筑领域的佼佼者。巴尔托洛梅奥·拉斯特雷利［Bartolommeo Rastrelli］从小在俄国长大，他为伊丽莎白女王建造了位于沙皇村［Tsarskoe Selo］的郊外宫殿（1749年）以及城内的冬宫（1754年）［图227］，这是两座奢华的洛可可风格建筑，拥有彩色外观和丰富的金色叶饰。斯莫尔尼修道院［Smolny Convent］

227 圣彼得堡冬宫（1754年）的雄伟立面。拉斯特雷利为其设计了一系列的凹凸变化，并使用圆柱和洛可可风格的装饰进行衔接，营造出栩栩如生的雕塑感，避免了千篇一律的宫殿外观。远处是海军部大厦（图257）。

228 拉斯特雷利在圣彼得堡所建的斯莫尔尼修道院（1748年）虽然选择了巴洛克风格，但却采用了拜占庭和东正教的配置。其中独立的教堂建筑周围环绕着整排的修道院建筑，并以希腊十字的平面结构与教堂形成鲜明对比。

（1748 年）可谓拉斯特雷利最具创造力的作品，这座穹隆顶建筑仿佛从周围对称围绕的低矮侧厅中拔地而起，同时展现出意大利天主教堂与俄国东正教堂 [Orthodox] 的双重特征 [图 228]。他的学生 S.I. 切瓦金斯基 [S. I. Chevakinski] 建造了同样引人瞩目的圣尼古拉 [St Nicholas] 教堂（1753 年），这座混合风格的教堂具有蓝、白、金三种颜色，并且包含了五座圆顶塔楼。

229 墨西哥奥科特兰的至圣所（约1745年）类似西班牙的丘里格拉式，如果条件允许甚至还会更显令人不安的极端效果，其门上的玫瑰花窗看上去就像快要爆炸一样。

西班牙、葡萄牙和拉美：异域盛况

对于非西班牙人而言，评价西班牙的巴洛克艺术往往都会使用“狂热”“扭曲”，甚至“神经质”等词语。大多数西班牙的宗教艺术也确实展现出对于痛苦的表达，但建筑领域存在相同的特质吗？这里的巴洛克无法减轻痛苦、表现愉悦，甚至不具有中欧巴洛克的连贯性，同时又令人不安、尖锐甚至不连贯，但这些不同并不影响它们与哥特式之间所具有的内在联系。丘里格拉式［Churrigueresque］作为最具代表性的西班牙巴洛克建筑样式，结合了文艺复兴风格并与复杂叶饰风格区别开来（实际也是一种有意识的局部复兴）。

17世纪初，建筑的严肃性已逐渐减弱；位于阿尔卡拉［Alcalá］塞巴斯蒂安广场［Sebastián de la Plaza］上的贝尔纳达斯教堂［Bernardas Church］（1617年）被设计出椭圆形的中殿和礼拜堂。教堂正立面更加华丽（亦如此前的哥特式正立面），在两座朴素的塔楼之间往往形成一个被称作祭坛装饰屏风正立面［retablos façade］的奢华装饰中心，这一形式传播到西属美洲后，在那里发展到了一个顶峰，例如墨西哥的奥科特兰［Ocotlán］（18 世纪中叶）［图 229］。西班牙境内最具代表性的巴洛克教堂正立面首推 1738 年由费尔南多 · 德 · 卡萨斯 · 纳沃亚［Fernando de Casasy Navoal］为圣地亚哥 · 德 · 孔波斯特拉总教区的老罗马式主教堂所设计的雄伟立面［图 230］。

在这里，相同的意大利样式尽管发展缓慢但也开始逐渐壮大，其中以博罗米尼和瓜里尼最具影响力（后者曾为里斯本建造过一座教堂，但他好像从未到过那里）。乔万尼 · 巴蒂斯塔 · 康蒂尼［Giovanni Battista Contini］和卡洛 · 丰塔纳［Carlo Fontana］都是贝尔尼尼的学生，他们长期工作于西班牙，但最具西班牙特色的巴洛克风格则大多出自莱奥纳多 · 德 · 菲格罗亚［Leonardo de Figueroa］、弗朗西斯科 · 乌尔塔多［Francisco Hurtado］以及丘里格拉［Churriguera］家族之手，并以他们的名字而命名。

西班牙的巴洛克教堂大都有宽敞的内部空间，常常展现出戏剧性的视觉效果，例如卡马林［camarín］便是一个穿过中殿并从高祭坛背后被抬起的隔间，通常连接着两列台阶，用来举行圣礼和安

230　1738年，费尔南多 · 德 · 卡萨斯 · 纳沃亚为圣地亚哥 · 德 · 孔波斯特拉总教区的老罗马式主教堂（图36）建造了华丽的巴洛克立面。两座塔楼本身仍为罗马式，但却因上层的过度装饰而难以辨认。

放遗迹或特殊圣像，另外纳西索·托梅［Narciso Tomé］为托雷多［Toledo］主教堂设计的“透明祭坛”［Transparente］，也呈现出在哥特式教堂拱顶上嵌入窗户的戏剧性效果。总的来说，这里的风格多样性不及中欧地区，但由石材和灰泥装饰所创造出的影响力不容小觑，它们带有明显的西班牙色彩且易于识别。

在所有这一风格的倡导者中，活跃于1690—1750年间的丘里格拉三兄弟：何塞·贝尼托［José Benito］、华金［Joaquín］以及阿尔韦托［Alberto］最为著名。他们的作品包括有不同于文艺复兴时期棋盘式布局传统的新巴斯坦城［Nuevo Bastán］（1709—1713年），位于萨拉曼卡的马约尔广场［Plaza Mayor］（1729年之前）和圣塞巴斯蒂安［S. Sebastián］主教堂（1731年），巴利亚多利德主教堂［Valladolid Cathedral］的正立面（1729年）以及一些位于奥尔加斯［Orgaz］和鲁埃达［Rueda］的小教堂。但讽刺的是，这些建筑却并未被当作是丘里格拉式的。这一称法如今被用于他们竞争对手所建造的那些更为极端的建筑作品，如佩德罗·德·里韦拉［Pedrode Ribera］所设计的圣费尔南多救济院大门［Hospicio de S. Fernando］（1722年）已成为马德里的代表性建筑，盘绕的曲线、壁龛、石质装饰及藤蔓纹饰［estípites］——立柱柱身如同胸像柱一样向下收紧，其轮廓因装饰物而变得模糊——几乎遮蔽了下方的门道。

231 最能体现丘里格拉式的建筑就是位于格拉纳达的加尔都西会修道院内的圣器室。尽管存在某种内在冲击力，但它绝不是一种毫无规则的风格样式。复杂程度的变化也经过了精心的计算，使之看似恰好采用了完全平滑的表面。最与之接近的就是弗兰芒的手法主义。

232 在巴洛克的“透视配景图”中，雄伟的楼梯为某些葡萄牙山顶圣殿营造出了戏剧性的效果，诸如位于布拉加的山上仁慈耶稣朝圣所（上图，1723年）。

233 右上图：西班牙普列戈德科尔多瓦的小镇教堂所展现出的丘里格拉式风格。其中最典型的是由书法笔迹般的深凹槽所隔开的多层装饰线条，以及暗示了电击的锯齿状纹样。

然而最能体现该风格的建筑物则是位于格拉纳达的加尔都西会修道院[Charterhouse]内的圣器室（18世纪中叶，建造者不详）[图231]。从建筑角度来看，这就是一间带有拱门和高窗的普通房间，柱头稍显古典样式，但柱基完全被白色灰泥包裹，仿佛在激起人们的关注。曲折的线条清晰可见，螺旋状起拱看上去如同被压平了一般，神秘的模型被一块块散开进行保存，空地上安置的飞檐向上翘起——所有这一切都传达出一种被加强的忙乱感，同时也都遵照着对称与重复的铁律。这种魅力十足同时又颇具挑战的建筑风格在安达卢西亚地区甚是流行，并建造出大量连导游书中都很少提及的乡村教堂。仅普列戈·德·科尔多瓦[Priego de Córdoba]小镇上就有六座，堪称体现了极度精确性的微型杰作[图233]。

当西班牙的巴洛克风格影响到阿兹特克人，便诞生了建筑史上不可思议的组合之一。此前用于形容西班牙丘里格拉式建筑的大多词语都被更激烈地使用于蒙特祖马[Montezuma]统治下充斥着野蛮恐怖暴力（至少西方人这么认为）的墨西哥。西班牙的建筑师绝不会认为墨西哥的建筑与自己国家的那些有丝毫相似之处。但是难道没有一位皈依者会在他们新环境中——通常是出自当地工匠之手——感到些许自在舒适吗？

西属美洲的建筑不久后便背离了它们的欧洲模式。我们很难想象在西班牙出现诸如墨西哥萨卡特卡斯主教堂［Zacatecas Cathedral］所展现出的正立面样式（1752年完工）。入口位于三层正立面的最底层，两侧是三个一组的立柱，入口上方开有一扇玫瑰花窗，最上端是一面坚固的三角楣墙，并与阁楼合二为一，壁龛中安置了一排人像雕塑。外墙上，不仅装饰元素甚至平整的墙面上都密布着压制出的枝叶形纹饰。由洛伦索·罗德里格斯［Lorenzo Rodriguez］所建造的墨西哥城主教堂［Sagrario Metropolitano］也同样如此，尽管这一时期的样式多为枝状大烛台和枝蔓形，铸造模型的出现使它们得以不断复制和增多，并被贴切地称作“极致巴洛克”［ultra baroque］。

南美洲的建筑并未受到欧洲权威的过多干涉，故而呈现出诸多本土化的改变，尤以正立面最为明显，无论教堂还是世俗建筑的塔楼和穹顶都令来自欧洲的游客们感到匪夷所思。例如位于阿根廷科尔多瓦［Córdoba］的大型主教堂（梅尔古埃特［Merguete］和布朗基［Blanqui］始建于1687年）看上去如同一座巨大的石山，其穹顶则仿佛要压碎一切似的。

相较于西班牙巴洛克，葡萄牙的巴洛克风格则别有一番精彩，并对作为其殖民地的巴西产生了影响。椭圆与八角形平面不仅在葡萄牙国内屡见不鲜（如1732年由尼科洛·纳索尼［Niccoló Nasoni］在波尔图建造的教士教堂［Clerigos Church］，以及1701年若昂·安图内斯［João Antuñes］在巴塞罗斯［Barcelos］建造的仁慈耶稣教堂［Bom Jesus］），在巴西更是影响广泛（如1784年若泽·阿劳若［José Araujo］在欧鲁普雷图［Ouro Preto］设计建造的罗萨诺礼拜堂［Rosano Chapel］）。

反宗教改革的一个新特征就是圣山［sacromonte］，用表现耶稣受难场景［Christ's Passion］的雕塑所装饰的逐级向上的斜坡。尽管最为逼真的绘画作品出自意大利，但最生动的建筑效果却诞生于葡萄牙的布拉加［Braga］和拉梅古［Lamego］，在这里直达山顶圣殿的台阶都具有塞西尔·B.德·米勒［Cecil B. de Mille］电影中的规模［图232］。

为了挑战西班牙那座文艺复兴风格的埃斯科里亚尔修道院，葡萄牙人建造了规模宏大的马夫拉宫［Monastery-Palace of Mafra］

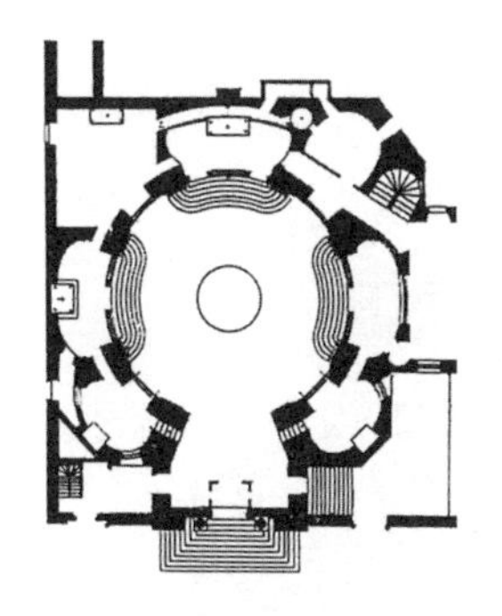

（由 J. F. 卢多维塞［J. F. Ludovice］始建于 1717 年），这是一座具有葡萄牙巴洛克特色的宫殿修道院，因此并未完全采用巴洛克的建筑特质，也和它的效仿对象不完全一样。礼拜堂被移到了前方，两座塔楼的立面也与建筑主体气派的中心立面合二为一，雄伟的穹顶从后方高耸出来。而由典型葡萄牙蓝白瓷砖所装饰的奎露兹皇宫［Palace of Queluz］（由卢多维塞的学生始建于 1747 年）则更偏洛可可，也更随意一些。

234　巴黎的圣母往见教堂是弗朗索瓦·芒萨尔早期的一件作品（上方平面图，1623年）。下方照片所示：教堂中殿的穹顶及椭圆形礼拜堂之一。

235　右下图：芒萨尔稍晚期作品，位于巴黎的圣宠谷教堂（1645年）。但芒萨尔在建造了一半时被解聘，剩余的上层部分由勒梅西埃和勒·米埃完成。

法国：一个特例

定义法国的巴洛克风格已成为众所周知的难题，人们也对它的存在提出了深深的质疑。尽管法国建筑中也会运用诸如穹顶、弧形墙以及整体柱列来营造戏剧效果，但却总是存在某种相互矛盾的元素，从而降低了对于巴洛克风格的忠实程度。诸如我们在巴黎所看到的，尽管有时建筑外墙会采用曲线效果，但传统城中豪宅所具有的正门连同庭院临街，但主体建筑（主要的居室）靠内的布局形式并未改变。经历文艺复兴依然保留下来的法式陡坡屋顶也只是偶尔被平顶加护栏的模式所取代。柱式上依旧保持等级差别和各自的形

236 路易·勒沃所建的四国学院，即今天的法兰西学院（1662年），是所有巴黎巴洛克式建筑中最具罗马特色的一座，建有中央圆顶礼拜堂和凹面的侧廊。

237 尼古拉·富凯的子爵城堡（1657年）因过于奢华，致使国王都嫉妒三分。这座城堡将意大利和法国的建筑元素进行了结合，建造了位于正中的双层椭圆形客厅和高板岩屋顶，以此创作出独有的影响力。

式特征：圣热尔维教堂 [St Gervais]（1616 年）与圣保禄–圣路易教堂 [St Paul–St Louis]（1627 年）的正立面都空有巴洛克的外形而无实质。

1624 年，雅克·勒梅西埃 [Jacques Lemercier] 接替莱斯科 [Lescot] 继续为罗浮宫修建方形中庭 [Cour Carrée]，从而恰当地体现出他对法国建筑的态度。勒梅西埃不仅建造了一座与莱斯科所建侧廊一模一样的对应侧廊，还在中间修建了一座名为钟表阁 [Pavilion de l' Horloge] 的高阁，顶层采用以大套小的双山形墙设计。随后这一设计还被勒沃运用到其他三面的侧廊上（最高一层在拿破仑时期被改造)。勒梅西埃曾在罗马学习并拥有完全独立的自主权，因此他的建筑更显巴洛克一些。他在设计索邦学院小教堂[Church of the Sorbonne](1635年)的立面和圆顶时，将浓厚的意大利风格运用得浑然天成。

在法国，最纯正的巴洛克建筑也许就是弗朗索瓦·芒萨尔[François Mansart]在巴黎所建造的圣母往见[Ste Marie-de-la-Visitation]教堂(1632年)[图234]，它有着雄伟的穹顶(法国首例)和富有动感的曲线，并在圆形中殿与椭圆形礼拜堂间构造出交叉空间。另一座由他设计的圣宠谷[Val-de-Grâce]教堂(始建于1645年，后由勒梅西埃接手)[图235]也同样流露出意大利风格的痕迹。其正立面上还出现了耶稣教堂[图191]的卷涡纹饰，有许多这样的卷涡纹饰如同真正的扶垛一样沿着中殿顺势而下。其穹顶(主要由皮埃尔·勒·米埃[Pierre Le Muet]负责建造)也是极少数可以与圣彼得大教堂[图165]相媲美的穹顶之一。然而相比于芒萨尔为波旁王朝[Bourbon]所设计的位于圣德尼修道院的皇室陵墓(1665年)，它们便都稍逊风骚。芒萨尔的世俗建筑大多并不浮夸并且充满了紧拉的细节。他在设计布卢瓦宫的奥尔良[Orléans]侧厅(1635年)以及迈松城堡[Château of Maisons](1642年)时，古典元素信手拈来却并不随意，将其追求完美的自我要求展现得淋漓尽致。

说到路易·勒沃[Louis Le Vau]，人们总是将他的名字与罗浮宫连在一起，论天赋他并不及芒萨尔，但却善于交际(同时还喜欢表现)，因而获得了更大的成功。他为罗浮宫对面所建的四国学院[Collégedes Quatre Nations](1662年)[图236]设计了带有雄伟穹顶的椭圆形礼拜堂，并在其两侧增加了拱形侧翼，他的这一设计并不会让贝尔尼尼感到不满。(三年后，贝尔尼尼来到巴黎，勒沃并没有与他友好相处，并且成为与之敌视的势力之一)

1657年，勒沃接受委托为路易十四的首辅大臣富凯[Fouquet]建造他的子爵城堡[Château of Vaux-le-Vicomte]，这件作品随后成为勒沃事业腾飞的重要起点[图237]。这是一座华丽的巴洛克式法国城堡，椭圆形高穹顶的大客厅建于弧形花园的前方，两侧还有雄伟的爱奥尼亚式壁柱所构建的侧翼。富凯下台后，路易十四(自称太阳王[Sun-King])开始雇用勒沃及同时参与建造城堡的画家夏尔·勒布兰[Charles Le Brun]和园林设计师安德烈·勒诺特

雷 [André Le Nôtre]，并委任他们建造了凡尔赛宫，随后这座宫殿影响了所有欧洲王室近一个多世纪的时间。

凡尔赛宫一直保留至今，但勒沃的设计则因后世扩建而被局部进行了改造 [图 238]。花园前方是由两侧突出的侧翼所围成的下沉式中心，如今已被镜厅 [Galerie des Glaces] 所取代，而侧翼并无改变。从外部整体来看，这里与子爵城堡并无太大差别，但平屋顶加护栏的设计还是让它充满了古典主义色彩。其内部一间名为大使楼梯 [Escalier des Ambassadeurs] 的房间，曾是这里最为壮观的一景，如今已被拆毁。然而勒沃的设计不仅使凡尔赛宫成为一座富丽堂皇又规模宏大的建筑，同时也为后世的扩建指明了方向，预示了巴洛克风格终将朝古典主义转变的发展趋势。1678 年，芒萨尔的侄孙朱勒・阿杜安–芒萨尔 [Jules Hardouin-Mansart] 接手这里的建造工作，但他的设计却未能摆脱乏味和单调。

无论怎样，阿杜安–芒萨尔还是为巴黎建造了最后一座巴洛克纪念碑式的建筑——荣军院的圣路易教堂 [Church of the Invalides]（1680 年）[图 239]。这里使用了他在别处并不认同的一种花架子——一个别具特色的雄壮穹顶，足以与圣宠谷相媲美，其内部尝试使用了以独立列柱通向斜对角开口的设计。19 世纪挖掘拿破仑陵墓的工作破坏了其原本的内部样貌。1669 年时，利贝拉尔・布吕昂 [Libéral Bruant] 设计建造了萨尔佩替耶病院 [hospital of the Salpêtrière] 的小礼拜堂，虽然规模不大但却同样具有几何学上的独创意义。出于一些现实原因，它需要被分为互不相连的八个组成部分，为此布吕昂的解决方案从根本上来说仍是一种巴洛克的表现手段，他在拐角处采用了正方形空间搭配希腊十字的设计，并共同朝向了八边形的中心。

238 勒沃在凡尔赛宫（1669年）前方的花园末端建造了突出的楼亭和一个下沉式的中心（1678年，朱勒・阿杜安–芒萨尔在此处建造了镜厅），中间还有11个隔间都严格对照了早前的立面图。此外，他还建造了位于两侧的长侧廊。

239　朱勒·阿杜安-芒萨尔在巴黎所建的荣军院圣路易教堂（1680年）非常接近罗马的巴洛克风格，貌似借鉴了其叔祖父弗朗索瓦·芒萨尔的设计构想，其穹顶也明显是对圣彼得大教堂穹顶的改造（图165）。

进一步展现古典主义的标志是建成于1667—1670年间的罗浮宫东面柱廊［图240］，并在18世纪一直占据着主导地位。它由一位绅士建筑师克劳德·佩罗［Claude Perrault］设计，但很可能是佩罗与勒沃联袂完成的，可谓精妙绝伦。雄伟的科林斯长柱列增加了它的庄严感，与此同时，高耸的屋顶还省去了直护栏的构造。尽管缺少了贝尔尼尼运用凹凸所创造的激情，但（巴洛克风格中的）戏剧性的运动感依然在柱列中有所体现，其后的深凹槽也仅仅是通

240　罗浮宫的东立面曾由贝尔尼尼专程从意大利赶来进行设计（图197），但最终却在1667年采用了克劳德·佩罗或由他所负责的委员会的设计方案。该设计具有明显的巴洛克特征，比如虽然使用了对柱，但其整体却呈现出古典效果，指明了未来的风格走向。

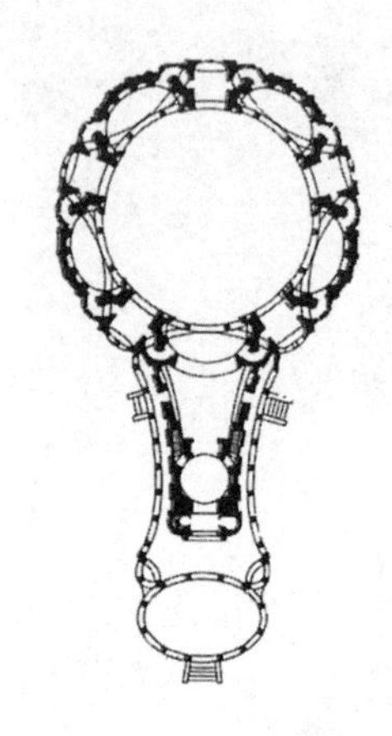

过壁龛与墙面连为一体（后被改造成了窗户）。中间区域以及最后的楼阁则是其中最具古典气质同时也是被后世仿造最多的部分。

在巴黎之外，巴洛克风格直到18世纪都依然备受欢迎。1680—1690年间，在香巴尼地区的阿斯费尔德建成了圣迪迪耶［St Didier］教堂，这是一座非同寻常又独一无二的建筑［图241］。它的形状看上去如同一面带有手柄的镜子，入口的通道就像“手柄”，一直通向教堂内部看似圆形实为五边形的宽敞中心。从外观来看，五座礼拜堂对应着五条凹曲线而建。然而到底是谁设计的呢？人们猜测这是瓜里尼的作品，因为1662年时他的确正在巴黎建造另一座如今已遭毁坏的圣安妮皇家［Ste-Anne-la-Royale］教堂。

那一时期，法国的偏僻地区涌现出大量被称作是巴洛克风格的建筑元素，依旧备受赞赏，窗户四周如同书籍扉页般布满了用作装饰的美人鱼和胖天使，粗琢的大门由持棍棒的巨人看守，外墙立面上充满了巨大的花环石雕，甚至多得有些过分，公共建筑上还增加了图案怪异的石质纹章，看上去好像阿维尼翁造币局［Hôtel des Monnaies in Avignon］正立面上6英尺（约2米）大小的狮鹫图像。然而它不仅在建筑造型上独具一格，对于空间的处理也如意大利或者中欧地区一般大胆。在法国南部靠近意大利的地方，椭圆形教堂深得人们的喜爱，诸如位于马赛老贫济院［Vieille Charité at Marseilles］中部的礼拜堂（皮埃尔·皮热［Pierre Puget］修建于1679年）、位于尼斯的圣庞斯［St Ponsat Nice］教堂（1705年）以及阿维尼翁的奥拉托利会［Oratoire］小堂（1730年）。尽管里昂已成为冉冉上升中的古典主义风格重镇，但费迪南多·德拉蒙斯［Ferdinand Delamonce］在此建造的圣布鲁诺［St Bruno］教堂（1735

241 位于法国阿斯费尔德的圣迪迪耶教堂是件神秘之作。右侧奇怪的圆形大厅是唱诗班所在，而左边则是更为狭窄的圆顶中殿。更加与众不同的则是，它是一座砖结构的教堂建筑。

年）还是采用了纯正的巴洛克十字以及开放式拱墙和十字型翼部。

尽管洛可可在德国得到明确定义，但却最终诞生于18世纪20年代的法国。法国保留了对于世俗建筑最为典型的室内装饰样式，这在很多时候都制约着洛可可的发展，使之无法成为一种完全独立的建筑风格。法国人对于古典主义的坚持也未被动摇，并在18世纪的浪潮中愈加得到巩固。因此在与古典主义的对立中，洛可可开始变得缓和，反而更加凸显出二者之间的差别，洛可可独特的语言和神秘的格调虽然并未改变朴素之风的盛行，但也使之变得柔和。例如安热–雅克·加布里埃尔［Ange-Jacques Gabriel］在为凡尔赛宫设计法国西馆［Pavilion Français］（1749年）的古典正立面时，也在门窗上加入了些许的洛可可装饰纹样。

然而法国洛可可的代表作则出现在洛林大区［Lorraine］，这是为了安抚路易十五［Louis XV］的岳父斯坦尼斯拉斯·莱什琴斯基［Stanislas Leszczynski］丧失波兰王位的悲痛而建造的一座小型附属国。从1735年起到他去世的1766年间，他和他的御用建筑师埃马纽埃尔·埃瑞［Emmanuel Héré］将首都南锡［Nancy］打造成了一座精致的建筑之城。他在城市中心建造了三座具有纪念碑性质的广场建筑。皇家广场［Place Royale］（如今的斯坦尼斯拉斯广场［Place Stanislas］）的四角都有最为精致的洛可可式铸铁大门，穿过一座凯旋门通向另一座绿树成荫的卡利耶尔广场［Placedela Carrière］，这座历史悠久的倾斜式广场同时也连接着半圆广场［Hémicycle］，封闭的弯曲柱廊沿左右两侧通向尽头。周围环绕着雄伟壮丽的皇室宫殿和市政建筑。吕内维尔［Lunéville］是斯坦尼斯拉斯所建造的第二座城市，埃瑞为他在那里建造的圣雅克大修道院［Abbaye de St Jacques］可谓法国屈指可数的几座纯正洛可可式教堂中的一座，两座华丽的圆形塔楼顶以圣徒雕像作为装饰，此外还有一个以围绕在巨型大钟周围的动感雕像为主的装饰中心。

随后，这种被称作“路易十五”风格的建筑装饰样式引领了法式洛可可之风的到来，并对建筑内部以及家具样式产生了影响。这一主题并未在此得到长久发展，但是当你参观过凡尔赛宫的国事大厅（雅克·维尔贝克［Jacques Verberckt］建于1737年）或是见识过巴黎的苏比兹府邸［Hôtel de Soubise］（热尔曼·波夫朗［Germain Boffrand］建于1736年）的话，便会明白这一风格为何能够征服整个欧洲。

佛兰德斯和尼德兰

17 世纪初，宗教的对立对于建筑风格的影响在天主教的佛兰德斯与新教的尼德兰之间体现得尤为激烈。总的来说，教堂建筑在天主教国家所享有的主导地位到了新教国家便已不复存在。（但这已并不太符合英国的情况，伦敦在遭遇了大火之后便开始大量重建教堂建筑，而在伦敦之外则不多，此外还为美洲一些原本没有教堂的地方增添了新的教堂）

在佛兰德斯，耶稣会教堂［图 191］的造型与立面都广受欢迎，偶尔也会有建筑师想要尝试一些更高难度的空间处理手法。位于根特［Ghent］的圣彼得［St Peter's］大修道院（佚名建筑师始建于 1629 年）不仅体现了耶稣会的元素，而且还将穹顶向前挪至中殿西面侧间之上，以实现与建筑立面并列呈现。在阿尔卑斯山以北地区，比利时的斯赫尔彭赫纲尔圣母［Scherpenheuvel］教堂最早采用了穹顶设计方案（温塞斯拉斯·科伯格尔［Wenceslas Cobergher］始建于 1609 年），这是一座极不常规的七边形教堂，象征着圣母玛利亚的七喜与七悲。从视觉空间角度来看有两座有趣的教堂分别是布鲁塞尔的拯救圣母教堂［Notre Dame-du-Bon-Secours］（扬·库尔特里恩特［Jan Courtvriendt］始建于 1663 年）［图 242］和梅赫伦的汉斯维克圣母教堂［Our Lady of Hanswijk］（卢卡斯·法伊德赫比［Lucas Faydherbe］始建于 1663 年）。前者是一座中殿、圣坛和礼拜堂错综复杂的六边形建筑，后者则将教堂中心扩展成为高穹顶下由十个柱墩所构成的圆形空间，从而连接了中央与纵向平面。

242　扬·库尔特里恩特在布鲁塞尔所建的拯救圣母教堂（1664 年）采用了六角形的中殿圆顶，各个礼拜堂和唱诗班席都朝它而建。

然而在佛兰德斯，巴洛克的影响更多体现在装饰的多样性与材料的丰富性上。其表现是建筑和雕塑的结合，二者相互促进但同时每个元素都不安分地显示自己的重要性。位于勒芬的圣米迦勒［St Michael］教堂建于 1650 年，其立面通过外观体现出这一点；而普雷蒙特雷修会的阿佛伯德大修道院［Premonstratensian Abbey of Averbode］（让·范·德·艾恩德斯［Jean van der Eyndes］始建于 1664 年）则与之相对地通过内部来呈现。就其本质而言，这种风格在较小空间内展现得最为强烈。安特卫普的圣嘉禄鲍禄茂教堂［Church of St Charles Borromeo］的圣母礼拜堂［Lady Chapel］（由耶稣会建筑师彼得·海森斯［Pieter Huyssens］始建于 1615 年）便是一间带有方格筒形拱的普通规模的房间［图 243］。室内使用

243　巴洛克空间并非单纯的建筑问题，同时还包括了复杂的结构、各式各样的材料以及丰富的绘画和雕塑，这些共同决定并提升了整体的基调。正如彼得·海森斯在安特卫普所建圣嘉禄鲍禄茂教堂的圣母礼拜堂（1615年）所示，它同时还展现出弗兰芒的手法主义风格。

244 在新教的尼德兰，为拿索的莫里斯王子而建的海牙莫瑞泰斯皇家美术馆（1633年，疑似雅各布·范·坎彭的作品）是一座高瞻远瞩性的宫殿建筑，尽显尊贵和节制。

245 在天主教的佛兰德斯，布鲁塞尔大广场周围排列着行会建筑和富裕中产阶级的市民宅邸，它们大都在1695年战争后新建，采用了一种几乎已经过时的风格。

了苍白色大理石，飞檐和画框用黑色勾勒轮廓。画作之间还镶嵌了红、黄两色的大理石。真人等大的圣徒和圣人雕像精致无比，并被巧妙安置在靠墙的雕像支架上。圣坛的围栏上形成了用白色石料雕刻出的叶状带水果的装饰网。忏悔室用光滑的木材建造，隔墙还被设计为六翼天使的形象。这种将抽象与具象、平面与立体以及平静与激烈完美结合的空间处理手法便是典型的巴洛克风格。因此宏伟陵墓和不落俗套的讲坛 [pulpit] 得以盛行便不足为奇了。

对于游客来说，弗兰芒 [Flemish] 的巴洛克更多体现于城市建筑的外观上。涡卷形饰纹、壁龛、三角楣墙、方尖塔以及纹章图案常常被用来装饰建筑上的山墙部分，使得在安特卫普或布鲁日这样的城市中漫步时，依然让人倍感愉悦。在这里，最为华丽壮美的当属布鲁塞尔大广场 [Grand' Place in Brussels]，它曾被毁于炮火之中，并于 1695 年重建 [图 245]。在这里，每座建筑都试图炫耀豪华（许多都有镀金的装饰）、展现创意，并力求超过周围其他。

但新教的尼德兰却并未出现如此蓬勃发展的教堂建筑。现存的哥特式教堂也都除去了原有的图像以及大部分装修，改造为毫无装饰的白墙房间，并保持至今。新建的教堂犹如简单的储物盒，但它们却是英国和美洲的清教徒建造会堂时参照的样本。位于哈勒姆的新教堂 [Nieuwe Kirk]（由雅各布·范·坎彭 [Jacobvan Campen] 建造于 1645 年）便是一件典型的代表作。这一风格的杰作中还有一件并非教堂建筑，而是一座位于阿姆斯特丹的西班牙和葡萄牙犹太教会堂 [Synagogue]（丹尼尔·斯塔尔帕尔特 [Daniel Stalpaert] 建造于 1670 年），它在几年后依然是伦敦修建同类型建筑时的效仿对象。荷兰的教堂建筑中最能体现巴洛克风格的当属陵墓，人们效仿佛兰德斯采用了丰富的黑白大理石和富有表现力的雕像作为装饰。

与此同时，世俗建筑也同样朴素且庄严，例如海牙的豪斯登堡宫 [Huisten Bosch]（彼得·坡斯特 [Pieter Post] 建造于 1650 年）和莫瑞泰斯皇家美术馆 [Mauritshuis]（可能为范·坎彭建造于 1633 年）[图 244]。甚至连作为皇室宫殿的罗宫 [Het Loo]（雅各布·罗曼 [Jacob Roman] 和丹尼尔·马罗 [Daniel Marot] 共同建造于 1685 年）也沿用了这一风格，并深深吸引了尚未成为威廉三世 [King William III] 的奥兰治亲王 [William of Orange]，在他登上王位后便将他在英国的皇宫也设计成了这种样式。但巴洛克的大胆尝试仅在三角区域内进行，而莱顿和阿姆斯特丹的空中轮廓线 [skylines] 则几乎比佛兰德斯的所有一切都更为引人入胜。

英国和北美

英国的建筑在经历了伊尼戈·琼斯之后也按部就班进入到被称作是巴洛克的发展阶段，但几乎与迄今所有巴洛克的相关描述毫不相同，甚至更易让人误解。除了花园建筑，还有多少英式穹顶建筑呢？答案是三座。有多少椭圆形教堂呢？答案是零。有多少凹凸立面？同样是零。因此，英国的巴洛克并不是这场风格运动的一部分，而是具有着异乎寻常的稳定性。

唯一的例外是雷恩为圣保罗主教堂所设计的“大模型”，这是一座重要的典型英式巴洛克建筑，但却未能建起 [图 246]。这一宏伟的设计中包括希腊十字及其上方的穹顶，以及由凹墙连接在一起的拱臂，如果当初得以建成不仅会使英国成为欧洲建筑领域的主流力量，更有可能改写整个英国的建筑历史。但现实却是雷恩迫于神职人员的压力将建筑改建成普通的拉丁十字结构 [图 247]。尽管未能采用弯曲的承重墙设计并且削弱了原本该有的戏剧效果，但穹顶依然占据着主导地位。为了修改后的中殿和圣坛能够获得更好的采光，雷恩不得不借助高窗来为穹顶提供合适的光源，并将它们隐藏在由巨大壁龛连接起的分隔墙 [screen wall] 背后。最终的效果堪称完美，而那些 19 世纪时以该设计具有“欺骗性”为由对雷恩进行的声讨简直不可理喻。在内部，切割相邻对角侧廊最后的隔间从而形成圆顶下冲外的开口（正如几百年前伊利主教堂 [图 94] 的八角形结构一般），独具匠心，令人叹为观止。

雷恩可谓那些绅士建筑师的杰出代表。他曾是一位在大学工作的数学家，也曾为圣保罗主教堂提供几何形设计方案，却遭到拒绝，1666 年伦敦大火之后，城里有五十二座教堂需要重建时，他的设计得以小规模实现。在重建沃尔布鲁克的圣斯蒂芬 [St Stephen] 教堂时，雷恩在希腊十字内部内切出了一个圆，并被最西面的隔间所延长，从而巧妙地将中央部分与纵向平面连为一体 [图 248]。重建其他教堂（阿布楚尔奇的圣玛丽 [St Mary] 教堂和位于坎农街的圣史威丁 [St Swithin] 教堂）时，他则在方形建筑中设计了圆形天顶。圣贝尼特芬克 [St Benet Fink] 是他所有教堂中最有意思的一座，其形状为一个被拉长到接近椭圆的十边型平面，但却毁于 19 世纪。其

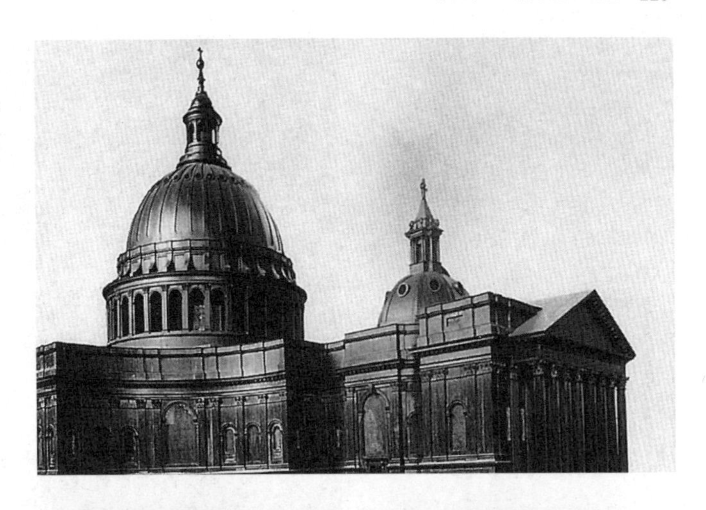

246、247　雷恩为圣保罗大教堂所进行的设计始于1666年老教堂毁于伦敦大火之前，随后经历了漫长的时期，进行了多次修改，一直持续到新教堂打好地基才完成。众所周知“大模型”（上图）是其最受人们喜爱的一件作品，这件充满灵感的巴洛克式设计在希腊十字的结构基础上运用凹墙连接了臂段。

最终的新教堂仍以雄伟的圆顶而备受称赞，不仅覆盖了十字形区域，甚至还覆盖了相邻中殿的隔间、唱诗班席以及十字型耳堂。从结构上来看，这座建筑包含有一个外部大圆顶（如右图所示）、一个可从内部看到的低矮圆顶以及一个位于它们之间支撑起采光塔楼的隐蔽砖锥。教堂外观也在一定程度上使用了错觉手法，光线通过隐藏在高幕墙背后的高窗照亮整个中殿和唱诗班席。

248 雷恩在沃尔布鲁克所建的圣斯蒂芬教堂可谓他（或者他的工作室）所设计的50座城市教堂中最完美的一座。从某种意义上来说，它就是一座缩小版的圣保罗主教堂，并由希腊十字结构中8个相同拱门支撑起圆形穹顶。

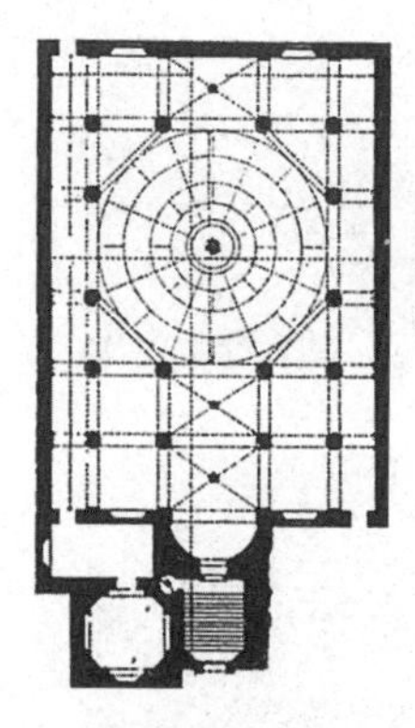

249 图为雷恩重建汉普顿宫计划中已完成的两部分（1689年），参照了荷兰赞助人威廉三世的家乡建筑，混搭了石块和红砖。

余的则都是不同大小和形状的矩形结构，并以拱廊或楼廊[galleries]划分出矩形或方形空间。尽管受限于所处的地点，但它们还是展现了非凡的多样性并因其独创性的装修而拥有巨大的魅力。

几乎所有的城市教堂都建有尖塔，从而巧妙地将文艺复兴风格的建筑语言融入中世纪的风格特征当中。雷恩的尖塔是一个有趣的多种组合，当整体观望时，人们可以看到所有尖塔聚集在圣保罗主教堂及其穹顶四周的壮观景象，这样的效果在欧洲可谓独一无二。尽管从未到过意大利，但依然可以从细节看出雷恩曾受到来自于意大利的影响。这些是否得益于他年轻助手们的协助呢？圣保罗主教堂的十字型翼部会让人们联想到和平圣母教堂，福斯特巷的圣万达斯特[St Vedast]教堂的尖顶甚至还呈现出博罗米尼风格的印记。

此外，雷恩同样建造了一系列重要的皇家官邸。他最主要的贡献是两座足以与欧洲大陆的皇家宫殿相媲美的英式复合建筑群。参照荷兰建筑的先例，他用两排壮观的砖石连接了汉普顿宫[Hampton Court]（1689年）和旧都铎皇宫[图249]。他还为格林威治区海军医院[Naval Hospital]的大厅和礼拜堂设计建造了两座带有装饰性圆顶和门廊的楼阁（1696年），从泰晤士河望去其整体效果堪称英国的埃斯科里亚尔。雷恩是一位非常理性的建筑师，他愿意去适应一切所需要的调整。他推崇哥特式风格，并为牛津大学的基督堂学院设计了汤姆塔[Tom Tower]（1682年）来和原本的老建筑相呼应，这在当时是一个特例。与之相反，剑桥大学圣三一学院的图书馆则完全采用了当时最为流行的新式设计[图

250 雷恩为剑桥大学圣三一学院所建的图书馆（1676年）可以看作他对自己唯一一次出国旅行（1665年）曾在巴黎欣赏到的建筑所做出的回应。他还提出了一个巧妙的构想，要将图书馆的楼层与矮柱上方的飞檐持平，实际是拱门内的过梁。

250]。雷恩唯一一次出国旅行时，在巴黎目睹了正在修建的四国学院，便从勒沃的这件作品中得到了灵感（例如用失真的外部立面来掩盖其内部不统一的楼层高度）[图 236]。

雷恩有四位著名的后继者，他们分别体现了英国与欧洲大陆之间的联系以及自身的独立性。他们中的尼古拉斯·霍克斯莫尔 [Nicholas Hawksmoor] 从未离开过英国；范布勒曾在巴黎生活过一段时间（但主要都被关在巴士底监狱）；阿彻 [Archer] 游历过德国，并在意大利生活；吉布斯 [Gibbs] 则在卡洛·丰塔纳位于罗马的工作室里工作。

泥瓦匠出身的霍克斯莫尔最初作为雷恩的助手参与了他所有主要作品的建造。三十多岁时，他又开始协助范布勒工作。直到 1707 年，年过四十的霍克斯莫尔才开始自己独立的设计之路。由于那些他在协助雷恩和范布勒时所做的工作很难被人们分辨出，因此他的名气一直停留在 18 世纪二三十年代时他在伦敦所建造的六座教堂上。这些教堂每一间都极为奇特，其实就算说它们是怪异也不为过，并且没有任何现有的传统样式可以与之相对照。它们坚固、庄严并且古典，除有可能受到了米开朗琪罗的影响外，更像是罗马晚期的建筑风格，而非当下的流行之风。虽然形状很普通，但诸如门框和窗框这样的细节则充满创意，比如用三联的花纹装饰取代了柱头结构。其外观尤其是教堂尖塔则皆为霍克斯莫尔的独创性设计。而他对布卢姆茨伯里的圣乔治 [St George's] 教堂的设计犹如重建了一座哈利卡纳苏斯的摩索拉斯陵墓 [Mausoleum]。在建造斯皮塔佛德的基督教堂时，他更是将英国早期的尖顶造型和凯旋门的样式进行了结合 [图 251]。

约翰·范布勒 [John Vanbrugh] 在气质和专业领域都与霍克斯莫尔截然相反，他不缺少赞助，善于交际并且满腹才华，他虽未接受过任何建筑训练，却以一位地位崇高的业余爱好者的身份设计建造了约克郡的霍华德城堡 [Castle Howard]（1699 年）[图 253]。1705 年，他开始为马尔伯勒公爵 [Duke of Marlborough] 修建布伦海姆宫 [Blenheim Palace] [图 254]。与霍克斯莫尔的作品一样，范布勒的作品也被认为充满了独创性（这一点多亏霍克斯莫尔的帮助）。他擅长建造规模宏大的建筑，这为他的作品提供了可远观的效果，那些相互连贯为一体的图形使得这一效果变得更加清晰醒目。在设计霍华德城堡时，他采用了粗琢底层搭配巨大列柱的整体长立面结构，并在入口大厅的顶上建造了英国巴洛克的第二座穹隆顶，营造出一种舞台布景般的视觉效果（范布勒还是一位剧作家和戏院设计师）。此外，布伦海姆宫的主体设计紧凑并且传统，宏伟的中心建筑两侧还建造了专门用来安置厨房和马厩的庭院，与宫殿主体完美地融合在一起，而那些神秘罕见的装饰图案（包括带有鸢尾花形的三角饰）更是展现出与众不同的壮丽之美。

1693 年，托马斯・阿彻［Thomas Archer］离开生活了多年的意大利回到英国，他曾沉迷于博罗米尼和贝尔尼尼所创造的罗马巴洛克世界无法自拔。这使他成为唯一真正掌握这一风格的英国建筑家。他所建造的教堂和乡间别墅也都充满着独特的趣味，但不幸全都毁于 1709—1715 年间。他为德特福德的圣保罗［St Paul's］教堂［图 252］所设计的集中式结构与博罗米尼所建的圣艾格尼丝［S. Agnese］教堂不无关联。史密斯广场［Smith Square］上的圣约翰［St John's］教堂则同时借鉴了霍克斯莫尔和博罗米尼，从而设计出四角的塔楼以及雕饰过度的装饰细节。另外，由他所建造的乡间别墅也都独具特色。

他们中的第四位是詹姆士・吉布斯［James Gibbs］，他所活跃的时期（他比其他三人都要年轻许多）和所接受的训练皆与其他三

251、252 霍克斯莫尔与阿彻都是雷恩之后的"巴洛克一代"。霍克斯莫尔在伦敦所建教堂都具有独特的个性魅力。他在斯皮塔佛德建造基督教堂时（下图，1714年）便采用了中世纪尖塔将古典门廊与凯旋门结构进行了结合。阿彻在德特福德所建的带有弯曲走廊的圣保罗教堂（右下图，1712年）则更加接近意大利样式。

位有所不同。1707—1709年间，他在卡洛·丰塔纳位于罗马的工作室里工作，这位生活在贝尔尼尼时代的建筑师能够自立门户实属不易。然而这段经历却并未将吉布斯培养成一位意大利巴洛克建筑师，他在回国后设计第一座教堂，即伦敦的河岸街圣母［St Mary-le-Strand］教堂（1714年）时则灵活巧妙地借用了雷恩的外观设计。他最杰出的作品是伦敦的圣马田［St Martin-in-the-Fields］教堂（1721年）［图255］。他的建筑充分证明了他的设计理念已革命性地从巴洛克回到了古典方式。他的第一份设计稿具有圆形的中殿，侧廊外侧矗立着一排柱列，教堂两端各设一座高坛以示对称，并用入口隔间支撑起门廊背后高耸的塔楼。但仅最后一项得以保留（并产生了极为深远的影响），其余都被改进为更加接近末端方正的巴西利卡样式。然而不管怎样，吉布斯还是成功地在牛津大学设计建

253 范布勒是一位成功的剧作家，但作为建筑师却并未接受过专业训练，1699年他受邀设计建造了霍华德城堡。在霍克斯莫尔的协助下，他得以使用一种新颖且宏大的设计理念，在八边形的中央大厅中采用了接顶的高大壁柱。

254 几年后范布勒在设计布伦海姆宫时（1705年）依然得到了霍克斯莫尔的协助，为了符合主人战场英雄的身份，这座别墅营造出完全严肃冷峻的建筑效果。其宽敞的布局通过几处关键位置连接为一体，诸如独特的方形亭阁，其造型与古罗马以及意大利现代建筑都毫无相似之处，正中还安置了一对同样独特的三角楣墙。

255 詹姆士·吉布斯是这四位巴洛克建筑大师中最年轻的一位，并紧紧地追随着同时期意大利的发展脚步。他在伦敦建造圣马田教堂时（1721年）已熟练地将罗马巴洛克与新教教堂的要求进行了融合，随后很快便影响到了美洲大陆。

256 吉布斯在牛津所建的拉德克利夫图书馆（1739年）大概算是英国最具巴洛克典型风格的世俗建筑（而非宗教类建筑）。正如约翰·萨默森所言："人们会忍不住想到河岸街圣母教堂。"（图202）

造了圆形的拉德克利夫图书馆［Radcliffe Camera］［图 256］，尽管这一设计是在霍克斯莫尔更早前的设计方案基础上所进行的延续，但它的大穹顶依然是吉布斯最具巴洛克特色的代表作。

此外，吉布斯还对英属美洲殖民地建筑主题的改变做出过贡献。1728 年，他出版了《建筑之书》［*Book of Architecture*］这部著作，其中涵盖了其所有作品的平面图及正立面示意图，甚至还包括那些并未真正采用的设计方案，并且成为北美新大陆那些新教建筑师的指导手册。位于弗吉尼亚州的艾雷山府邸［Mount Airey］（1755 年）很可能出自约翰·阿里斯［John Ariss］之手，但却完全照搬了吉布斯书中的设计。彼得·哈里森［Peter Harrison］在波士顿所建的国王礼拜堂［King's Chapel］（1749 年）［图 189］虽在内部将圆柱配对安置以示变化，但依然与圣马田教堂极为相像。

半个世纪以前，弗吉尼亚州首府威廉斯堡［Williamsburg］的诸多建筑基本仿照英国设计，这一持久的传统被归因于雷恩设计并建造了威廉与玛丽学院［College of William and Mary］（1693 年），但这也不无可能。尽管如此，直到后一个世纪古典主义风格复兴，北美才真正登上了世界建筑的舞台。

第七章　古典主义的回归

古典主义曾在文艺复兴时期被人们重新关注，但此后它是否依然时常被人们重提，这一次的回归又有何不同呢？

有人会说，这一次回归更加学术。17 世纪末到 18 世纪，罗马建筑领域的知识体系开始变得愈加完整，同时受到庞贝以及赫库兰尼姆遗址的出土对于室内装饰的巨大影响，人们开始了解希腊建筑的特质。“准确性”成为一种评价标准，理论性逐渐加强，自由性也开始受到限制，对于新古典主义建筑人们最常用的评价便是“冷峻”、重视规则、循规蹈矩并且缺乏动力和激情。尽管趣味性明显，但最值得关注的还是它的精致与比例，约束严苛但却不乏创意，犹如一场玩转了规则的技法游戏。

因此，建筑师便不得不同时成为一名学者；而学者也极易转行投身建筑领域。于是一个新的相关现象诞生了，即业余建筑师变得越来越活跃，这一点在英国体现得尤为明显。（罗伯特·亚当［Robert Adam］曾说：“在这里，所有的贵族都是建筑师。”）古典主义作为一种通用语言在建筑师与主顾之间搭建起了一条绝无仅有的沟通桥梁。个中缘由显而易见，古典主义风格犹如一种保障，即便不能大获成功，但至少能避免失败。这一风格包含有多利安式、爱奥尼亚式、科林斯式以及混合式的柱子，不仅能够组合出一系列适用于任何规模的比例形式，而且总能创造出令人满意的效果来，并通过悦目的装饰结构起到某些连接的作用。

在以天主教为主的南方地区，巴洛克与新古典主义之间的分界颇为明显。而北方的新教国家则并非如此，人们甚至质疑这里是否存在所谓的分界。尤其在英国，巴洛克与帕拉迪奥风格（两者都体现了一种普遍的罗马和文艺复兴词汇与精神）已在不知不觉中融入了新古典主义风格。

除早期哥特式这一可能的例外，新古典主义可谓首个真正意义上的国际风格，地域间的差异几乎微不足道。面对一座 19 世纪早期不知名的新古典主义公共建筑照片时，又有谁能够分辨出它到底

257　1806年，扎哈罗夫在圣彼得堡修建了至关重要的海军部大厦。建筑中部亭子上安置的雕塑群像和横饰带都展现出对于俄国海军力量的强调。底层质朴的建筑表面和上方的圆柱型亭阁都是典型的晚期新古典主义风格。亭阁上的尖塔暗指了彼得大帝的巴洛克海军部已被其所取代。

位于圣路易斯还是圣彼得堡，伯明翰还是布宜诺斯艾利斯呢？它的可传授性无疑成为得以广泛流传的最主要动因，其建筑规则可以通过书面进行表达，从而也促使了两个全新领域，即建筑理论和建筑学派的出现。

关于建筑的理论可以上溯至维特鲁威，但在 18 世纪理论家的笔下，这一主题被上升至更为抽象的层面上来。颇为有趣的是，在不同国家其形式也各有不同。英国的相关著作大致分为三类：一类是绝对的实践派，会以诸如《建筑大师指南》[*The Master Builder's Assistant*] 这样的标题出现；另一类则提供了人们可以借以效仿的范例（如科伦·坎贝尔 [Colen Campbel] 于 1716 年出版的《不列颠建筑师》[*Vitruvius Britannicus*] 以及伯灵顿学派 [Burlington school] 所发的声明等）；还有一类则是建筑师自己的作品（如吉布斯、亚当和钱伯斯 [Chambers]）。而在意大利则诞生了一批激进的理论家，他们主张从最初的规则中寻求解决当下问题的方案。其中卡洛·洛多利 [Carlo Lodoli] 作为一位真正的现代主义先驱更是拒绝使用任何的古典语汇，并纯粹只关注建筑的功能性因素。他的这一理念经过更为能言善辩的弗朗西斯科·阿尔加罗蒂伯爵 [Count Francesco Algarotti] 而被广泛流传开来。

真正意义上的建筑哲学最初诞生于法国，建立在与笛卡尔 [Descartes] 既理性又明确的密切关联之上关于优秀建筑的对称法则、比例和数学测量的著作。1706 年，科尔德穆瓦神父 [Abbé de Cordemoy] 发表了他关于建筑的基本理论，逻辑清晰且不复杂，虽然本质上仍属于维特鲁威式的著作，但总的来说还是提供了更为有力的知识支撑以及当时建筑作为例证的图示说明。他的关注重点在结构，认为每一组成部分都应表达出未加装饰的功能性，比如说柱子首先要能够起到支撑作用，而非简单的装饰效果。科尔德穆瓦的观点在得到另一位神父马克-安东尼·洛吉耶 [Marc-Antoine Laugier]的支持后被广泛传播。洛吉耶曾讨论过著名的“原始屋架” ['primitive hut] 概念，即以树枝搭顶在树与树之间构建起的原始房屋框架（1752 年），这不仅为这一经典样式找到了历史源头，同时还为其提供了哲学依据。在实践方面，他们又都从雅克 - 弗朗索瓦·布隆代尔 [Jacques-François Blondel] 那里受益良多，布隆代尔曾为狄德罗 [Diderot] 的《百科全书》[*Encyclopédic*] 创作了关于建筑的内容，并将自己的观点和准则详尽地收录在其 12 卷的著作《建筑学教程》[*Cours d'architecture*] 中。因此，这一经典的法国评判体系一直从芒萨尔那代人影响到了加布里埃尔。

布隆代尔的成果随后被他的追随者们发扬光大，其中包括皮埃尔·帕特 [Pierre Patte]、尼古拉·勒加缪·德·梅齐埃 [Nicolas Le Camusde Mézières]、让 - 巴蒂斯特·龙德莱 [Jean-Baptiste Rondelet] 以及让-尼古拉-路易·迪朗 [Jean-Nicholas-Louis Durand]。他们结合了对于理论的强烈兴趣与丰富的实践经验（虽然并非每个人都能够做到），一起寻找一种“理性的”建筑。当中有些建筑师本身就卓尔不群。勒加缪·德·梅齐埃在巴黎建造了极具原创性的布勒大厅 [Halleau Blé]（1762 年）[图 258]，他在圆形结构中加入了双螺旋的椭圆形楼梯。（随后添加的穹顶创造了两项卓越的技术性进步：一项是1782年雅克·纪尧姆·勒格朗[Jacques Guillaume Legrand]和雅克·莫利诺[Jacques Molinos]使用了木材与玻璃；另一项则是弗朗索瓦-约瑟夫·贝朗热[François-Joseph Bélanger]在1813年时运用了铁）在诸多18世纪末依此而建的巴黎建筑中，最为引人瞩目的当属苏夫洛[Soufflot]所设计的圣热纳维耶芙[Ste Geneviève]大修道院（先贤祠[Panthéon]），后面我们还将会对其进行描述，此外还有雅克-丹尼·安托万[Jacques-Denis Antoine]的铸币局[Hôtel de la Monnaie]或铸币厂[Mint]（1767年）以及雅克·贡杜安[Jacques Gondoin]所建造的医学院[Ecolede Médecine]（1769年），其解剖室呈现出一种将罗马万神殿一分为二的即视感。然而，法国这种理性传统却多少有些矛盾地促使布雷[Boullée]和勒杜[Ledoux]设计出他们颇具远见的作品，并成为“追求自由的建筑师”[architects of liberty]（见下文）与法国建筑界的教条主义正统观念间持久拉锯战的根本动因，也正是这种理性传统使得对于美的艺术[Beaux-Arts]的传授得以实现。

1671年，皇家建筑学院在巴黎成立，其可谓最早建立的一座建筑学院。此后，从1793年开始到1819年，皇家建筑学院与绘画和雕塑学院一道组建了法兰西艺术学院，直到1968年之前，这里都一直开设有建筑课程。随后，类似机构也相继在除英国和英属美洲之外的其他一些重要欧洲城市中建立（如早在1744年，马德里便出现了这样的学院）。这些学院的发展不可避免地开始朝着具有一定标准化的方向迈进，其优势便是确定了某种关于资格、程度以及地位的标准，而缺点则是形成了一股不仅缺乏想象力而且浮夸的风格趋势。

258　巴黎的布勒大厅或粮仓（1762年）最初是一座带有开放式庭院的圆形建筑。在其建成20年之后又被增盖了木头加玻璃材质的大圆顶，预示了下个世纪的技术发展方向。

259 建筑中的如画风格并非源于一种标准和规则，而是来自于诗歌与历史的结合。1796年，詹姆士·怀亚特为威廉·贝克福德在威尔特郡所建的放山大修道院便是这一风格的典型代表。在贝克福德的时代，人们对于哥特式的看法就是——规模巨大、不追求对称且不吉利。从结构上来看，放山大修道院与哥特式架构刚好相反，（尽管并非建筑师的过错）其塔楼在建成后不久便倒塌了。

对于诗歌来说，往往并不会与理性存在过多的联系（龙德莱 [Rondelet] 曾说过建筑并不是艺术，而是一门科学）。尽管法语书籍被大量翻译到英国，但却从未引起什么相应的反响，与此同时一种倾向于如画趣味 [Picturesque] 的选择观念在英国发展了起来。如画运动不单涉及建筑，还涵盖了园林、风景以及人与自然的关系，除在这里的部分外，它所包含的那些重获新生的历史风格都将在下一章节中进行讨论。总体来说，相较于思想方面，如画风格的建筑对于观念和情感方面的追求更高，并在很大程度上依赖于环境、各种联系以及夸张的戏剧性舞台效果。例如约翰·佩恩骑士 [John Payne Knight] 位于什罗浦郡的那座具有中世纪风格的唐顿城堡 [Downton Castle]（1772 年）、詹姆士·怀亚特 [James Wyatt] 位于威尔特郡的哥特式放山大修道院 [Font Hill Abbey]（1796 年）[图 259] 以及约翰·纳什 [John Nash] 位于布里斯托尔附近外观质朴的布莱斯小村 [Blaise Hamlet]（1811 年），都体现出如画运动所带来的广泛影响。对于这些人来说，风格的纯粹性并不那么重要。相对于笛卡尔的逻辑理论，他们更认同埃德蒙·伯克 [Edmund Burke] 的《论崇高与美》[*Inquiry into the Sublime and the Beautiful*]（1757 年）。

因此，认为新古典主义是一个完全统一且一成不变的想法可能存在一定问题。事实上，它也经历了一系列清晰的发展阶段，这一点对于当时的人们以及今天的我们来说都一样明确。

不同时期的古典主义：从帕拉迪奥到大革命

这一阶段的内容将从英国开始。当意大利、西班牙和德国还沉浸在巴洛克的热浪中时，帕拉迪奥风格在英国异军突起。这样的变化离不开第三任伯灵顿伯爵［Earl of Burlington］理查德·博伊尔［Richard Boyle］的大力支持与推动，作为一名才华横溢的业余建筑师，他在1719年走访意大利时曾被帕拉迪奥的建筑风格深深吸引。其中有两大因素对其影响至深，首先，帕拉迪奥身为意大利文艺复兴晚期最具古典主义、最学术并且最少涉及风格主义的建筑师，被伯灵顿伯爵视为古代与现代间的过渡中间人便颇为合情合理；其次，正如我们所看到的那样，帕拉迪奥早已被伊尼戈·琼斯成功英国化。因此，当伯灵顿伯爵得以引导建筑风格的走向之后，他便不仅复兴了古风同时也为英国赢来了一段黄金时期。此外还有两点也增进了帕拉迪奥的显著影响，首先是得益于他在《建筑四书》当中提供的设计方案，它们都具有便利的可操作性；此外，更为重要的则是他作为乡村别墅建筑师的身份。

伯灵顿伯爵的努力并没有白费，他在随后的18世纪二三十年代间所建的一系列建筑都带来了持续的影响力，其中包括他的追随者科伦·坎贝尔［Colen Campbell］在肯特所建的梅瑞沃斯城堡［Mereworth Castle］以及他本人在伦敦附近的奇西克［Chiswick］所亲自设计建造的私家别墅［图260］（前者仿造了帕拉迪奥的圆厅别墅；后者则更为精致且富于变化，其内部一系列带有精美装饰的房间环绕在中央八角形穹顶的周围）。还有位于埃塞克斯的温斯特别墅［Wanstead］也同样来自于坎贝尔的设计，但于1713年

260　1725年，伯灵顿伯爵在奇西克设计建筑其私人府邸时做出了一项决定性的变动，将建筑风格从巴洛克转向了得以复兴的古典主义。尽管会使人们联想到圆厅别墅（图164），但这并非一座帕拉迪奥式建筑，事实上它更加接近于帕拉迪奥的追随者斯卡莫齐的风格。

时被毁；此外，坎贝尔还与人合建了坐落在诺福克郡的霍克汉姆［Holkham］城堡［图 261］，另一位追随公爵的建筑师威廉・肯特［William Kent］也参与其中。后面这两件作品相对于帕拉迪奥的建筑来说要雄伟的多，并在保持整体统一性的基础上采用将立面分割的方法解决了立面长度的难题。

人们是否将这些建筑视为新古典主义风格很大程度都基于对定义的选择。伯灵顿公爵对帕拉迪奥样式的推崇经过了精挑细选，相对于其独特性来说，他更为专注那些由帕拉迪奥所采用的古代元素。那些遵照了这些秩序并建有带柱门廊和粗琢底层的建筑便都可以被称作是“帕拉迪奥式”。甚至当他完全照搬《建筑四书》来建造位于约克郡的礼堂时（1730 年），也因帕拉迪奥一直试图重建古代世界而照做（在这里，他建造出了一间“埃及式大厅”）［图 262］。

18 世纪中叶，一场旨在更大程度保持罗马样式的运动席卷了英法两国，在一小段时间内，它在其他国家甚至完全取代了巴洛克之风。此外，曾在罗马有过学习经历（那些美术学院里的获奖者都会被送往罗马进行深造，并作为他们学习计划的一部分）或是发表过对古代建筑的原创性研究都足以提升建筑师的个人声望。例如罗伯特・亚当对于斯普利特的戴克里先宫［Diocletian's Palace］所进行的研究以及查尔斯・卡梅伦［Charles Cameron］对于罗马浴场的研究。这些人都未曾墨守成规地照搬罗马样式，他们的设计细节都有据可循，但组合方式却都独特且与时俱进。然而并非所有人都如此，托马斯・杰斐逊［Thomas Jefferson］便曾要求在弗吉尼亚州首府里士满仿造类似尼姆的梅宋卡瑞神庙那样的建筑（1785

261　1734年，马修・布雷廷厄姆［Matthew Brettingham］和威廉・肯特（大旅行［Grand Tour］期间，城堡的主人，即后来的莱斯特伯爵［Earl of Leicester］托马斯・科克［Thomas Coke］在意大利结识了肯特）在诺福克郡建造了霍克汉姆城堡，并将帕拉迪奥式的农场建筑发展为宫殿规模。中间的建筑包含有一座雄伟的带柱大厅直通客厅，如图所示其南侧立面，两边各有四座方形的亭台。

262　在伯灵顿伯爵位于约克郡的礼堂（1730年）中，其宴会大厅呈现出一种增添了学术气息的帕拉迪奥式风格，因此被称作埃及大厅，其设计基于维特鲁威曾给出的描述：整排的高窗为室内提供了绝好的采光，并由柱廊后方的狭窄侧廊将其环绕。

263　托马斯·杰斐逊便曾要求在弗吉尼亚州首府里士满仿造类似尼姆的梅宋卡瑞神庙（图9）那样的建筑。其边上的侧厅是后来添加的。

264　皮埃尔-亚历山大·维尼翁在巴黎所建的玛德琳教堂（1806年）直接再现了一座规模巨大的罗马神殿。

265、266 德国新古典主义的两件杰作：申克尔所建的柏林旧博物馆（1823年）和克伦泽在雷根斯堡城外所建造的瓦尔哈拉神殿（1821年）都是德国著名的标志性建筑。申克尔所设计的立面建造了一整排的爱奥尼亚式巨柱，并为希腊样式增添了全新的特征。克伦泽的多利安式神殿更显复古一些，体现了典型的德意志精神。

年）[图263]，以及皮埃尔-亚历山大·维尼翁[Pierre-Alexandre Vignon]在巴黎所设计建造的玛德琳[Madeleine]教堂（1806年）[图264]，从外表来看，这实际是一座略显过时的罗马式庙宇。

而那些无畏的先锋者则在18世纪中叶以进取精神促成了人们对于古希腊建筑的直接研究。对于1760年之前的建筑师来说，希腊复兴式[Greek Revival]的建筑风格几乎无法想象，缺少柱基的多利安柱式也着实令人们感到震惊，但很快便被同化。事实上，多利安柱式迅速成为主流，随后是爱奥尼亚式。科林斯式则较少被采用，那种将不同柱式叠加使用的情况也从未出现。理论上来说，建筑物本身的高度并不会比带有檐部的柱子更高（也许还带有顶楼）。诸多为了现代用途的改造都极具独创性且与希腊先例相去甚远（例如海因里希·根茨[Heinrich Gentz]1802年为魏玛城堡所设计的楼梯，还有申克尔[Schinkel]1823年为柏林旧博物馆[Altes Museum]所修建的正立面[图265]）。其他则较多为直接效仿，如莱奥·冯·克伦泽[Leo von Klenze]在雷根斯堡[Regensburg]

城外所建造的瓦尔哈拉［Walhalla］神殿（1821年）［图266］，以及多瑙河断崖上所重建的帕特农神庙。然而，希腊复兴式建筑的集大成者还属美国，那里的每一座主要城市中都可以见到希腊式的银行、议会大厦以及教堂。

这一时期恰逢法国大革命及其爆发前的那段时间，因此见证了另一不同运动的兴起，并被建筑史学家海伦·罗西瑙［Helen Rosenau］恰当地描述为“古风新韵”。由于摒弃了抽象性和几何学并使之适应象征符号的运用，这一风格几乎没有留下任何的考古材料，它曾创造出的宏伟体制也因政治的动荡而极少为人们所认知。此外，伟大的天才建筑师艾蒂安－路易·部雷［Etienne-Louis Boullée］也在这一时期诞生，其所有重要作品的设计稿都保留至今；而由他所设计的国家图书馆、国家剧院以及一座用于缅怀艾萨克·牛顿爵士［Sir Isaac Newton］的纪念碑［图267］尽管全部采用球状或立方体等简单形式，但依然被誉为是包含了所有建筑梦想的迷人之作。弗里德里希·吉利［Friedrich Gilly］算得上是德国的部雷，他曾为腓特烈大帝［Frederick the Great］设计了一座巨大

267　部雷所有的理想设计都未曾真正实现，但其中所包含的几何样式随后却都发挥了作用。他为缅怀艾萨克·牛顿爵士所建的纪念碑（1784年）是一个由松树环绕的巨大球体，从内部看球面上的洞犹如璀璨的星空。

268　弗里德里希·吉利在柏林为腓特烈大帝所设计的纪念碑（1797年）同样也并未真正建成。图为莱比锡广场上一个区域入口中央的凯旋门。

269 彼得·施佩特在维尔兹堡所建造的拥有森严结构的营房（1811年、1826年）后来成为一座监狱。精简的古典元素与大胆的规模差距使之成为法国“宗教改革”建筑的稀有典范。

的纪念碑［图268］（另一座帕特农神庙）和一座国家大剧院，虽然二者均未能够最终落成，但却成为后世建筑师们的启发之作。简单来说，克劳德-尼古拉·勒杜［Claude-Nicolas Ledoux］便幸运得多，并且同一流派的其他建筑师还有独立的作品保留下来，例如彼得·施佩特［Peter Speeth］在维尔兹堡所建造的卫兵营房（即后来的女子监狱）［图269］。

新古典主义的最后一个阶段因与拿破仑的联系而被称为帝政风格［Empire Style］。这一风格在室内装饰和家具方面得到了最为充分的展现，并且运用来自于罗马帝国和古代埃及的主题创造了不朽的辉煌。在其发源地，最为杰出的代表人物便是夏尔·佩西耶［Charles Percier］和皮埃尔－弗朗索瓦·方丹［Pierre-François Fontaine］。在瑞典和俄国，这一风格获得了同样的成功。而在英国则发展成为摄政式风格［Regency］，到了德国则变成了比德迈厄式［Biedermeier］。

仅仅是那些著名的新古典主义建筑的数目便已令人徒生敬畏，而在掌握了其发展的整体概况之后，严格的历史性研究似乎还不如跨越时空去讨论建筑类型更具优势：公共建筑和城镇结构、私家府邸、文化和经济建筑以及教堂等。最终，尽管大家都对古典语言如数家珍，但仍有一些建筑师能够在此基础上形成自身的独特风格。罗伯特·亚当便是其中的一位。这一章的结尾将涉及这一类型中迥然不同的四位建筑师，他们不仅富于表现力，而且具有能够代表新古典主义的显著个性，并为此引入了对建筑类型的编年和讨论，同时也将新古典主义推进到了19世纪。他们分别是克劳德-尼古拉·勒杜（生于1736年）、约翰·索恩爵士［Sir John Soane］（生于1753年）、卡尔·弗里德里希·申克尔（生于1781年）和亚历山大·汤姆森［Alexander Thomson］（生于1819年）。

宫殿、政府以及新古典主义城市

首先从上流社会开始看起，早在18世纪中期，主要的建筑基本为皇室垄断。凡尔赛宫不仅在规模上，还在追求宏伟壮丽的标准上提供了最佳范例。最能与之相媲美的当属路易吉·万维泰利［Luigi Vanvitelli］与1751年之后为那不勒斯国王所建造的卡塞塔王宫［Caserta Palace］。这座宫殿拥有经典的几何学构造和重复的建筑立面，并将多种大胆的尝试融为一体，例如将楼梯与剧院完美结合［图270］。类似的追求几乎不同程度地遍布整个欧洲，从西班牙（腓力五世［Philip V］的阿兰胡埃斯宫［Aranjuez］，建于18

270　路易吉·万维泰利为那不勒斯国王所建造的卡塞塔王宫在规模上堪比埃斯科里亚尔修道院，其双楼梯结构将宏伟的古典主义样式与戏剧性的巴洛克风格融为一体。

271 上图：威廉·钱伯斯爵士在伦敦所建的萨默塞特府位于斯特兰德大街的立面只能反映出其庞大整体的一部分。粗琢的底层支撑起上方的半圆柱和建筑型大窗，就像伊尼戈·琼斯所建老萨默塞特府的一侧边房。

272 下图：詹姆斯·冈东（钱伯斯的学生）在都柏林所建的最高法院（1786年）具有明显的个人特色，他采用壮观的带有鼓形座的柱廊支撑起了中央的平圆拱点。

世纪 40 年代）到德国甚至是俄国，都有数不胜数的贵族宫殿在圣彼得堡沿河而建，彰显着雄伟气势。

到了 18 世纪，随着中央政府的不断壮大，政府对于独立办公地点的需求也日益强烈，与此同时这些建筑还肩负着树立政府威望的重任，因此，设计者们便更加倾向于采用宫殿建筑的外形，或者即使内部空间并不宽敞，外部至少也会采用一种雄伟的宫殿式立面。西方世界的国会大厦千篇一律，都有带柱的中央门廊、长排状的窗户以及位于建筑一端向外突出的楼阁，这样的组合便被称作“政府机关”。其中最声名狼藉的则是那些象征了权力的高耸列柱，例如华盛顿特区就饱受所谓的“立柱热”[columnomania] 之苦。

通常对于这种体现功能性又千篇一律的建筑来说，个性的展现几乎忽略不计，但以下这些精挑细选出的作品则向人们证明了它们自身的范围与潜能。1776 年，威廉·钱伯斯爵士 [Sir William Chambers] 开始在伦敦建造萨默塞特府 [Somerset House]，这是一座大型的综合性政府办公建筑，其建筑外墙矗立在河岸边，并向外展现着它的风采 [图 271]；由詹姆斯·冈东 [James Gandon] 在都柏林所建的海关大楼 [Custom House]（1781 年）和最高法院 [Four Courts]（1786 年）[图 272] 均为高水准的原创性设计，甚至成为地标性建筑；还有查尔斯·布尔芬奇 [Charles Bulfinch] 在马萨诸塞州首府波士顿所设计的州政府大楼 [State House]（1797 年），以及 A. D. 扎哈罗夫 [A. D. Zakharov] 建造的圣彼得堡海军部大厦 [the Admiralty]（1806 年），作为俄国实力的象征占据着彼得大帝所规划的城市最中心 [图 257]；此外，A. T. 布龙尼亚 [A. T. Brongniart] 在建造巴黎证券交易所（1808 年）时采用了毫无装

273 小哈维·朗斯代尔·埃尔姆斯 [the young Harvey Lonsdale Elmes] 在利物浦建造圣乔治大厅（1842年）时遇到了需要将诸多功能统一在单一框架内的难题，但他巧妙地利用了古典建筑特征使之迎刃而解。前方显眼位置上耸立着法院和中间巨大的纪念性大厅，最远处是座剧院。

274 位于华盛顿的美国国会大楼便是数十年不断改变和扩大的成果——1792年由威廉·桑顿[William Thornton]负责建造，到了1814年本杰明·亨利·拉特罗布在其基础上进行了改建，1850年后托马斯·尤斯蒂克·沃尔特[Thomas Ustick Walter]则又为其添置了宽敞的侧厅和雄伟的穹顶（如图297所示巴黎的先贤祠那样，效仿了伦敦的圣保罗大教堂，见图247）。

饰的巨大石柱环绕在建筑外围，这一设计很快便被人们所推广；L. P. 巴尔塔[L. P. Baltard]为里昂建造法院（1835年）时，也采用了二十四根科林斯式巨柱沿正立面排列的设计；H. L. 埃尔姆斯[H. L. Elmes]在为利物浦建造圣乔治大厅[St George's Hall]（始建于1840年）时，甚至还将法庭、会议室以及剧场巧妙地结合在了一起[图273]；然而特奥费尔·冯·翰森[Theophilvon Hansen]在维也纳所修建的奥地利国会大厦[State Parliament]（1873年）亦可谓是新戒指路（即环城大道）上一座醒目的雄伟建筑；最后还有位于华盛顿的国会大厦，始建于1792年，并在19世纪被不同的建筑师不断扩建，但依然实至名归[图274]。

所有这些非宫殿建筑都与时俱进地采用了宫殿式正立面设计。不仅如此，宫殿式立面还被人们更进一步改造，比如用它掩饰一整排的房子。最初采用这种设计的建筑包括位于巴斯的女王广场[Queen's Square]（1729年），老约翰·伍德[John Wood the Elder]在此大胆地挑战了以四面采用宫殿立面的形式进行住宅建筑的设计。无独有偶，在伦敦，罗伯特·亚当与约翰·纳什也都不约而同采用了相似的做法（如始建于1793年的菲茨罗伊广场[Fitzroy Square]和修建于19世纪20年代的摄政公园内的排屋）。而在哥本哈根的阿玛琳堡宫[Amalienborg]（1794年）则将四座真正供给皇室成员居住的宫殿组合成了一座八角形的统一整体。

诸如此类的雄伟设计正在营造一个个全新的城市。在这里，功能性的设计取代了奢华的巴洛克模式，例如位于巴斯的圆形广场和新月形建筑；位于伦敦的多个广场；爱丁堡新城中成网格状有序排列的街道、广场、新月形建筑以及圆形广场等；还有17世纪90年代，英国人在加尔各答所发现的酷似罗马帝国热带哨岗的白色柱廊；巴黎的新建街道和广场，尤以协和广场［Place de la Concorde］为代表，安热–雅各·加布里埃尔在广场一侧修建了两座政府大楼（1753年）［图275］，紧邻着通往玛德琳教堂的笔直大道以及不远处带有拱廊结构的里沃利大街；此外，皮埃尔·夏尔·朗方［Pierre Charles L'Enfant］在为华盛顿特区设计街道布局时，则将中心一面定在了国会大厦，另一面临着波托马克河［Potomac River］，以象征新国家所蕴含的无限可能；还有位于芬兰首都赫尔辛基的参议院广场［Senate Square］（1816年）；以及最为典型的新古典主义之城——圣彼得堡，尽管并不像彼得大帝所预想的那样布满林荫大道（巴洛克风格的设计），但却由卡洛·罗西［Carlo Rossi］设计建造了雄伟壮丽的半圆形冬宫广场［Palace Square］（1819年）以及海军部大厦前方由参议院和教会大楼所共同构成的海军广场。

还有一座颇为有趣但却往往被人们所忽略的新古典主义城市便是雅典。19世纪时，丹麦及巴伐利亚的建筑师们在这里修建了一系列诸如皇宫、国会、国家图书馆以及希腊学院这样的纪念性建筑物［图276］，有意识地唤起人们对于伯里克利时代的记忆，并且大胆混合了由法国建筑师雅克–伊格纳茨·希托夫［Jacques-

275 安热–雅克·加布里埃尔在巴黎的协和广场上建造了两座对称的公共建筑（1753年），紧邻着通往玛德琳教堂（图264）的笔直大道。

276 1829年希腊实现独立后，希腊复兴式建筑便顺理成章得以出现。右下图：丹麦建筑师特奥费尔·冯·翰森在雅典建造的希腊学院（1859年），圆柱顶端为高大的雅典娜雕像。

Ignace Hittorff] 所确立下来的彩饰画法。

特权生活

到了 18 世纪，私人别墅首度跻身主要的建筑类型行列，甚至还一跃成为最具优势的一类。规范、精致、“优雅”以及受过良好教育的“品位”（所有这些都与新古典主义密不可分）与财富和技术经验相结合，共同为贵族以及富裕的中产阶级创造出一种艺术的生活方式，并将个人的享受与公众视野下的展示进行了完美的结合。

在英国，帕拉迪奥之后的一代建筑师中有一位不仅才华横溢且满怀雄心壮志，那便是罗伯特·亚当。亚当年轻时研究过斯普利特的戴克里先宫，并在罗马生活而且还和皮拉内西 [Piranesi] 建立了亲密的友谊，他还成功说服自己的赞助人相信帕拉迪奥主义已经成为过去。通过在与 1757 年时在德比郡所建凯德尔斯顿庄园 [Kedleston] 传统的北立面作对比，亚当 10 年后在设计其南立面时为其增加了成熟的罗马凯旋门结构 [图 277]。而他为白金汉郡斯陀园 [图 278] 设计的正立面则采用了中央呈矩形的门廊，两边排列柱廊，尽头则是带有大型三道窗的楼阁，与肯特的霍克汉姆城

277、278　罗伯特·亚当对于古典立面的设计天分在其为凯德尔斯顿庄园所设计的南侧立面（右图）以及斯陀园 [Stowe] 前方的花园（下图）中得到了充分的体现。他在设计前者时运用了罗马凯旋门的主题（1767年）；后者的长立面则被他巧妙地分成了五部分，中间的三部分一起占据了最重要的位置，并在罗马范例基础上运用了三联窗的设计。

279　罗伯特·亚当在设计肯伍德的图书馆时（1767年），将拱门一分为三，随后还将这一设计运用到了斯陀园的外观上。通过利用半圆形后殿并巧妙安置了镜子与书架，亚当将空间的利用玩出了新花样。

堡［图261］形成了鲜明的对比。这两处作品无不体现了亚当的“变化”理念，对凸起和凹陷的连续使用以及对高度和细节规模的改变使得他设计的正立面避免了他人设计中的那种单调和乏味，显示出独特的生动气息。到了晚年，时刻警惕时尚的亚当前瞻性地将浪漫主义元素运用到了他所设计的苏格兰“城堡风”别墅中，诸如坐落在艾尔郡海岸悬崖边上的卡尔津城堡［Culzean］（始建于1777年），它唯美得如同克劳德的画作一般。

然而，最能体现亚当非凡才华的是他的室内设计，新颖且精致的空间、绘画和灰泥的彩色装饰无不体现出他对于古罗马主题（以及一定程度的文艺复兴成果）的熟知以及自由灵活甚至幽默的运用，这一切都使他的风格成为不朽。此外，他和他的兄弟们还有一项宏伟的乡间别墅项目以及进军伦敦房产界的计划；阿德尔菲排屋

[Adelphi Terrace] 便是他们最大胆的杰作，这座建筑因其坐落在泰晤士河沿岸的平台上而得名，并赋予了“平台”[terrace] 这一专有名词组合起一排房屋的含义（英语中特指）。在位于伦敦附近的肯伍德 [Kenwood] [图 279]、在凯德尔斯顿庄园 [Kedleston] 的客厅、在他为其他老房子所重修的内部空间（赛昂宫 [Syon] 和奥斯特利庄园 [Osterley]，均在伦敦周边）以及城中两座不大的别墅中，无不存在他史无前例独创出的房间样式，那些横穿凹殿的圆柱形隔墙、模式化的壁柱、镜子以及墙上和天顶上的装饰图案一起精心构造出了一个丰富、精美并且巧妙的世界。伦敦的荷姆馆 [Home House] 算得上他的巅峰之作，每一个房间都被粉饰且装饰丰富，但依然保持了清爽宁静的视觉效果 [图 280]。此外，他的同辈兼继承者们——罗伯特·泰勒 [Robert Taylor]、詹姆士·佩恩 [James Paine] 和詹姆士·怀亚特——同样别出心裁，甚至有过之无不及，他们旨在将住房打造成为唤起古物审美享受的人间天堂。

欧洲大陆的同行们则认为自己属于较高的社会等级，有着更体面的生活方式，于是其房屋更注重设计而非生活用途。法国的小特里亚农宫 [Petit Trianon]（1762 年）是一座具有粗琢底层和雄伟

280　伦敦的荷姆馆（1775年）大概算是亚当的作品中室内装饰最为精致的一件。其装饰元素仍为基本的罗马样式，但墙面和屋顶上的彩色大理石、灰泥浮雕以及几何形图案的运用都使新古典主义在洛可可风格中变得触手可及。

281　加布里埃尔的小特里亚农宫（1762年）位于凡尔赛宫内，是他为皇室所建的休闲别墅。因此其内部便可见洛可可风的轻佻装饰，但在四方形的外观上却并未出现，甚至连三角楣墙和多余的装饰都没有。

282　威廉·钱伯斯爵士为查尔蒙特勋爵在都柏林市郊所建的马里诺小别墅（1759年）实际上是一座为了建筑而建的示范作品，它在狭小的空间中展示了对于古典风格的使用。

科林斯圆柱的精致小别墅［图 281］，为了逃避凡尔赛的宫廷束缚而建，但得益于加布里埃尔所设计的精致程度，以及他对于古典细节的极致追求，所以并未有所折扣。还有一件稍晚些的作品也同样如此，由贝朗热［Bélanger］始建于 1777 年，位于巴黎近郊的巴加泰勒城堡［Bagatelle］也同样是为某位法国皇室成员所建造。

这些规模不大但荟萃了建筑师理念精华的小型建筑完美得令人沉醉。在都柏林市郊，威廉·钱伯斯爵士为查尔蒙特勋爵［Lord Charlemont］修建了马里诺小别墅［Marino］（1759 年）［图 282］，在这里精心设计的房间整体呈现出三维立体拼图的视觉效果，可谓在一个微型的空间中完美展现出奢华、精确以及可塑性这一系列罗马建筑语言所能实现的极致。在西班牙，卡洛斯四世［Charles IV］下令由伊西德罗·冈萨雷斯·委拉斯克斯［Isidro González Velásquez］在阿兰胡埃斯宫内设计建造了拉布拉多之家［Casa del Labrador］（工人的工舍）［图 284］，后于 1803 年完工，在这里成排的房间无疑是对新古典主义趣味的最佳阐释——清爽、多彩、带有丰富包层的大理石、镶嵌饰物和绘画作品以及随处可见的家具和雕塑都持有着同等的高标准。在德国，古典之风因歌德的学术影响在魏玛大放异彩，1791 年，由约翰·奥古斯特·阿伦斯［Johann August Arens］为大公所修建的罗马小屋［Römisches Haus］（罗马别墅）将临街端庄的爱奥尼亚柱、公园中质朴的多利安柱以及轻快的庞贝式内部有机地结合在一起。在意大利，拉克尼基城堡［Castello of Racconigi］不仅同样完美，而且也更具野心，

283 波兰国王位于华沙的水上宫殿（1775年）可谓斯坦尼斯瓦夫二世的小特里亚农宫，将奢华、典雅以及迷人的景色一起融入田园牧歌式的花园装饰中。

284　18世纪末，伊西德罗·冈萨雷斯·委拉斯克斯为西班牙波旁王朝的皇帝卡洛斯四世所修建的拉布拉多之家（1803年建成），即使在王朝结束后依然作为皇权的象征而存在。其中雕像厅的设计也为展示不同种类的丰富古物和新古典主义雕像量身定做。

285　在瑞典，古斯塔夫三世同样对小特里亚农宫情有独钟，1787年他下令在哈加为自己修建了小型的郊外行宫。坦普朗所设计的外观十分正统，但法国人路易-阿德里安·马斯雷利耶［Louis-Adrien Masreliez］所装饰的建筑内部则展现出罗马和庞贝的风格。在会议室，古罗马的异域风情与东方样式被完美地结合。

它建造有一系列罗马、伊特鲁里亚乃至中国风情的奢华房间，从1758年起直到19世纪30年代一直备受瞩目。

北欧地区对新古典主义的热情显得格外特别。在波兰，华沙的水上宫殿［Lazienki］［图283］别具一格，它由多梅尼克·梅利尼［Domenico Merlini］为波兰最后一位国王斯坦尼斯瓦夫二世［Stanislas August］在两湖之间而建（1775年）。这是一座真正庄严的小型宫殿，具有无可挑剔的外景、雕塑以及家居装饰，堪称比罗马更为罗马。在瑞典，古斯塔夫三世［Gustavus III］有意效仿小特里亚农宫，于1787年任命奥洛夫·坦普朗［Olof Tempelman］设计建造了哈加楼阁［Hagapavilion］［图285］。俄国人则以沙皇村的玛瑙馆［Agate Pavilion］（1780年）作为骄傲，这是一座由查尔斯·卡梅伦专为凯瑟琳大帝［Catherine the Great］所设计建造的带有温泉的休闲宫［图286］。卡梅伦在房间内部重新设计了宫殿本身，他以一种从古罗马到拉斐尔都一直被人们自由采用的绘画主题展现了夺目的丰富创造和一种高雅的丰盛。

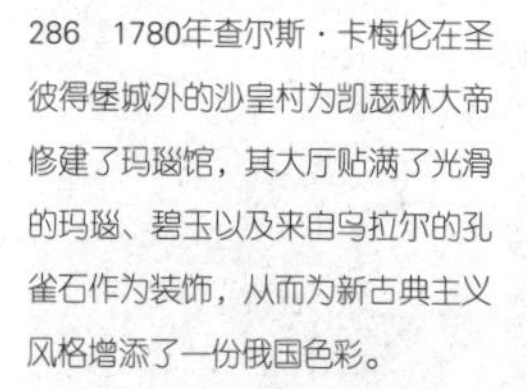
286　1780年查尔斯·卡梅伦在圣彼得堡城外的沙皇村为凯瑟琳大帝修建了玛瑙馆，其大厅贴满了光滑的玛瑙、碧玉以及来自乌拉尔的孔雀石作为装饰，从而为新古典主义风格增添了一份俄国色彩。

最后将目光转向美国，在这里，古典主义根深蒂固并且保持了最为持久的影响。尽管北美地区那些伟大建筑通常不被纳入国际新

古典主义之内，但它们的确属于同一范畴。作为领军人物之一的托马斯·杰斐逊不仅连任美国总统一职，同时也是启蒙运动中的佼佼者。出于对建筑的着迷，他在法国大革命之前便已对巴黎了解颇多（他还在英国进行过短暂的游历），随后便成立了美国最大的建筑类图书馆。此外，他还在弗吉尼亚州为自己建造了蒙蒂塞洛[Monticello]府邸（1769年），这是一座典型的已经本土化的美国式古典主义建筑[图288]。他的诸多创新都具有实用性（例如用旋转架将食物送进卧室或是将床安置在两扇房门中间的壁龛内，这样便可以在起床后直奔更衣室或者书房），但他同时也不断地在思考建筑问题，并根据视觉效果对局部进行增减。他的这些理念在他创建弗吉尼亚大学后得到了进一步的发展，在这间坐落于夏律第镇的学院里，不同风格的居住区为建筑学科的教学提供了现实的案例[图289]。杰斐逊生前几乎参与了所有主体建筑的工程设计。自1800年起到1861年美国内战爆发，正当南方的繁荣开始逐渐消逝之时，在弗吉尼亚州、南北卡罗莱纳州、乔治亚州和路易斯安那州，一些显赫家族建造起了数以百计的豪宅，人们沉浸在一种自命不凡的情绪中，然而这种伟大的单纯却又是欧洲人所无法企及的。事实

287　位于阿拉巴马州塔斯卡卢萨市的威廉科克伦别墅（约建于1855年，已拆毁）是一座典型带有圆柱门廊和阳台的南方建筑。

288、289 1769年，托马斯·杰斐逊开始建造蒙蒂塞洛府邸（前页上图），并终其一生都在不断对其进行改造和扩建。杰斐逊也被人们称作“帕拉迪奥第二”，他的建筑无论面积还是实用性都比大多数所谓的帕拉迪奥式建筑更加接近帕拉迪奥的作品。

在弗吉尼亚的夏律第镇（下图），他于1817年开始建造第一座大学校园，最初入口在西边的最远端。现今的图书馆是由斯坦福·怀特［Stanford White］重建的一座位置显著的大型圆形建筑，此前的建筑曾在1895年的火灾中被毁。

上，他们的那些建造者并不太关心“正确性”与其古怪个性之间的不协调。他们大多都会将巨大的圆柱安置于门廊处，常常不合规矩地在中间伸出阳台。他们通常还会省去三角楣墙，只留下从高处伸出的坚实飞檐（例如位于阿拉巴马州塔斯卡卢萨市的威廉科克伦别墅［William Cochrane House］，大约始建于1855年［图287］)。出现这种圆柱别墅最多的则是路易斯安那州，例如新奥尔良市的花园区［Garden District］。

随着人们开始顺应时代、不断创造出新的设计且不再简单照搬旧有成果，灰泥和铸铁技术便实现了长足的发展，达到了鼎盛时期。椭圆形的房间、飞旋的楼梯、明快而又别致的装饰也随处可见，例如坐落于南卡罗来纳州查尔斯顿市的纳撒尼尔·拉赛尔故居［Nathaniel Russell House］(1808年)。在位于杰克逊市的密西西比州州长府邸［Governor's Mansion］(1839年)，所有房间都以大气的希腊式门廊（比真正的希腊门廊还要宽敞）和罗马式立柱为标志被巧妙地有序排列。然而此类建筑中最为人们所熟知的则是弗吉尼亚州阿灵顿镇上的李公馆［Lee Mansion］，1826年，乔治·哈德菲尔德［George Hadfield］为其建造了气势雄伟的多利安式门廊。

然而，大多建筑的设计并非出自建筑师之手，而是建筑主人或者建造者们的功劳。1817年，索恩的学生威廉·杰伊［William Jay］从伦敦来到了乔治亚州，并在这里建造了一系列别具一格的别墅建筑，但大多都不幸被拆除。与无处不在的危险楼梯相比，他的设计完胜了这里的一切。他在位于萨凡纳的阿奇博尔德·布洛克府邸［Archibald Bulloch House］(1818年）内部修建了从房子正中独立盘旋上升的楼梯，并在其周围环绕了六根呈圆周排列的组合柱，使得历史学家不由自主地联想到移走了内部圆柱的利希克拉特得奖纪念碑［图8］。事实上在整个南方地区，楼梯往往被视为一座房子的灵魂所在，位于密西西比州纳奇兹市的莱曼·哈丁府邸［Lyman Harding House］(1812年）也建有同样的独立盘旋梯。

文化和商业

在新古典主义时期，恰逢许多发展成熟的社会机构开始需要建立具有自身独特个性的办公建筑，如文化领域的博物馆、美术馆、剧院；以及商业领域的银行、交易所和大型零售商店等。

1750年之前，所有的美术馆和博物馆尽管会在不同程度上对公众开放，但仍为私人所有。直到18世纪70年代才有了第一批专为特定目的的建造的建筑物，如西蒙·路易斯·杜·利［S. L. du Ry］在卡塞尔所建造的弗里得里希阿农博物馆［Museum Fridericianum］(一座中间带有门廊的传统建筑物)，罗马的庇奥–克里门提诺博物馆［Museo Pio-Clementino］，以及米开朗琪罗·西莫内蒂［M. Simonetti］和朱塞佩·坎波雷西［G. Camporesi］为梵蒂冈宫增建的一系列宛如纪念碑似的房间，还有罗伯特·亚当为约克郡的纽比庄园［Newby Hall］所设计的小型藏画室。十年之后则又多了位于马德里的普拉多［Prado］美术馆，这座由胡安·德·比利亚努埃瓦［Juande Villanueva］设计的雄伟建筑完全是为公众建造的。

在随后的四十年间，整个欧洲都掀起了国立博物馆的热潮，同时又受到拿破仑改造罗浮宫的激励。于是，到了19世纪20年代便出现了两座堪称不朽设计的博物馆建筑，即卡尔·弗里德里希·申克尔［Karl Friedrich Schinke］建造的柏林旧博物馆［图265］以及罗伯特·斯默克［Robert Smirke］在伦敦建造的大英博物馆［British Museum］［图290］，二者都采用了雄伟的独立式爱奥尼亚柱廊作为主题。在此后近一个世纪的时间里，古典风格都始终作为博物馆和美术馆建筑的固定样式而存在。莱奥·冯·克伦泽是申克尔在德国新古典主义运动中的继承人，他建造了一系列优秀的博物

290、291　19世纪初，公立博物馆开始逐渐崛起并在文化领域占据了一席之地。1823年，罗伯特·斯默克在伦敦建造了大英博物馆，并将大部分空间给予了高大的爱奥尼亚式柱廊（下图）。在圣彼得堡，莱奥·冯·克伦泽为新埃尔米塔什博物馆（1842年）修建了通向楼上藏画室的楼梯，两侧大理石墙面和多利安圆柱使其更显雄壮（右下图）。

馆建筑，其中包括了坐落在慕尼黑的古代雕塑展览馆 [Glyptothek]（1815 年）和古画馆 [Alte Pinakothek]（1826 年）以及专为俄国皇家艺术藏品修建的位于圣彼得堡的新埃尔米塔什博物馆 [New Hermitage]（1842 年）[图 291]。直到今天，该博物馆都被公认为较美丽的博物馆之一，而其作为建筑的巨大魅力甚至盖过了其中藏品的影响。而由宾德斯波尔 [M. G. Bindesbøll] 建于哥本哈根的托瓦尔森博物馆 [Thorvaldsen Museum]（1839 年）同样是为专用目的而建造，现已成为托瓦尔森及其作品的收藏圣地（托瓦尔森去世后便被埋葬在这里）[图 292]。

此外还有乔治・巴塞维 [George Basevi] 在剑桥建造的菲茨威廉博物馆 [Fitzwilliam Museum]（1837 年）、W.H. 普莱费尔 [W. H. Playfair] 在爱丁堡建造的苏格兰国立美术馆 [National Gallery of Scotland]（1850 年）以及 C.R. 科克雷尔 [C. R. Cockerell] 在牛津建造的阿什莫林博物馆 [Ashmolean Museum]（1841 年）全都属于有极强功能性的建筑，并且有意识地强调的那种崇拜和尊敬之情直到 20 世纪中叶依然被认为是对于艺术的一种思考。进入 20 世纪之后，古典主义依旧在不断证明着自己的价值但却已显得有些力不从心。

与此同时，剧院也在经历着从私有向公众化的转变。除英国与美洲之外，大部分欧洲国家剧院甚至成为一块市政丰碑，通常都

292　哥本哈根的托瓦尔森博物馆（1839年）是一件出自丹麦最伟大的新古典主义建筑师之手的作品。这位不落窠臼的建筑师宾德斯波尔从古希腊和迈锡尼的建筑中寻找到了灵感。

293 维克托·路易在建造波尔多大剧院时（1773年）似乎所有的问题都迎刃而解。华丽的楼梯围成环形，观众得以顺畅地进出楼座和包厢。剧院的装饰丰富却不泛滥，精巧的法国泥瓦技艺令每一处细节都无懈可击。

由国家出资建造在那些独立显眼的黄金地段。它们几乎全都被设计为拥有半圆形或者马蹄形的观众席，并留有宽敞的通道、台阶、演奏厅、后台以及排练室。

第一座这种新风格的剧院是由乔治·文策斯劳斯·冯·克诺贝尔斯多夫［Georg Wenzeslaus von Knbelsdorf］为腓特烈大帝建造的柏林大剧院［Berlin Opera House］（1741 年），占据了林登大道［Unterden Linden］上位于岛上的一处，入口是古典式的带柱门廊。十年后，雅克-热尔曼·苏夫洛［Jacques-Germain Soufflot］设计建造了里昂歌剧院［Lyons Opera House］（1754 年），并且掀起了一场效仿的热潮；二十年后，维克托·路易［Victor Louis］建成了波尔多大剧院［Grand Thétre of Bordeaux］（1773 年）［图 293］，同时也将这一风格推向了顶峰。这座剧院位于城市的中心地带，正前方建有一排雄伟的柱廊，彰显着剧院在城市生活中的文化地位。（一百年后，夏尔·加尼耶［Charles Gamier］设计巴黎歌剧院时也依然将波尔多作为效仿的典范）路易也在观众席上建造了呈圆环状分布的高大立柱，但人们却普遍认为这样的设计影响到了观众席的座位数（1788 年，勒格朗［Legrand］和莫利诺［Molinos］在巴黎建造的费多大剧院［Thétre Feydeau］里共建有28根立柱）。但是对于一些规模较小的皇家剧院来说，环绕一周的圆柱带给人们一种庄重且高贵的古典主义质感，例如卡洛斯四世［Charles IV］位于卡塞塔［Caserta］的剧院（万维泰利始建于1752年），古斯塔夫三世［Gustavus III］位于格利普霍姆堡［Gripsholm］的剧院（埃里克·帕尔姆斯塔德［Erik Palmsted］始建于1781年），以及凯瑟琳大帝位于俄米塔西的剧院(夸伦吉[Quarenghi]始建于1782年)。在这些宫廷剧院中最为耀眼的则非凡尔赛宫中的那间莫属，这座剧院由加布里埃尔始建于1763年，其内部半圆形柱廊背后还安置了更多更高层的座位。

18世纪末，戏院和歌剧院已发展到了空前的规模，能够同时容纳3000名观众并且包含了六至七排的包厢。从建筑学的观点来看，最著名的当属那不勒斯的圣卡洛剧院［San Carlo］(由安东尼奥·尼科利尼［Antonio Niccolini］重建于1810年和1816年)、伦敦科文特花园［Covent Garden］里的剧院（由罗伯特·斯默克始建于1809年，后被如今的歌剧院建筑所取代）以及伦敦位于特鲁利街［Drury Lane］的皇家剧院（由亨利·霍兰德［Henry Holland］始建于1794年，随后在1812年又由本杰明·怀亚特［Benjamin Wyatt］重建并保留了前厅和楼梯）。在所有这些杰作中，公共房间和楼梯已和观众席同样重要。

此外，商业和工业的不断发展也史无前例地开始建造属于自己的建筑。英格兰银行［Bank of England］成立于17世纪末，1732年开始在伦敦修建自己的银行大楼，并随后不断扩大规模（对此的

294 威廉·斯特里克兰在费城所建的交易所（1832年）向人们展示了希腊复兴式风格是如何运用于商业建筑并改变着现代城市的。弧形的科林斯式立面坐落在两条街道的拐角处，顶上耸立着一座利希克拉特得奖纪念碑（图8）。

295、296 希腊复兴式建筑的两件代表作，其一是托马·德·德农在圣彼得堡建造的股票交易所（上图，1804年），这座宽敞的独立大厅具有效仿了罗马浴场的高窗和光滑的多利安式柱廊环绕在其周围。还有一件是托马斯·汉密尔顿所建的爱丁堡皇家中学（下图，1825年），利用其陡峭的位置将台阶、平台和柱廊营造出古希腊卫城的视觉感。

讨论将在后文论述约翰·索恩爵士的部分一并进行）。随后，其他银行也都开始效仿，到了19世纪初期，银行大楼已在英国遍地开花。科克雷尔分别为其在布里斯托尔（19世纪30年代）和利物浦（19世纪40年代）所设计的那些建筑已属于新古典主义晚期风格，采用了罗马的建筑语汇来进行对于实力、安全以及财力的展现。这些语汇直到20世纪都依然备受推崇，毕竟银行建筑几乎很少会去追求现代感，而其内部则展现出不同地域的别样建筑风采，从爱丁堡、贝尔法斯特［Belfast］到墨尔本、芝加哥都具有其自身独特的美。19世纪20年代，威廉·斯特里克兰［William Strickland］在费城出版了他关于所有新古典主义风格多样性体现在银行和商业建筑上的总结［图294］。许多大城市则还需要一些交易所，尤其是那种适合商业会议的宽敞的开放式大厅。布龙尼亚建造的巴黎证券交易所在前文已提到过。然而，托马·德·德农［Thomas de Thomon］在圣彼得堡所修建的带有柱廊的交易大厅（1804年）［图295］则低调地坐落于涅瓦河畔，对面便是海军部大厦和矗立于前的海军纪念柱，着实为金融世界增添了难得的殊荣。

至此，不必再次强调新古典主义风格所具有的无限可能，其中一些最为成功的典型建筑类型甚至给人们制造出了古罗马风格的即视感。如火车站（由菲利普·哈德维克［Philip Hardwick］始建于1835年的伦敦尤斯顿火车站［Euston］)、市场（由朱塞佩·贾泊利［Giuseppe Japelli］始建于1821年的帕多瓦［Padua］肉市场)、旅馆（由赖卡特［C. H. Reichardt］于1839年在南卡罗来纳州的查尔斯顿建造的查尔斯顿酒店［Charleston Hotel］)、监狱（由乔治·丹斯［George Dance］建造于1770年的伦敦纽盖特监狱［Newgate］)、医院（由费迪南多·富加［Ferdinando Fuga］于1751年在那不勒斯建造的波旁济贫院［Albergodei Poveri］)、学校（由托马斯·汉密尔顿［Thomas Hamilton］于1825年建立于爱丁堡的皇家中学［Royal High School］［图296］)以及国家纪念物（由J.F.T.沙尔格兰［J. F. T. Chalgrin］于1806年设计建造的巴黎凯旋门［ArcdeTriomphe］以及前文已提到过的克伦泽所设计的瓦尔哈拉神殿［图266］）等。作为一种魅力持久的伟大风格，它实现了经久不衰的强强联手和视觉满足。

古典主义与基督教

对于新古典主义教堂来说，很难找到任何一座典型代表以及有章可循的发展道路。它们中的每一座都是一件仍在探索中的试验品，并且也未能解决掉所有难题。

坐落于巴黎的圣热纳维耶芙大修道院突出了其雄心勃勃的规模

297　苏夫洛建造于巴黎的圣热纳维耶芙大修道院，即先贤祠（始建于1754年）。表面被墙体封起的窗户痕迹清晰可见。

298 右图为先贤祠内景。苏夫洛尝试用哥特式承重结构做基础来保持平衡，并采用了纯粹的古典样式。这座建筑原本应具有非常充足的采光和明亮的视觉效果，但那些窗户为给纪念碑提供背景墙而被填封，此外，最终实心砌体结构也取代了圆柱来支撑圆顶。

及独树一帜的设计，这件出自于苏夫洛之手的作品还被称为先贤祠[图 297]。这座为了巴黎守护神而始建于 1754 年的圣地，堪比罗马的圣彼得大教堂以及伦敦的圣保罗大教堂[图 247]。在设计方案上，苏夫洛像雷恩一样采用了对称的希腊十字结构，又在十字上方增添了穹顶，并同样加长了教堂中殿进行改善，同时也旨在将哥特式结构与惯常古典主义形式所制造的空间感联系起来。然而不同的是，雷恩最终还是采用了隐蔽的飞拱以及稳固的柱墩，而苏夫洛则选择以细长柱来支撑穹顶的全部重量[图 298]。但他太过于冒进，到了 1806 年人们已不得不开始对他的相交柱墩进行加固。与此同时，他所设计的宽敞大窗也因不适用于教堂新的世俗用途而被封起。受雷恩影响颇深的穹顶也引发了激烈的争论。但他的立面设计还是颇为成功，不仅避免了雷恩的双层门廊结构而且以六根雄伟的科林斯柱圆满地展现了他的庄重理念。

对于达到了主教堂规模的教堂建筑来说，穹顶是必不可少的一部分，因为非常适宜成为一个中心。从里卡尔·德·蒙弗朗[Ricard de Montferrand]在圣彼得堡所建造的圣以撒[St Isaac's]主教堂（1825年）到尤利乌斯·拉什多夫[Julius Raschdorf]在柏林所建的柏林主教堂[Berlin Dom]（1884年），无不保留了这一做法。但再没有出现在建筑质量上能够媲美先贤祠的同类建筑。更有趣的是，这一形式还被本杰明·拉特罗布运用到了位于马里兰州巴尔的摩市[Baltimore]的天主教主教堂的设计上（1805年）[图299]。这座教堂看上去如同是在一座罗马式万神殿的顶部树立起半圆形穹顶，其内部包含有正方形广场并用浅盘穹顶作为延伸出的中殿屋顶，末端则是带有三角楣墙的门廊设计。

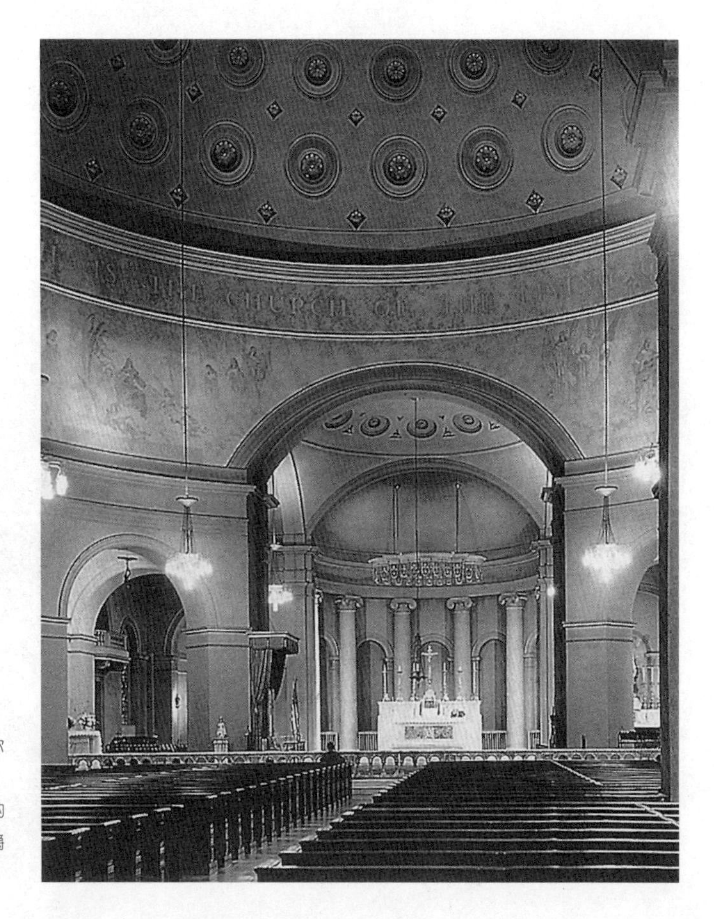

299　本杰明·拉特罗布在巴尔的摩市所建的天主教堂（右图，1805年）由一系列带有浅穹顶的方形组成，与其老师约翰·索恩爵士的风格非常接近。

对于新古典主义的建筑师来说，建造圆形教堂几乎占据了他们所有的理想方案，个别还得以实现，例如克诺贝尔斯多夫在柏林所建的圣黑德维希［St Hedwig's］主教堂（1747 年设计，但后由其他建筑师建造）、乔治·斯图尔特［George Steuart］在什鲁斯伯里所建的圣乍得［St Chad's］主教堂（1790 年）、罗伯特·米尔斯［Robert Mills］在弗吉尼亚里士满所建的莫曼特教堂［Monumental Church］（1812 年）以及格奥尔格·莫勒［Georg Moller］在达姆施塔特所建的路德维希教堂［Ludwigskirche］（1820 年）。莫勒的设计可谓这些作品中最简单的一座，其外表朴素得就像一座天文馆，内部则是由一圈科林斯柱撑起的圆环。米尔斯的设计亦然，其八边形的教堂主体和入口处突出的方形门廊都体现了古代希腊的特点。然而，最典型的代表则是位于意大利波萨尼奥的天主教堂，该教堂由雕塑家安东尼奥·卡诺瓦［Antonio Canova］生前设计，并于 1819 年投入建造［图 300］。这间教堂的主体是以罗马万神殿为基础，但门廊效仿雅典的万神殿造型［图 2］，采用了纯正的希腊多利安式，绝妙地将学术和想象结合在了一起。

事实上，能够为这两者找到正确的平衡点才是新古典主义教堂建筑的关键所在。巴黎玛德琳教堂［图 264］的出现将纯粹的古物研究向前推进了一步，这座由皮埃尔-亚历山大·维尼翁于 1806 年

300 雕塑家安东尼奥·卡诺瓦在其家乡波萨尼奥所建造的教堂结合了希腊和罗马关键性的纪念元素，可谓较原创的新古典主义教堂之一。

设计建造的教堂（虽然后来又进行了改建）可以看作一件罗马寺庙的仿制品，四周环绕着科林斯式的列柱围廊。而在伦敦，由威廉·英伍德和亨利·威廉·英伍德共同设计建造的新圣潘克拉斯教堂［New St Pancras Church］（1819年）生硬地将希腊元素结合在了一起，尽管只有一些局部而非整体都适用于那个时代。它的尖顶是将风之塔与雅典的利希克拉特得奖纪念碑相结合的产物，而其圣器收藏室［vestries］则仿造了厄瑞克特翁神庙的女像柱廊［图6］。在希腊复兴时期，多利安式庙宇的立面几乎变成了英国（伦敦滑铁卢大街上的圣约翰［St John's］教堂，由弗朗西斯·贝德福德［Francis Bedford］于1815年修建）和美国（位于南卡罗来纳州查尔斯顿的第二浸信会教堂［Second Baptist Church］，由爱德华·布里克奈尔·怀特［Edward Bricknell White］于1842年修建）的标准化模式。然而，对于希腊元素更为别出心裁的使用则体现在约瑟夫·博诺米［Joseph Bonomi］在沃里克郡的大白金顿［Great Packington］所建造的具有非凡空间的圣詹姆斯教堂上，他用四根嵌入四方拐角处的多利安柱撑起了方形的交叉拱顶。

此外，还有人会选择比较直接的方式来保留巴西利卡的格局，即简单地用带有平整檐部的古典式柱廊取代拱廊结构。但这么处理的结果鲜有完全成功的，即使是皮埃尔·孔唐·迪夫里［Pierre Contant d' Ivry］在阿拉斯所建的规模宏大的带有科林斯式柱廊的圣瓦尔斯［St Vaast］主教堂（1775年），抑或是由让-弗朗索瓦·沙尔格兰［Jean-François Chalgrin］在巴黎所精心设计建造的带有爱奥尼亚式柱廊的鲁莱圣斐理伯［St Philippe-du-Roule］教堂（1768年）都不例外。尽管建筑师不详，但位于都柏林的天主教代主教堂［Catholic Pro-Cathedral］（1815年）却是一件效仿了鲁莱圣斐理伯教堂的产物，并以多利安式列柱取代了爱奥尼亚式。如果将柱廊修建成两层并且将上层的窗户向外推至外墙，便可以显得更为高贵，正如雅克-伊格纳茨·希托夫［Jacques-Ignace Hittorff］在巴黎所设计的圣万森-德-保罗［St Vincent-de-Paul］教堂那样（1824年），但这么做的最大弊端就是会因失去高窗而直接影响到教堂的采光。然而这一问题并未困扰到克里斯蒂安·弗雷德里克·翰森［Christian Frederik Hansen］于1811年在哥本哈根建造的圣母教堂［Vor Frue (Our Lady) Church］。在这座纯粹的新古典主义教堂内部，带有柱墩的厚重拱廊完全可以被看作一面开放式的实体墙，在其上方一排光滑的仿多利安柱支撑起了方格状的圆拱。在外部，多利安式门廊与方塔相得益彰。

由于受到后浪漫主义［post-Romantic］和哥特式复兴［post-Gothic Revival］浪潮的影响，新古典主义教堂陷入了一种语言陷阱的困境，就好像一说起古典主义与基督教就总是格格不入一样。18 世纪时的自然神论［Deism］认为基督教的本质是理性的，其教义也并非建立在奇迹和超自然的现象之上，这恰好与古典主义的本质及其表现形式极为相符。但这样的说辞在圣托马斯·阿奎那［St Thomas Aquinas］的那个时代也许还会被认可，但在约翰·拉斯金［John Ruskin］这里则已然完全行不通了。

四幅建筑师肖像

在这个诸多方面都在寻求一致性的时代，有四个人坚定地固守着他们的独特性。他们强大的个性标志从其建筑作品中便可被一眼认出。他们推动着新古典主义发展到了原本根本无法企及的高度，成为一种超越风格的抽象体系。从某种意义上来说，他们每个人都是一个梦想家，在不断与来自现实主义作品的制约做斗争的同时，也拥有着脚踏实地的实干精神。他们乐于尝试尽可能广泛的设计范围，就像科学家试验假说那样试图将风格与功能性完美结合。

克劳德-尼古拉·勒杜最初是为贵族设计别墅的，他的风格从

301　勒杜在阿尔克和塞南地区建造盐场时已能够展现出自己独特的风格特色，通过减少古典的建筑语汇使得几何形元素变得简约。图为管理者的住宅（1775年）。

那些不朽的建筑立面以及独特的构造中均得以体现。1771 年，他被任命为皇家建筑师和弗朗什孔泰 [Franche-Comté] 的盐场监督员，这些职位为他提供了更多新机会，同时也为其想象力的发展创造了新空间。他在阿尔克 [Arc] 与塞南 [Senans] 之间建造的盐场主体呈巨大的半圆形结构并沿直径横跨了一排建筑将其隔断。入口处的大型门廊采用了六根托斯卡纳式圆柱，两侧的雕刻则象征着盐湖水从罐中滴下。其他建筑则是为了特定实用目的而设计的纯原创风格，具有厚重的粗琢墙面以及方圆相间的圆柱结构 [图 301]。人们往往会觉得这里过于严肃，毕竟这是一个有着严格纪律性的组织（曾经甚至有过监狱），但勒杜不仅需要考虑其外观，同时还要照顾到人们的生活方式。他本人很可能就是作为社会工程师的建筑师们最早的榜样。在盐场建成之后，他甚至计划将其扩建为一个新的城镇，并于三十年后的 1804 年拿出了他的最终设计方案。原本的半圆被扩展成为一个完整的圆形结构，其外围还分散着一排其他建筑。其中多数房屋的象征性远大于其实用性，例如被其设计为生殖器状平面结构的性指导中心 [House of Sexual Instruction]。

同样是在 18 世纪 70 年代，勒杜还设计了贝桑松 [Besançon] 的大剧院 [图 302]。然而他并没有将观众席设计成半圆形或者马蹄形，而是采用钟形取代了呈环状排列且垂直上升的包厢结构，并退回到了圆形剧院的标准。在其背后则是由 24 根多利安柱组成的柱廊，柱廊背后则有更多的观众席位（这些席位的视野受限严重）乐队的演奏场地则被安置在了舞台的下方，这样的设计比瓦格纳 [Wagner] 在拜罗伊特 [Bayreuth] 的剧场要早得多。不仅如此，

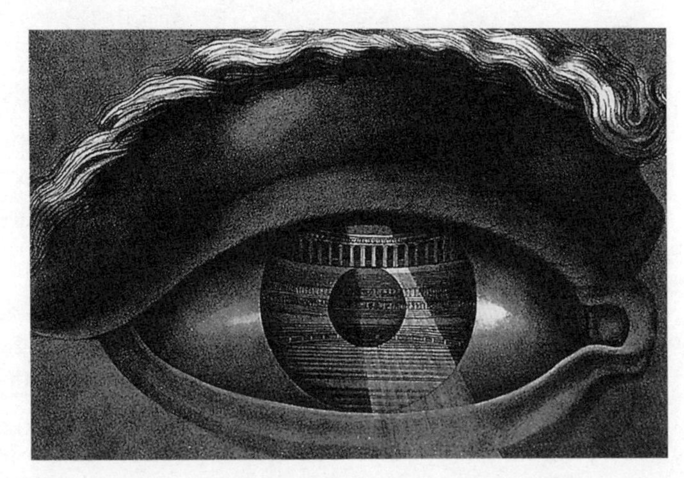

302 透过巨眼雕像我们可以看到勒杜所建贝桑松大剧院的观众席（1775年），勒杜在此并未采用包厢设计，而是将座位整体向后安置，犹如圆形剧院里那样。图片来自他的著作《建筑与艺术、社会风俗以及法律的关系》[*L'Architecture considérée sous le rapport de l'art, des mœurs et de la législation*]（1804年、1847年），这部著作不仅颇具先见之明并且产生了广泛的影响力。

303 通过为巴黎修建大约50座绕城城门来控制税收，勒杜得以尽情展示他所能设计出的不同建筑样式。维莱特城门是其中较为雄伟的一座，它将抽象的古典风格表现到了极致，呈现出不加穹顶的鼓形座样式。

他还制作了一件巨眼雕刻，并从中反映出剧院的内部。

巴黎城曾通过对农村进来的商品进行征税来获利，但这一项措施却经常被人们巧妙逃避，到了1784年，巴黎决定围城筑墙，并设置50座左右的城门或关卡进行管理，于是勒杜便成为这项工程的设计师。他设计了一系列用以展现力量和权威概念的微型楼阁，其中一些直接采用了带有多利安柱的古典式设计；一些继承了他在阿尔克和塞南盐场所创造的粗琢样式；一些效仿了帕拉迪奥式主题；还有一些则建造了带对柱的拱廊。这些楼阁在法国大革命中被推倒了一部分，而更多的则是毁于1860年。如今仅有四座保留下来，其中便包括了最为雄伟的维莱特城门［Barrière de la Villette］。这是一座无圆顶的圆形建筑，前方的门廊处带有八根方形柱墩［图303］。尽管直到1806年去世，勒杜大部分作品都是旧制度［Ancien Regime］的产物，但他却是建筑领域的改革家，并将希腊、罗马以及文艺复兴时期的建筑语汇得心应手地拿来服务于当下。

关于约翰·索恩爵士我们可以谈论很多，但相对于他权力阶层的身份来说，他更是一个活跃的浪漫主义者。他的那些古典主义建筑不仅成为人们效仿的权威，更是一种被赋予新生的奇观。在结束了三年的意大利生活后，他逐渐筹备起了自己的乡村别墅计划，并在一系列实践中创造出独特的风格。这在很大程度上归功于他卓越的想象力和如今被人们低估的大师级人物小乔治·丹斯［George Dance the Younger］，同时也因自身不凡的空间创造力而著称（他以浅拱和壁龛等的微妙转变来分隔房间），如通过高窗和拱顶来进行采光，以及利用了雕刻线和程式化平面装饰组成的希腊式纹样集合。

1788年对索恩来说可谓天赐良机，这一年他被任命来负责英格兰银行大楼的设计修建及大量其余建筑的扩建和翻新工作。他为银行大楼增添了新的办公室，取消了一些其他多余的设施，并在外围环绕了一面无窗的高墙。在银行办公室内部，几乎所有明显的古典元素都被回避，代之以只是开有高窗的单纯几何学构造的浅穹顶（安全起见，仍依靠顶窗采光）、平圆拱、带有小凹槽的石板、半圆形的方格壁龛以及连接其他空间的综合通道，同时也有房间相对较为古典［图304］。这座银行建筑可谓索恩丰富经验的集大成者，然而不幸的是，到了20世纪20年代，几乎所有他的作品都因重建而被拆毁。

有一点值得庆幸的是，他本人位于伦敦林肯律师学院广场［Lincoln's Inn］的私人府邸得以保留，成为一座展现其独特个性的博物馆［图305］。在这里一切具有其个性化特征的事物都是小规模的，如隐蔽的高窗、叠加的饰面、镜子、幕状的天顶以及令人惊艳的视野。这里还布满了他所收藏的绘画、雕塑以及建筑部件，甚至一件古埃及石棺。

304、305　图为约翰·索恩爵士两件代表作的内部照片。左下图为英格兰银行的百分之四办公室（1818年）；圆顶内部高耸着一圈效仿了厄瑞克特翁神庙的女像柱（图6）。右下图是他在伦敦林肯律师学院广场的私人府邸中的早餐室（1813年）。二者都采用了从两侧到中间的顶部采光设计，而且高雅的细节也是索恩的一大特色。

他的所有作品，无论私人宅邸还是官方建筑都表现得既超前又与众不同。在设计教堂时他也原则性地避开了吉布斯所采用的将尖塔与门廊相结合的做法，坚持将塔楼建在地面上。在设计达利奇学院美术馆［Dulwich College Art Gallery］（这是一座将养老院和建造者陵墓合二为一的建筑）时，他还利用自身的空间创造力为绘画展厅设计了理想的顶窗结构。1837 年，约翰·索恩爵士以高龄寿终正寝。

卡尔·弗里德里希·申克尔则大器晚成，直到 1815 年，34 岁的他才正式开始了建筑师生涯，这一年，普鲁士刚刚结束了与拿破仑之间的不断征战。申克尔曾在调停期去到意大利，并深深为哥特式建筑所着迷，他绘制了一系列浪漫主义的中世纪教堂日落图、全景画以及绘有不同时期建筑样式（包括希腊、埃及在内）的舞台布景（如《魔笛》［*The Magic Flute*］）。然而，作为普鲁士政府建筑的负责人，他在柏林所建造的第一批作品却全部坚持了古典主义风格，如新岗哨［Neue Wache］（位于林登大道的一座带有多利安式门廊的卫兵室）［图 306］、柏林老博物馆（上文已提及）［图 265］和柏林音乐厅［Schauspielhaus］（戏剧音乐礼堂）。它们都有光滑的列柱和立方体块，强调水平效果，并以代表新式的平面方柱墩形成了窗户之间的隔断。

随后，申克尔开始了设计家庭建筑的新阶段。他在波茨坦地区建造了一些别墅，其中大部分为皇家别墅，如泰格尔城堡［Schloss Tegel］、格利尼科宫［Schloss Glienicke］以及他的代表作夏洛登霍夫宫［Charlottenhof］。这些受意大利影响深刻的新古典主义建筑都进行了严格选址和内部装饰，以避免与其纯正的古典主义风格产生距离感。夏洛登霍夫宫从规模来看仅仅是一座小别墅，但其中

306 申克尔在柏林的林登大道上所建造的卫兵室——新岗哨（1816年）是一座具有象征意味的实用性建筑物。

那些装饰精美多样的房间排列以及威严的门廊和楼梯间使之成为小型的伟大之作。其最具有传统和创新双重精神的作品是一座小型的综合式罗马浴场，位于他在波茨坦为宫廷园丁效仿庞贝建筑而建造的房子里［图 307］。

由于公务性质的影响，申克尔开始逐渐对建筑科技（1826 年他在游历英国时学到了工业革命的成果）及自由运用铸铁材料建造楼梯等部件产生了浓厚的兴趣。他于 1831 年创建了自己的建筑学校，这是一座史无前例的红砖建筑，看起来就像他在老博物馆后面

307　图为申克尔在波茨坦为宫廷园丁所建府邸的一景（1829 年）。申克尔在这座庞贝风格的别墅中建造了一间所谓的小型罗马浴场。

308　1834年，申克尔在雅典卫城为希腊国王设计了一座宫殿，位于地基的最东边，并保持了单层空间的建筑形制，它应该具有罗马古典主义的样式，但不会同古代神庙相混淆。

所修建的大型仓库那样。

与此同时，他也展现了自己的浪漫主义倾向。而那些关于他建造弗里德里希韦尔德教堂 [Friedrichwerderschekirche]（1824 年）、巴别斯贝格堡 [Schloss Babelsberg]（1834 年）以及另一座波茨坦别墅 [Potsdam Villa] 都是对于哥特式进行尝试的说法也并不能完全令人信服。在他后期的作品中，有两件结合了幻想成分和新古典主义形式的作品对他来说相当自然。他先在雅典卫城 [Acropolis in Athens] 为新上任的希腊国王奥托一世 [Otto of Wittelsbach] 建造了一座宫殿（1834 年）；随后还在克里米亚半岛 [Crimea] 的奥里安达为俄国女皇建造了行宫（1838 年）。二者都是仅有一层的低矮建筑，并将一个非正式且不对称的平面设计与建立在古物基础之上的正式装扮组合在了一起 [图 308]。内部和外部风格均不明确，而且模糊了它们之间的差别，如同之前的罗马浴场和老博物馆里楼梯的效果一样，这些都是他未实现的梦想。1841 年，这颗正值全盛时期的璀璨明星不幸陨落。

亚历山大 · 汤姆森在这四位当中名气最小，很大一部分原因在于他毕生都未离开过格拉斯哥。但他的作品却非常好地阐释了何为新古典主义风格，即使是到了 19 世纪中叶依然能够不断得以重生和再现。

汤姆森从未踏出过不列颠群岛，他所有关于建筑史领域的知识都来自于课本。古希腊、亚述以及埃及都给他留下了深刻的印象，但他也同样了解印度教建筑并认真研究过所罗门圣殿 [Temple of Solomon] 的内涵，所有这些都使他感到无比的庄严。

最初，他为那些有教养的格拉斯哥中产主顾建造了一系列别墅，运用了娴熟的技能（如两座别墅门廊相对，则都要建造更加阔气的立面）并巧妙地组合了希腊神庙式的三角楣墙、方形柱墩和山形饰物底座。随后他还设计过排屋、政府大楼以及其他商业建筑，均采用了稳固的带状粗琢表面和有节制的希腊、埃及装饰 [图 309]。在申克尔的作品中，门窗的布局以及块状结构通常都会大量出现，因此汤姆森势必对于他那些曾公开发表的作品进行过深入的研究（在他的一座别墅建筑里运用了在古典式柱廊中嵌入玻璃板窗户的设计，而这是申克尔在建造时的一项创新，也是传统与现代的一次完美结合）。

但最终令人们记住他的则是三间教堂建筑。在人们的印象中，苏格兰式的长老会教堂总是过于阴森，但汤姆森的设计却截然相反，他采用了炫目多彩的颜色以及丰富的异域装饰。他为加勒多尼亚路自由教堂［Caledonia Road Free Church］（始建于1856年）设计了前方高台上的希腊式庙宇（反映了其内部的格局），并在边上建了一座高塔［图310］。还有圣文森特街教堂［St Vincent Street Church］（始建于1857年，是唯一一座保存完整的教堂建筑），其前方同样建有一座希腊庙宇和高塔，并将源于亚洲的意象和旧约时代的石工传统融为一体。在其内部有一面巨大的“祭坛后的装饰屏风”［reredos］（它被安置在讲坛的中间位置，而非祭坛上，就像在那些新教教堂中那样），能够唤起人们对于迈锡尼的联想，另有用圆柱支撑起的藏画室，其柱头上还带有绝妙的棕榈叶状装饰。教堂整体选用了明朗的红色和蓝色作为基调。最后一座是女王公园教堂［Queens' Park Church］（1867年），同样混合了不同的主题，并吸收了印度教建筑元素建造了一座更为与众不同的塔楼，但因毁于二战而未留下什么记载。

尽管汤姆森从未详尽解释过其教堂背后的寓意，但可以肯定的是它们并非空想。他深信基督教是通过其他文明才达到了渐进式启示的至高点，而这正是他隐藏在那些并不常用母题背后的肖像计划。1875年，在他去世的时候，新古典主义已经结束，而他也成为过去。风格之争愈演愈烈，直至顶峰，为此，我们则必须再从一个世纪之前说起。

309、310 亚历山大·汤姆森为19世纪的格拉斯哥带来了希腊建筑的力量感和比例，并进行了全新的改造。

下图：莫瑞广场［Moray Place］的排屋（1858年）；拥有申克尔风格的门窗布局，不加窗框的窗户直接连接至石柱墩的边缘。

右下图：古苏格兰路自由教堂［Caledonian Road Free Church］（1856年）。门廊被安置于墩座墙之上，一侧还耸立着方形塔楼。门廊与墩座墙的高度之和即为教堂的室内高度。20世纪60年代，这里毁于一场大火，如今依然废墟一片。较远处的房间（如今已毁）同样也是汤姆森的作品。

第八章　“我们应该建造什么风格？”

这一章的命名借用了德国建筑家海因里希·胡布希［Heinrich Hübsch］于1828年出版的《我们应该建造什么风格？》［*In welchem Style sollen wir bawen*？］一书的标题。这一问题始终困扰着19世纪初期的建筑师。

在此之前，这种疑问从未如此鲜明而突出。诚然，文艺复兴是一次重生，而新古典主义更是一次自我觉醒。但是直到1800年前后，通过对异国文化以及历史文明沉积更为完整的认识与理解之后，建筑师们得以真正严肃地思考和抉择他们的建筑形式。建筑师以及他们的赞助商无力抵抗这一新鲜契机所带来的诱惑。他们可以追溯其先祖的罗马式、哥特式风格，也可以借鉴来自遥远国度——古埃及文明、穆斯林文明（摩尔文化），甚至中国的文明。起初，这仅仅只是出于一种游戏的心态。18世纪50年代，在开明的威尔士亲王（后来的乔治三世国王）的授意之下，学识渊博的威廉·钱伯斯爵士［Sir William Chambers］在伦敦市郊的裘园［Kew Garden］建造了一整片充满异域风情的建筑群，其中包括一座中式佛塔、一座孔庙、一些罗马神殿、一座清真寺以及一座“哥特式主教堂”。建筑师约翰·纳什［John Nash］为乔治三世之子即乔治四世建造了布莱顿皇家别墅［Brighton Pavilion］，其外观受到了印度和中国建筑风格的影响。这种不合常规的演习式建筑风格在整个19世纪被运用在不同场合中，并产生了独特意义［图313］，例如利兹的一家亚麻纺织院的外观模仿了位于埃及埃德夫的一座神庙（马歇尔制造院［Marshall's Mill］，1838年，由小约瑟夫·博诺米［Joseph Bonomi Jnr］设计建造）［图312］；又如波兹坦的一家水泵站，在外形上效仿了清真寺的风格（由路德维希·帕西斯［Ludwig Persius］设计建造，1841年）；再如康涅狄格州的一座豪宅被打造成了波斯宫殿的式样（伊朗尼斯坦［Iranistan］，由利奥波德·爱德利兹［Leopold Eidlitz］设计建造，1846年）；另有莫斯科的一家茶馆外观上与中国庙堂无异（佩斯乐茶馆［the Peslov

311　弗朗兹·克里斯蒂安·高早在1839年就完成了圣克罗蒂德圣殿的设计，但是直到1846年才动工。高出生于科隆，因此圣殿的双尖塔的灵感来源显而易见（图106）。其顶部由铁铸成。

312 由于一些显而易见的原因，埃及式复兴并没有形成规模。亚麻纺织院，亦称马歇尔制造院，位于利兹，由埃及古物学家小约瑟夫·博诺米于1838年设计兴建，其父、其兄均为建筑师。

313 约翰·纳什为摄政王建造的布莱顿行宫（下图）大而无当，将先前的房间改造成杂糅了印度、穆斯林与中国风格的混合体，并且过量使用了钢铁内置结构。

Tea House]，由K.K.格瑞皮休斯[K. K. Grippius]设计建造，1895年)。某些非西方的建筑风格在特定的场合中被视为约定俗成的建筑形式——公墓和共济会会堂采用古埃及的建筑风格(这两者是可以理解的)，犹太教会堂采用穆斯林的建筑风格(除非是非基督教教堂，否则这种建筑形式令人有些不解)。

何谓新哥特式

只有一种风格不再停留于赏玩的状态，转而专注于风格的成形，并有力地取代了古典主义的地位，那就是哥特式。哥特复兴的起源备受争议，实际上，在其复兴之初历经了三个阶段，而前两个阶段与第三个阶段没有必然联系。第一阶段发生于18世纪初期，当时哥特式(这一风格对于许多国家而言并不遥远)的出现只是为了增强新建筑与早前建筑之间的和谐感。例如雷恩[Wren]在英格兰设计的城市教堂(圣马里亚德马利[St Mary Aldermary]教堂)以及他所设计的牛津大学学院建筑(基督堂学院的汤姆塔)，又如霍克斯穆尔[Hawksmoor]为教堂添加的建筑装饰(西敏斯教堂[Westminster Abbey]的双塔)。与此类似的例子比比皆是，有些太过保守致使风格特点并不突出，有些则完全是标新立异的。法国奥尔良[Orléans]主教堂西侧的外观体现出了纯粹的哥特式幻想。在波西米亚，圣蒂尼[Santini]在塞德莱茨(1703年)和克拉德鲁比(1712年)地区设计的拱顶[图222]，与他所效仿的对象贝尼迪克·列特[图109]的设计一样夸张奇特。

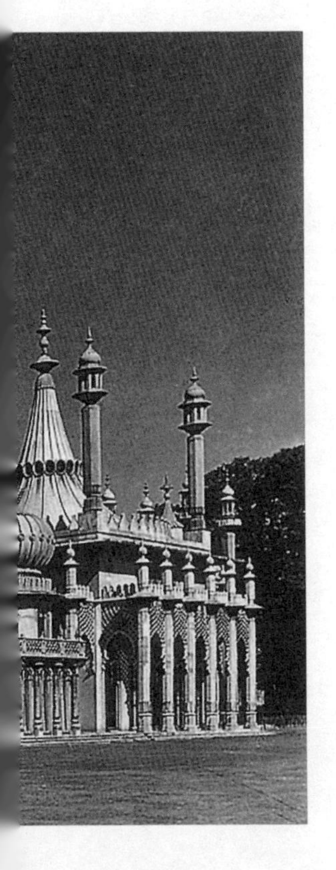

英格兰引领了哥特复兴的大潮，有些历史学家为了阐明这一点，费尽心思地赋予这一建筑形式以一种理想的假设。确实有教徒将哥特式视为宗教传承的象征(特别是约翰·库辛[John Cosin]，他是17世纪30年代至80年代杜伦地区的主教)，与此同时一群古典作家也将英国伟大的自由传统回溯至他们的哥特式祖先。还有其他什么呢？如果一位绅士在他的花园里搭建了一座哥特式礼堂，那是否象征着他至死不渝的政治立场？不排除在某些情况下的确是这样的。但他是支持君主主义还是民主主义，他是共和党抑或保守党很难以建筑风格加以区分。特别是当这些建筑本身就是园林装饰(装饰性建筑[follies])时，更加削弱了它所指向的严肃立场。

至于哥特复兴的第二阶段，它在文学界的建树更胜于在对政治领域的影响。哥特小说中所塑造富于传奇色彩又带有稍许邪异

314 在伦敦郊外特维克汉的草莓山庄，霍勒斯·渥波尔的这座哥特式乡间别墅的设计灵感受到各方启发，包括威斯敏斯特大修道院以及老圣保罗教堂。其书房（上图）始建于1754年。

之美的中世纪时代名震一时。很快，生活开始模仿艺术。作家霍勒斯·渥波尔［Horace Walpole］在小说《奥托兰多城堡》［*The Castle of Otranto*］（1765年）出版之前就已经开始在伦敦近郊修建草莓山庄［Strawberry Hill］，一座小型的修道院［图314］。另一本小说《瓦塞克》［*Vathek*］的作者威廉·贝克福德［William Beckford］委托詹姆斯·怀亚特［James Wyatt］建造了放山大修道院（1796年）［图259］，堪称最奢华的哥特式幻想建筑。瓦尔特·司各特爵士［Sir Walter Scott］把大量的精力投入到对中世纪风尚的推广之中，他建造了阿伯兹福德［Abbotsford］庄园，建筑本身就是一部苏格兰简史。以石灰泥代替石料搭建起极美的扇形拱顶，其成本大大降低（步入沃里克郡的奥尔伯里庄园［Arbury Court］，或者赫里福德郡的肖伯顿教堂［Shobdon Church］，好比漫步于舞台布景中一般），建筑师们运用铸铁这一新材料以实现极为纤细的柱身，同时拱顶的骨架结构也变得小巧，弗朗西斯·海恩纳［Francis Hirone］所设计的格洛斯特郡的特布里教堂［Church of Tetbury] 就得益于此。

新哥特式的成熟期，即新哥特式从年少轻狂步入成熟稳重的过渡阶段发生于 19 世纪 40 年代。这是哥特复兴的第三阶段，其内在的美学趣味和意识形态在各个国家的表现各有千秋。唯独一致的是对历史的认知与理解的巨大进步引领了这一切的发展，它使得哥特式建筑不再那么缥缈而神秘（在 18 世纪早期，大多数人认为英国的教堂都是由盎格鲁-撒克逊人建造的），在严格地确定了兴修年代的同时，建造的不同阶段一目了然，先前仅限于古典建筑的“正确”标准也有了新的用武之地。修葺教堂的伟大时代的来临绝非巧合，所有新哥特式的领军人物都参与其中，并在实践中磨炼了他们的建筑造诣。

在英格兰，随之而来的是宗教复兴，人们重新将焦点放在礼教的仪式习俗之上。严肃正经的高派英国国教信徒以对称性来衡量外形温和的乔治王朝时期的教堂，发现对称性正是它所欠缺的。对它的重修意味着要回到宗教改革运动之前，强调圣事圣礼的重要性，并且主张回归传统的仪式惯例、教堂设施，教士法衣和象征符号，这无疑同样是一次回归传统建筑的运动。教堂内的屏幅坛壁、池座席位、楼梯台阶、祭坛背后的雕饰屏风和行进路线的设计成为一门“教堂艺术学”[ecclesiology]。另一方面，随着英格兰尤为显著的城市人口的增加，连同新兴的传教士精神促使了数以百计的教堂拔地而起。

建筑与道德

这些特质集中体现在了奥古斯都·威尔比·诺斯摩尔·普金 [Augustus Welby Northmore Pugin] 的身上。没有任何一个人比他更适合“哥特复兴之父”的称号。出于对基督教精神的极致追求使得普金早年转为罗马天主教徒。他虽然不能算是一个伟大的建筑师，但是他不愧为引人入胜的杰出设计师。他在一系列著作中涉及了教堂金银器皿上的中世纪的素材、教堂家具以及装饰性图案，而一以贯之的是他不懈的传道精神。从《对照》[*Contrasts*]（1836 年）[图 315]、《尖顶建筑以及基督教建筑的真正原则》[*The True Principles of Pointedor Christian Architecture*]（1841 年）开始，他的书籍很快被翻译成了各种语言。对他而言，只有哥特式真正符合基督教的风格，要想运用这一风格——及其价值意义——必须纠正

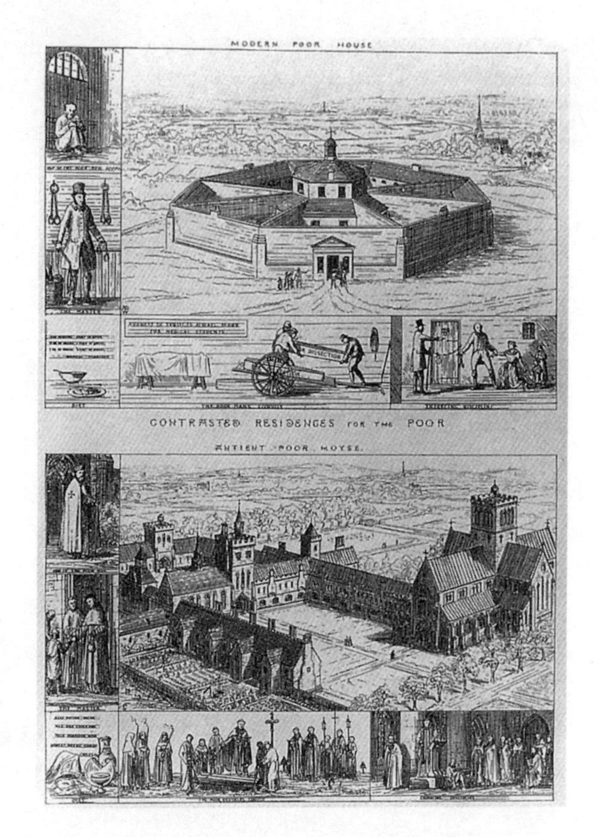

315 在《对照》（1836年）中普金将中世纪的美好及其健全的道德观与他所处时代的丑恶与贪婪相对比。此页中19世纪的济贫院的粗暴惩戒方式与崇尚人性尊严的旧时救济院形成了对照。

当代社会中的种种罪孽，不仅仅是停留在审美趣味的层面上，更上升至宗教信仰、社会群体与道德精神的层面。他于1852年去世，终年四十岁。他的理想主义观点被批评家约翰·拉斯金和威廉·莫里斯［William Morris］以各自不同的方式所采纳和批注，为英国哥特复兴奠定了道德意识的基础并赋予其强烈的感性认知，这种情感之深是其他国家所不能及的。

可以坦言，哥特复兴在任何一个国家几乎都是由“教会”引导的。但是在最初，这种建筑形式也曾应用于世俗建筑。历史性质的协会和国家性质的协会在其中所扮演的角色至关重要。哥特复兴最著名的转折点发生在1834年伦敦国会大厦焚毁后重修方案的竞标中［图316］。出于爱国主义心理，国会大厦的新设计必须是哥特式的或者是伊丽莎白一世的风格，因为这类风格代表了英国自由精神的传统起源。查尔斯·巴里［Charles Barry］的设计方案最终摘得桂冠，他本人虽然是古典主义者，但实际上他建造的教堂却带有早期哥特式的风格。然而有普金在细节上从旁提点，在原本古典主义的设计方案下，伦敦国会大厦的外观却是名副其实的哥特式建筑。此例一出，从布达佩斯到渥太华，世界各地的国会大厦建筑都将这一形式奉为圭臬。其他形式的公共建筑也因类似的原因采用了同样的建筑风格。所以我们现在才得以在各地——譬如慕尼黑（乔格·豪贝利瑟［Georg Hauberisser］，1867年）、曼彻斯特（阿尔弗雷德·沃特豪斯［Alfred Waterhouse］，1868年）和维也纳（菲德烈·斯密特［Friedrich Schmidt］，1868年）——看到各式哥特式市政厅以及各种哥特式法院、哥特式大学、哥特式酒店、哥特式医院和哥特式图书馆。哥特式的推崇者认为，这种建筑风格比古典主义风格更具功能性，因为它不计对称性并且允许建筑物按照室内需求安排布局，门窗的位置完全是根据需要而定。

只有在私人委托的建筑项目中，哥特复兴中潜在的浪漫主义才不受束缚。中世纪的城堡被修缮一新，有些甚至是从零开始。法国的皮耶枫城堡［Pierrefonds］（维欧勒·勒·杜克，1858年），葡萄牙的辛特拉王宫［Sintra］（埃施韦格男爵［Baron Eschwege］，19世纪40年代），以及德国的瓦尔特堡［Wartburg］（19世纪50年代），这些建筑都采用了看似属于往昔但实际上从不存在的风格。卡迪夫

316 伦敦国会大厦（始建于1840年），是古典主义者查尔斯·巴里和哥特主义者A.W.N.普金共同合作的理想成果。

317 威廉·伯吉斯以他对哥特式建筑相当丰富的知识为比特伯爵在卡迪夫建造了一座美轮美奂的城堡（1865年）。

城堡 [Cardiff Castle] [图 317] 和科奇城堡 [Castell Coch] 皆位于威尔士境内，威廉·伯吉斯 [William Burges] 将二者重建（1865年，1875 年），其如画的水准远远超越了原先的设计。路德维希二世 [Ludwig Ⅱ] 位于巴伐利亚的童话般的新天鹅堡（由里德尔和杨克 [Jank] 设计，1868 年）完全可以说是一种虚幻的风格，与其说是哥特式不如称其为罗马式。

这些建筑既已完工，我们很难准确地将这些建筑风格分门别类。为了客观公正地看待哥特式复兴，我们必须回到主流的教会建筑和城市建筑中来。英格兰始终占据主导位置，贡献了众多才华横溢专门致力于哥特式的建筑师。在这一种风格中，英格兰展现出了无数的可能性，但仍然可以列举出某些基本特征。普金过世没多久，1300 年前后出现的装饰性风格（亦称“尖拱式”[Middle Pointed]）成为人们喜闻乐见的建筑模式。近世纪中，法国早期哥特主义开始尝试一种强有力的建筑形式，这一时期诞生了大量被誉为“阳刚的”和“雄健的”教堂建筑。经过 1865—1870 年之后，审美趣味逐渐转变为对特定的英国式晚期哥特式的追求，回归到盛饰式然而更为典雅别致，对于细节的处理愈加精巧。相应的装饰艺术跟随着建筑的步伐向前迈进，特别是石雕石刻、金属工艺以及彩色玻璃的制作。

在乔治·吉尔伯特·斯科特 [George Gilbert Scott] 的职业生涯开始之际，与他同时期的普金已经成为历史。他是最博学多产且事业成功的“新哥特式”建筑师。他工作间里的教堂草图(他的巅峰之作大概要数哈利法克斯[Halifax]的万灵教堂[All Souls],1855年),世俗建筑的草图(美联大酒店[Midland Grand Hotel][图319],位于伦敦圣潘克拉斯[St Pancras],1869年)以及修葺重建的草图浩如烟海。他紧紧追随着他所向往的中世纪典范,也许过于接近(例如爱丁堡的天主教主教堂[Episcopal Cathedral of Edinburgh],1874年),但是当他面对各种不同的委托时,往往不乏创造力。1844年,他赢得了汉堡尼古拉教堂[Nikolaikirche]的设计权后,对英国新哥特式进驻德国产生了有力影响。与他同时代的建筑师威廉·布特菲尔德[William Butterfield]性格怪诞,既古板严正又感性十足。他将色彩作为其教堂建筑的一个重要组成部分,在这一点上做得最显著的要数伦敦玛格丽特大街[Margaret Street]的诸圣教堂(1849年)[图318]。牛津的基布尔学院[Keble College](1867年)是体现其他坚硬风格的代表性建筑——这种风格曾被认为是他有意而为之。比他年少十岁的乔治·埃德蒙特·斯特里特[George Edmund Street]选择了不同的道路。即使省略所有的建筑细节,他所设计的教堂仍然是对抽象几何强有力

318 威廉·布特菲尔德设计的诸圣教堂(1849年),位于伦敦玛格丽特大街,曾是高派英国国教教堂的典范之作。运用了大量的色彩装饰以及绘画装饰,图中可见侧廊中没有窗户,这种建筑模式适用于四周被其他建筑物四面环绕的城镇教堂。

319 乔治·吉尔伯特·斯科特设计的位于圣潘克拉斯的美联大酒店(右下图,1868年)是一座高水准的哥特式世俗建筑。该建筑面朝火车站的列车棚(见于图中最左侧)。

的阐释。如他的前辈们一样，沿用砖块搭建城市教堂（小雅各［St James the Less］教堂，伦敦，1859年［图320］），而乡村教堂以及他所接到的最大的一项工程——不朽的皇家司法院［Law Court of London］（1866年）的外观则采用了石块。J. L. 皮尔森［J. L. Pearson］和G. F. 波德利［G. F. Bodley］从雄健的力量感转向精致高雅的格调，并且对于这两种风格都驾轻就熟，运用自如。皮尔森设计的位于格洛斯特郡戴尔斯福特［Daylesford］的教堂（1860年），可以被看作对力量感的诠释，而波德利在斯塔福郡设计的霍尔克劳斯［Hoar Cross］教堂则堪称优雅的典范［图321］。

20世纪初的英格兰，哥特式复兴几乎仅局限于教堂建筑。E. S. 普埃尔［E. S. Prior］和坦普·摩尔［Temple Moore］专注于微妙的空间架构和精致的细节处理。尼恩·康博［Ninian Comper］加入了非哥特式的元素以创造出他所谓的“融合统一”［unity by inclusion］。由贾莱斯·吉尔伯特·斯科特［Giles Gilbert Scott］设计的利物浦的英国国教会主教堂［Anglican Cathedral of Liverpool］（1903年伊始）［图322］将这场运动推向了高潮也是终点。这是一座规模庞大的教堂，完全是哥特式的理念，并且没有任

320、321　维多利亚时代的哥特风格对比，在19世纪60年代以前人们所青睐的风格是从法国12世纪的教堂建筑中演变而来的，例如G.E.斯特里特所设计的伦敦小雅各教堂（下图，1859年）。19世纪后半期，英国精致的装饰式更受推崇，如G.F.波德利在斯塔福郡设计的霍尔克劳斯教堂（1872年）。

何参照物。

许多新哥特式的先锋建筑师为大英帝国偏远的殖民地设计了教堂和主教堂：乔治・吉尔伯特・斯科特在纽芬兰的圣约翰斯［St John's］，布特菲尔德在墨尔本，皮尔森在澳大利亚的布里斯班——这些他们去都没有去过的国家——设计了建筑，并且他们的作品被当地建筑师争相效仿。加拿大诞生了威廉・坎伯兰［William Cumberland］，他为多伦多大学设计了一个拉斯金式的哥特式学院（1856年），托马斯・福勒［Thomas Fuller］为渥太华设计的国会大厦（1859年），大部分在火灾中被烧毁，重建后的风格趋于平庸，可以与伦敦的国会大厦相媲美。在魁北克地区，法国的影响更为显著。布鲁斯・普莱斯［Bruce Price］设计的芳提娜城堡酒店［Frontenac Hotel］（1892年）在卢瓦尔河上脱颖而出。移民澳大利亚的英国人W.W.瓦德尔［W. W. Wardell］建立了高水平的建筑规格，他的作品融合了教会建筑与世俗建筑的特点（他设计的位于墨尔本的哥特式银行是一件杰作）。埃德蒙・布莱克特［Edmund Blacket］是实至名归的杰出建筑师，他众多的普金式的哥特式教堂成为新南威尔士州的一大特色（例如达令角的圣马克教堂，1848年）。19世纪末期，从威廉・皮特［William Pitt］设计的位于墨尔

322 利物浦英国国教会主教堂，由贾莱斯・吉尔伯特・斯科特（乔治・吉尔伯特・斯科特之孙）在22岁时设计，始建于1903年，标志着英国哥特复兴的最终绽放。

本的哥特式丽都大厦 [Rialto Building]（1890 年）到威廉·沃尔夫[William Wolff]设计的位于佩斯的巴洛克式国王酒店和剧院[His Majesty's Hoteland Theatre]（1904 年），商业建筑与其他任何建筑一样风靡欧洲和美国。英国殖民统治下的印度自成一派。加尔各答[Calcutta]保持着对古典主义的忠诚，极致地表现在威廉·埃莫森 [William Emerson] 设计的维多利亚纪念馆（1905 年）上，一座由白色大理石砌成的宏伟建筑物，由中央的圆拱顶和四角的塔楼组成。印度的第二大城市孟买偏爱于哥特式，建筑风格往往不同寻常，同时也并不排斥对异国情调的尝试。F.W. 史蒂文斯 [F. W. Stevens] 设计的维多利亚火车站 [Victoria Railway Terminus]（1866 年）融合了威尼斯风格的哥特式和穆斯林风格，甚至还有一抹印度的色彩。

法国和德国的哥特复兴与英国不同，其初衷并非出自宗教仪式的使命感。在德国，政治的分野往往跟随在宗教的分流之后。在很大程度上，哥特式等同于天主教的代名词。奥古斯特·赖兴施佩格尔 [August Reichensperger] 作为哥特式的主要拥护者，他认为哥特式象征着普鲁士新教的反对势力，而科隆主教堂按照最初中世纪的设计完工被视为至高无上的信仰宣言。同样掷地有声的观点——不仅仅局限于天主教——出自歌德笔下关于斯特拉斯堡主教堂 [Strasbourg Cathedral] 与它的（据推测）德国建筑师的浪漫主义文章之中，其中道破哥特式本质上是日耳曼风格。此外，胡布希在其 1828 年发表的文章中说到，现实中存在的问题——建筑风格遭遇瓶颈的状态——困扰着德国理论家。他们发问，什么才是风格？是由地理、气候、技术、民族性格而决定的吗？风格是否遵循着自身的生命轨迹，存在然后消亡？风格是否可以被创造？（胡布希提出的解决方案是一种对罗马式的复兴，所谓圆拱形风格，因为是罗马式并没有自然衰亡而是被哥特式的出现打断了）。

围绕理论问题的辩论贯穿了整个世纪，其中很多都带有民族性和区域性的论调。弗里德里希·施密特 [Friedrich Schmidt] 大概是最多才多艺的德语界新哥特主义者（他是澳大利亚人），修建了许多大厅教堂 [hall-churches]，拱顶皆由砖块垒成，以及维也纳芬豪斯著名的胜利马利亚教堂 [Maria von Siege,Fünfhause]（1867 年），由一个八角形穹顶和放射式小礼拜堂组成 [图 323]。稍早一些，海因里希·费尔斯特 [Heinrich Ferstel] 在同一座城市修建的

323、324 上图：胜利马利亚教堂，芬豪斯，维也纳，由弗里德里希·施密特设计（1867年），体现出了不羁的想象力。尽管采用了德国哥特式的元素，但是建筑中出现了圆形穹顶。右上图：富维耶圣母院，里昂，由皮耶尔·泊桑设计（1872年），融合了一系列历史风格。曾被嗤之以鼻，但是如今看来的确是佳作。

沃蒂夫教堂［Votivkirche］(1856年)醒目地矗立在维也纳的环城大道上，这条大道保留了一系列具有历史风貌的恢宏建筑（原是老的城墙防御工事），但是并非原始建筑。如同巴黎的圣克罗蒂德圣殿［Ste Clotiled］和纽约的圣帕提克主［St Patrick's］教堂［图325］一样，镂空的尖塔影射了科隆主教堂［图106］的西侧。德国其他著名的新哥特式教堂还有弗瑞德里希·茨维纳［Friedrich Zwirner］设计的亚坡理纳教堂［Apollinarischirche］(1839年)，距离雷马根不远，造型高挑而紧密，与其毗邻的湖中倒映着教堂的四个尖塔；以及约瑟夫·丹尼尔·欧姆勒［Joseph Daniel Ohlmüller］设计的慕尼黑圣母慈悲教堂［Mariahilfkirche］(1831年)是一座大厅教堂，镂空的单一尖塔若隐若现，俯瞰着弗莱堡［Freiburg-im-Bresigau］［图104］。

比利时受普金的影响最大，并且具有其独立而蓬勃的哥特复兴运动。其中最杰出的两座教堂建筑，一座出自路易斯·范·欧弗斯塔腾［Louis van Overstraeten］之手，位于布鲁塞尔的圣玛利亚教堂［Ste Marie］(1845年)，它的八角形穹顶先于施密特在维也纳芬豪斯设计的教堂穹顶出现，另一座是由多才多艺的约瑟夫·波拉尔［Joseph Poelaert］设计的拉肯皇家庄园中的圣母院［Notre

Dameat Laeken](1854 年)。下文我们会继续讨论这个人的事迹。在这场运动中，荷兰恐怕只贡献了一人，即 P. J. H. 库贝斯[P. J. H. Cuypers]，他将尼德兰晚期哥特式风格转变为一种宏伟壮丽适用于教堂、博物馆（阿姆斯特丹国家博物馆 [Rijksmuseum]，1877 年）和火车站（阿姆斯特丹火车站，1881 年）的风格。

法国的建筑师一致认为哥特式是法式建筑风格（在这一点上他们是对的）。然而其历史意义和宗教礼拜意义不及技术应用重要。与普金的脱尘以及赖兴施佩格尔的宗派主义截然不同的是尤金・维欧勒-勒-杜克的理性主义。一个才华出众的建筑史家和建筑分析师，以他为首提出的观点——仍旧普遍存在——哥特式的演化遵从结构的需求。对他来说，哥特式并非神秘的或者如画的，而是逻辑理性的。但是通过将哥特式进行程式归纳，他促进了法国新哥特式的程式化。

“美的艺术”的传统主导了法国建筑整整一个世纪，对于哥特复兴并不友善，导致复兴运动在法国的凝聚力远不如英国。许多典型的例子如巴黎的圣克罗蒂德 [Ste Clotilde] 教堂（1839 年），由德裔建筑师弗朗兹・克里斯蒂安・高 [Franz Christian Gau] 设计 [图 311]，南斯的圣尼古拉 [St Nicolas](1843 年) 教堂，由让-巴普提斯特・拉素斯 [Jean-Baptiste Lassus] 设计，以及南锡的圣艾普弗尔 [St Epvre] 教堂，由马蒂厄·普洛斯珀・莫里 [Mathieu Prosper Morey] 设计等都是智性优先于灵感。甚至维欧勒-勒-杜克也会因为太过忠实于历史范本而显得索然无味。很多建筑师无疑认识到了这一点并通过发掘自己的风格来打破这一局面。有些建筑师通过混合各种风格以探求自由的表达方式，比如莱昂・沃杜瓦耶 [Léon Vaudoyer] 在马赛主教堂 [Marseilles Cathedral](1852 年) 的设计。这些折中主义作品中最出乎意料的要数皮耶尔・泊桑 [Pierre Bossan] 设计的巴西利卡风格的富维耶圣母院 [Notre Damede Fourvière](1872 年) [图 324]，坐落于陡峭的山坡上，俯瞰着里昂。

美国的哥特复兴并没有遵从一条连续的脉络。无论是对其的狂热程度或者所达到的成就都是零星分散的。纽约的两座教堂首开先河，理查德・厄普约翰 [Richard Upjohn] 设计的三一教堂（1846 年）以及詹姆斯・伦威克 [James Renwick] 设计的圣帕提克主教堂（1859 年）[图 325]，二者皆承袭了普金的传统。19 世纪 60 年

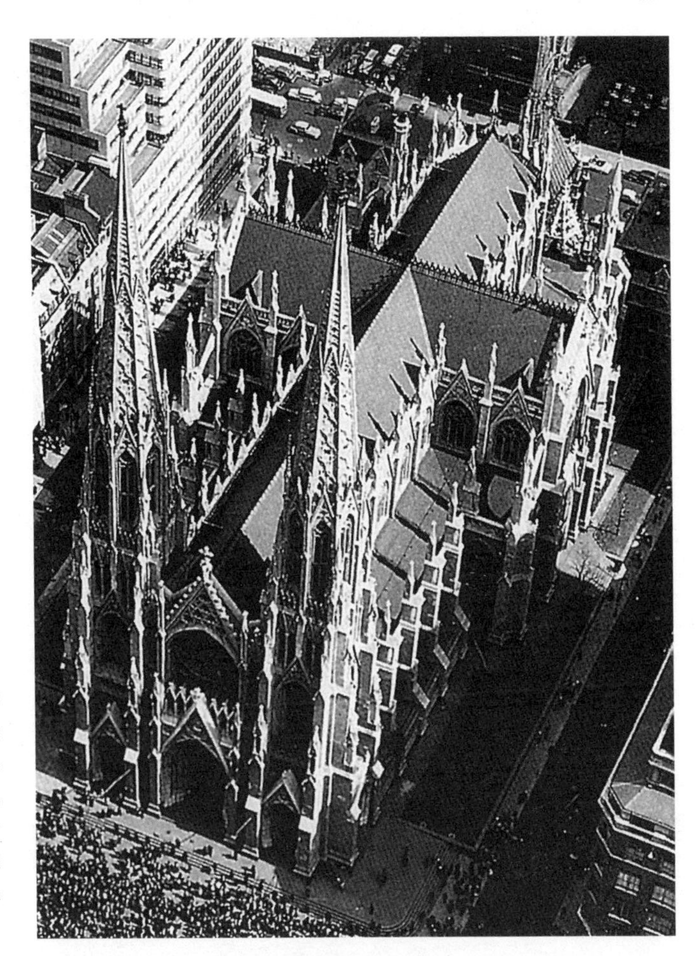

325 圣帕提克主教堂，纽约（1859年），承袭科隆主教堂的建筑模式。它的建筑师詹姆斯·伦威克精通大多数中世纪风格（包括古罗马风格，用于设计华盛顿的史密森学会），在这座建筑中，使用了法国、英国以及德国哥特式的元素。

代和70年代，教堂建筑无论派别都据守传统风格，例如大学等文化机构也是如此。威尔［Ware］与凡·伯伦特［Van Brunt］设计的哈佛大学的纪念堂［Memorial Hall］（1870年）［图326］的外形很容易让人们误以为是教堂。往往许多思维开放不羁的建筑师——例如富兰克·弗涅斯［Frank Furness］，他绝非任何意义上的哥特主义者——比起那些墨守成规的同行，他们带来的影响更加令人难忘。美国新哥特式的性质在英国国教的赞助之下比起欧陆的新哥特式无疑更接近于英国新哥特式，尤其它在浪漫主义气质和如画品质方面极为显著。19世纪80年代，哥特复兴的浪潮已过，但是其余热却迟迟未散，始终萦绕在建筑师们的心中直至20世纪，主要集中体现在教堂建筑和大学建筑的设计之中。拉尔夫·亚当斯·克

326对页上图：　哈佛纪念堂，剑桥市，马萨诸塞州，1870年，这座建筑是美国为数不多的哥特式建筑的成功案例。由W.R.威尔以及H.凡·伯伦特设计，风格雄健绚丽，作为学院餐厅和音乐厅。

拉姆［Ralph Adams Cram］设计的纽约圣约翰主教堂［Cathedral of St John the Divine］［图327］虽然在很大程度上是派生的，但是一座宏伟壮丽的建筑（目前这座教堂是一个令人不满意的妥协的结果，而且新近完成）。耶鲁大学的哈克尼斯纪念塔［Harkness Memorial］，由詹姆斯·甘布尔·罗杰斯［James Gamble Rogers］设计，该建筑比起同时期的其他欧洲建筑更是不折不扣的哥特式［图328］。直至1932年费城英国国教信徒才开始建筑哥特式的主教堂，并且是有史以来规模最大的一座，但是由于大萧条而荒废了——普金式的梦想在它开始后仅仅一个世纪就幻灭了。

再生与幸存

另有两种体现出中世纪趣味的风格仍然值得重视，即罗马式和拜占庭式，虽然二者都不及哥特复兴来势汹涌。罗马式复兴的高潮到来得稍早一些。这种风格在德国受到了热烈欢迎。弗里德里希·范·加特纳［Friedrich von Gärtner］于1828年设计的著名的圣路易教堂［Ludwigskirche］，矗立在慕尼黑的主干道上，其风格正是胡布希所推崇的圆拱形风格。普金尝试过这一风格。其他英籍建筑师，J.W.怀尔德［J. W. Wild］在斯特里汉姆的设计以及T.

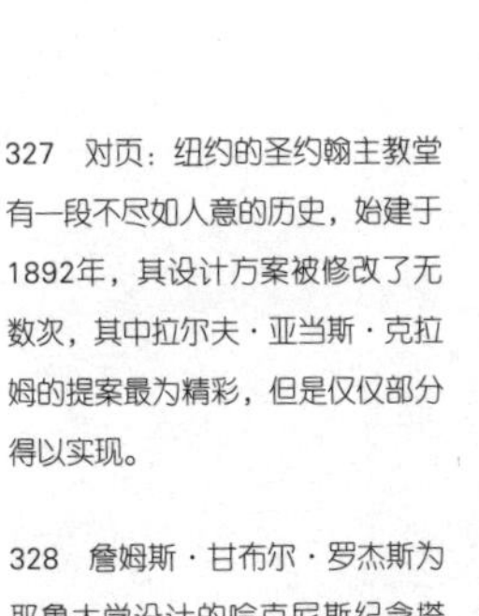

327　对页：纽约的圣约翰主教堂有一段不尽如人意的历史，始建于1892年，其设计方案被修改了无数次，其中拉尔夫·亚当斯·克拉姆的提案最为精彩，但是仅仅部分得以实现。

328　詹姆斯·甘布尔·罗杰斯为耶鲁大学设计的哈克尼斯纪念塔（右图，1931年），位于康涅狄格州纽黑文市。与此同时，在英国，新近的基于英国中世纪模式中的“精致”风格战胜了先前的“雄壮”一派。

H. 怀亚特［T. H. Wyatt］和大卫·布兰登［David Brandon］在威尔顿的设计，流利地运用了一些意大利风格的罗马式，而非英国式的。其中路德维希·帕西斯［Ludwig Persius］设计的波兹坦和平教堂［Friedenskirche］（1845 年）最为杰出，这座浮现于宁静的湖水之上的教堂，栩栩如生地展现了一篇早期基督教风格的文章中对拉韦纳［Ravenna］的描述。阿尔弗雷德·沃特豪斯［Alfred Waterhouse］成功地将罗马式转变成适用于世俗建筑的风格，并应用于伦敦的自然历史博物馆［Natural History Museum］（1879 年）的建造中。

然而罗马式复兴的真正昌盛发生在一处看似绝不可能发生的地方——美国。在 H. H. 理查森［H. H. Richardson］手中，罗马式演变为一种现代风格，适用于教堂（三一教堂，波斯顿，1872 年［图 330］），公共建筑（阿勒格尼县法院［Allegheny］，匹兹堡，1883 年），私人宅邸（格列斯纳宅邸［Glessner］，芝加哥，1885 年）以及商业建筑（马歇尔·菲尔德批发商店［Marshall Field Wholesale Store］，1885 年［图 329］）。在用材和细节方面遵循历史主义，在功能规划上却很现代化。这些建筑是对那些主张复兴某种旧时风格却仅仅只是披了某一时代外衣只做表面功夫的最佳诠释。

拜占庭式复兴仅仅产生了两座可圈可点的建筑，二者都位于国家首都。其中之一是保罗·阿巴狄［Paul Abadie］设计的圣心

329 H.H.理查森把罗马式全石头风格的做法完完整整地运用在芝加哥的马歇尔·菲尔德批发商店（1885年，不存）的设计中，内部为钢铁结构。

教堂［Sacré Cœur］（1874年），其巨大的白色穹顶在蒙马特的天际线上格外醒目，现在已经成为巴黎的标志性建筑。作为一个不拘一格的甚至是戏剧性的拜占庭式和罗马式风格的结合体，它所受到的重视远大于它本身的建筑价值。另一座是由J. F. 本特利［J. F. Bentley］设计的罗马式的天主教威斯敏斯特主教堂（1895年）［图331］，位于伦敦，是一座设计周密、构思诗意的建筑，在没有任何参照物的情况下依然秉持了拜占庭风格的精神。建筑构成囊括了三个配有巨型穹顶的隔室，在其侧的拱廊结构支撑了楼廊并且形成过道，建筑中的全部砖块外表都覆盖了大理石贴面以及马赛克图案。在东欧，一批为俄罗斯东正教社区建造的教堂应归属于拜占庭复兴的范畴。但是俄罗斯的教会建筑着实保守，让人难以区分何时消亡又是何时复兴的。位于莫斯科的基督救世主大教堂［Cathedral of Christ the Redeemer］，规模庞大，没有太多引人注目的焦点，修建于1838年与1880年之间，毁于斯大林之手，然而出乎意料的是目前已经重建了，堪称复兴的复兴。

与这些界定相当明确的传统复兴并肩的还有一群具有首创精神的建筑风格，并且都在某种意义上采用了历史上已有的风格，但是更为随意和折中。如果非要给这个群体贴上标签的话，可以是新古典主义，新巴洛克，新文艺复兴，意大利派等。但是事实上这些历史元素就像是各类食品作料放入一锅汤里调味，最终的味道却是崭新独特的。当欧仁妮皇后［Empress Eugénie］怒气冲冲地询问建

330　理查森在教堂建筑中同样出色。他的罗马式三一教堂（1872年）位于波斯顿，与西班牙的类似，但却是焕然一新的。

331　J.F.本特利设计的拜占庭风格的威斯敏斯特主教堂（1895年）取得了同样骄人的功绩，裸露的砖砌拱顶也许更令人印象深刻（迄今为止）。

筑师查尔斯·加尼叶［Charles Garnier］他所设计的歌剧院究竟是什么风格时，他答道："这是拿破仑三世风格。"

巴黎歌剧院，始建于1861年，但是直至普法战争结束才得以完成，其建筑风格在19世纪中期极富代表性［图332］。难以计数却井井有条的精致细节成为那个时代引以为豪的缩影。本质上，其建筑模式贴近于维克多·路易斯［Victor Louis］设计的位于波尔多的剧院，但是两者的神韵是多么的不同！先前静穆的垂直式转变为活泼的圆拱式，原本朴素纯洁的风格变得艳丽撩人。这座建筑的全部意义在于提供愉悦和享乐——当宾客们穿过布满了舞蹈形象的剧院大门，登上那叹为观止的阶梯，再步入礼堂，这正是它的意味所在。

巴黎歌剧院是美的艺术的产物之一，但却是其中特立独行的叛逆者。路易斯-约瑟夫·杜克［Louis-Joseph Duc］设计的巴黎法院［Palaisde Justice］(1857年)，其合理的规划、精湛的架构，以

332 由查尔斯·加尼叶设计的巴黎歌剧院的阶梯一直受人钟爱，尽管在纯粹主义批评家那里并不总是讨喜的。自由奔放的巴洛克风格吸收了古典元素，并且糅合了富于营造剧院效果的素材，形成了四段式的连续性阶梯。

333 亨利·拉布鲁斯特在设计巴黎的圣热纳维耶芙图书馆（1845年）时尝试了一种不同寻常的微妙设计，建筑外观的上层高墙塑造成书架的设计，而图上未见的内部结构则全部是由钢铁构架的。

及由壁柱和半露方柱雅致地构成正面外观，更为贴合学院派的传统核心。纵观 19 世纪，美的艺术中的古典主义留下了丰富的瑰宝。以 F. A. 狄凯奈［F. A. Duquesney］和亨利·拉布鲁斯特［Henry Labrouste］两位建筑师为代表。前者造就了最负盛名的巴黎火车站，巴黎东站［Gare de l'Est］(1847 年)；后者建筑了圣热纳维耶芙图书馆［Ste Geneviève］(1845 年)［图 333］，一座令人啧啧称奇的人性化建筑，它反映出独特的知性理念，通过在上层墙壁上镌刻内部藏书的著作者的姓名，得以在外观上再现内部景象。内部结构以钢铁为原材，这与拉布鲁斯特稍后设计的国家图书馆是一致的。罗浮宫建筑群的完工是 19 世纪法国最大的一宗公共委托项目，在拿破仑三世的授权下由 L. T. J. 维斯康蒂［L.T.J.Visconti］和 H.M. 拉菲尔［H.M. Lefuel］联手完成，但并非完全大获成功。大部分老建筑都被推倒，而取而代之的新建筑却不似先前那样引人入胜。

法院建筑成为体现国威的重要载体。约瑟夫·波拉尔［Joesph Poelaert］设计的布鲁塞尔司法宫［Palais de Justice］(1866 年)［图 334］，以皮拉内西式巴洛克风格［Piranesian Baroque］建造，是所有法院建筑中最恢宏的一座，巨大的厅堂、巨大的阶梯、巨大的门廊，好像所有的一切都是为巨人设计的。如同罗马的法院（古列

334　当讨论约瑟夫·波拉尔设计的布鲁塞尔司法宫（1866年）时，“精妙”并不是唯一会出现在脑海里的词。事实上，如此浩瀚规模的建筑在设计上早已胸有成竹，处理得清晰明朗。

335　在伦敦，查尔斯·巴里设计的“改良俱乐部”的中央大厅好比玻璃天顶笼罩下的意大利豪华宫殿的庭院。虽然建筑中采用了人造大理石，但巴里更倾向于使用天然大理石。即便如此，正如他的儿子无比自豪的说辞，这座建筑“向外人展示了英国俱乐部之最”。

尔莫·卡尔代里尼 [Gugliemo Calderini]，1888 年），同样是巴洛克风格，规模庞大到了夸张的程度。国家纪念性建筑也充分地体现出了迥然不同的趣味，从沙勒格兰 [Chalgrin] 设计的古典风格的凯旋门（始建于 1806 年）到斯科特设计的哥特式的阿尔伯特纪念亭 [Albert Memorial]（1863 年），又或者是由朱塞佩·萨考尼 [Giuseppe Sacconi] 设计的新古典主义风格的罗马维克多伊曼纽纪念碑 [Victor Emmanuel Monument]（1885 年）。

英格兰在官方赞助下对于建筑的追求并不那么奢华，同时也不受教条的影响，反而产生了一批数目众多的独立建筑师。查尔斯·巴里设计的俱乐部矗立在伦敦的蓓尔美尔大街上（旅行者俱乐部，1830 年；改良俱乐部，1838 年 [图 335]），它们为绅士俱乐部奠定了意大利文艺复兴的风格，这种风尚传播到了美国并且影响了商业建筑，比如银行。卡斯伯特·布罗德里克 [Cuthbert Brodrick] 在北部的三个大师级作品——利兹市政厅 [Leeds Townhall]（1855 年）、利兹谷物交易中心 [Corn Exchange]（1860 年）以及斯卡伯勒 [Scarborough] 大酒店（1863 年）——都是具有严谨的实际结构的纪念性城市地标。在伦敦，南肯辛顿区（阿尔伯特音乐厅 [Albert Hall]、大英帝国研究院 [Imperial Institute] 等）因其公共建筑群而在文化上享有盛誉；维多利亚和阿尔伯特博物馆 [Victoria and Albert Musem] 是圆拱式（弗朗西斯·富柯 [Francis Fowke] 设计的庭院，1866 年）与帕维亚卡尔特修道院[Certosa at Pavia]（亚斯通·韦伯设计的建筑外观，1904 年）风格的奇异组合。

在德国，置身于哥特式复兴大潮之外的建筑大师正是被公认为

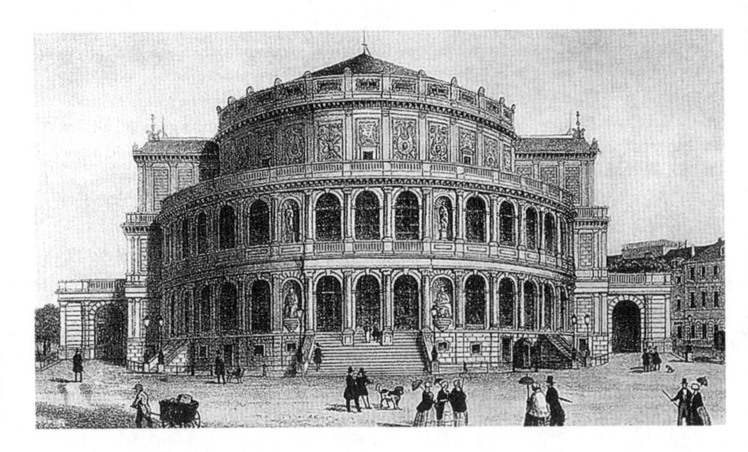

336 戈特弗里德·桑佩尔于1835年首次修建德累斯顿宫廷剧院已经将半圆形的礼堂外廓体现在了建筑的外观之上。

申克尔传人的戈特弗里德·桑佩尔 [Gottfried Semper]。桑佩尔的成就十分可观，以德累斯顿的宫廷剧院 [Hoftheater] 为最（1835年），它在剧院设计中具有里程碑意义 [图 336]。将半圆形的礼堂外廓体现在了建筑的外观上（1869 年毁于火灾，由桑佩尔重建，设计稍有变化）。他设计的德勒斯顿美术馆以及与卡尔·冯·哈桑瑙尔 [Carl von Hasenauer] 协作的两所维也纳的博物馆，分别是艺术史博物馆和自然历史博物馆，这些建筑即使并不那么令人眼前一亮，但在城市布局中的地位却是举足轻重的。然而他的价值更多地体现在他作为理论家给予后人的思想源泉。桑佩尔秉承了普金的古典主义精神。对他而言，社会与艺术是在古典时期的地中海和文艺复兴中重生的，而建筑上的成就与社会的进步密不可分。他所处的时代文化贫瘠并且压抑。艺术家的自由依附于政治的自由(1848 年，他参与了萨克森的一场革命，他的建筑生涯也因此葬送了）。桑佩尔将建筑简化到最基本的要素——壁炉、地基、墙壁和屋顶——他不仅仅在演绎历史，同时也在引领未来。古代文明——亚述、古埃及、古希腊、古罗马——提供了这样一种形式语言，“象征性价值比历史更隽永，不为新事物所取代”。在他才思泉涌的设计方案中有那么一部分专注于剧院（他建造了三座建筑，同时也设计了不少于三座建筑）。他认为戏剧是所有艺术形式的总和以及重大的社交途径，他的友人理查德·瓦格纳 [Richard Wagner] 将这些观念为己所用（桑佩尔是拜罗伊特节日剧院 [Bayreuth Festspielhaus] 的创始人）。

美国建筑师大都毕业于巴黎美术学院 [Ecole des Beaux-Arts]，他们对古典主义的虔诚使得他们与之难舍难分。即使钢铁和混凝土主宰内部结构的时代已然来临，但在建筑外观上仍然流露出对古典主义的殷切缅怀，正如麦金、米德和怀特建筑事务所 [Mckim,Mead and White] 的某些佳作（波斯顿公共图书馆 [Boston Public Library]，1888 年，一个放大版的意大利式豪化宅邸并且融合了阿尔贝蒂的马拉泰斯蒂亚诺教堂 [Tempio Malatestiano] 以及拉布鲁斯特 [Labrouste] 的圣热纳维耶芙图书馆中的设计元素，又或者是纽约的宾夕法尼亚火车站 [Pennsylvania Station]，1907 年，近乎卡拉卡拉浴场 [Baths of Caracalla] 的翻版）。当设计构思巨型建筑外观时，建筑师们倾向于脑海中的方案。高大的底层、巍峨的立柱和幽深的阁楼可以将一座九至十层楼的建筑规划得很好，而这类建筑的内部结构大多大同小异。显然转折点出现了，当古典主义的外衣已经不可能包裹越来越高的摩天大厦时，新形式的诞生迫在眉睫。折中主义者在曼哈顿、新港［Newport］以及罗德岛［Rhode Island］的高楼大厦的设计中如鱼得水，理查德·莫里斯·亨特［Richard MorrisHunt］是其中典型的才华横溢的建筑师。这些建筑至今仍未过时，但与其说是对伟大的建筑作品的追崇，不如说是对逝去的生活方式的缅怀。

新艺术

在19世纪末，一种新的形式在情理之中、意料之外诞生了，然而只是昙花一现，无法适应大规模的建筑。这就是“新艺术”。或许称其为“一种风格”是一种误导，它蕴含多种风格，每种风格都有不同的名字：在法国、比利时和美国，称之为“新艺术”［Art Nouveau］；在意大利称之为“自由风格”［Stile Liberty］（源于英国的一家百货公司的名号）；在德国其名为“青年风格”［Jugendstil］（冠以一杂志之名）；在奥地利称之“分离派”［Secession］（以一个新团体命名）；而在西班牙称之为“现代主义”［Modernismo］。这些建筑师有一个共同点，他们态度鲜明地抵制任何形式的学院

337、338　霍塔设计的塔赛尔公馆（下图，1892年）轻盈的蕾丝铁艺，该建筑位于布鲁塞尔，与之相对照的是舍赫特尔设计的莫斯科鲁比辛斯基公馆，现为高尔基博物馆（右下图，1906年），两者均是典型的欧陆新艺术派风格。

派，无论是新哥特式，新古典主义或者是新巴洛克，并谴责这些形式的沉重与浮夸。

这个世纪之交诞生的风格可以分为两条主流——曲线派和直线派。曲线派流行于法国、比利时和德国，其本质在于装饰性，好比与之类似的洛可可艺术。其形式基于自然形态——蛇纹石的蜿蜒、波纹的起伏、螺旋的盘绕、枝叶的卷须以及两三道蜻蜓点水般的曲线或是“挥鞭式”的弧线——某些设计者大量使用钢铁这一新材料来演绎这些形式。其中不乏佳作，维克多·霍塔 [Victor Horta] 在布鲁塞尔设计的公馆（塔塞尔公馆 [Tassel House]，1892 年），其中的门窗、楼梯、家具如同蜘蛛网一般等待着猎物的靠近 [图 337]，又或者是赫克多·吉玛特 [Hector Guimard] 设计的巴黎的地铁站（1900 年前后）。千奇百态的新艺术派进而向东方挺进，在波兰和俄罗斯埋下它的种子，例如费奥多·舍赫特尔 [Fyodor Shekehtel] 设计的位于莫斯科的鲁比辛斯基公馆 [Ryabushinsky House]（1906 年）[图 338]。

现代主义在西班牙孕育了一代令人惊叹的建筑师，安东尼·高迪 [Antoni Gaudí] 是其中最负盛名的一个。高迪成熟的建筑作品似乎是源于自然中某些鬼斧神工的现象，或是来自大地，或是来自深海，而且建筑的生机感之强烈好像随时会长出海藻一类的植被。他的个人风格在他所设计的位于巴塞罗纳的公寓楼房（巴特略之家 [Casa Batlló] 以及米拉之家 [Casa Milá]，均建于 1905 年 [图 339]）中一览无余。圣家堂 [Sagrada Familia] [图 340] 是他雄心壮志的最佳表现，位于巴塞罗纳（始建于 1883 年），然而建筑还未完工，高迪就去世了，目前该建筑被视为加泰罗尼亚民族性的象征。这是（或者将是）少数具有主教堂规模的现代教堂建筑中能被称为原创艺术作品的建筑。其风格可以追溯到哥特式，但是教堂中殿的拱顶以反向悬链线的弧度构建，并且其原始造型的塔楼之怪异酷似巨型白蚁巢穴，以上种种使其成为当时最别出心裁的建筑。高迪并不是唯一的一个。紧跟其后的有约瑟夫·马里亚·汝若尔 [Josep Maria Jujol]、约瑟夫·普伊赫·卡达法尔齐 [Josep Puig i Cadafalch] 以及路易斯·多米尼克·伊蒙塔内 [Lluís Domènech i Montaner]（加泰罗尼亚音乐厅 [Palace of Catalan Music]，1908 年），他们也同样独具匠心，个性十足。

在欧洲的另一端，从西班牙开始，基于文化和地理的角

339、340　世纪之交的巴塞罗那成为新艺术派中高度独立的一支的活动中心，以安东尼·高迪的作品为代表。巴特略之家，建于1905年（右上图），这座颇具典型意义的波浪形有机建筑物，将所有的元素都融为一体。然而他的力作当属圣家堂（右下图），始建于1833年，在之后的100年中作为一个半成品仅有一个教堂的十字型翼部的外观。画面中偏后的四座塔楼是在高迪生前建造的，靠前的四座塔楼则是后来兴建的。全部建筑预计将于21世纪初完工。（作者写作于20世纪末）

度，维也纳并没有追溯洛可可风格而是回归到毕德麦雅时期［Biedermeier］，是帝政风格的朴素变体，尊崇直线性原则，建筑装饰中的精致走廊与光秃秃的表面反差鲜明。1897 年，一批艺术家和建筑师公然与官方的学院派协会划清界限，并称自己为“分离派”。尽管奠基者是约瑟夫·马里亚·欧布里希［Joseph Maria Olbrich］以及约瑟夫·霍夫曼［Josef Hoffmann］这样的年轻人，但分离派中的杰出人物却是奥托·华格纳［Otto Wagner］。作为行业中无可置疑的领军人物（维也纳艺术学院之首，并且负责城市的交通系统），华格纳对整整一代的艺术家产生了巨大影响，不仅仅是欧布里希和霍夫曼，还有阿道夫·卢斯［Adolf Loos］、若兹·普雷切尼克［Joze Plecnik］以及我们稍后会讨论的艺术家。分离派风格最早出现于华格纳设计的马加利卡住宅楼［Majolika House］（1898 年）以及他设计的市政城铁站（19 世纪 90 年代）。作为一个理论家，从各方面而言他遵循传统。他主张街道和建筑外观应体现建筑功能。装饰性不应被抛弃而是应该节制。起初，分离派实现了他的理想：平直的墙面，齐平的窗框，金属与玻璃的广泛应用。尤其是建筑物与城市肌理组成的有机整体，作为社会结构中较大的组成部分融入了现代生活。他这一时期的最高成就是维也纳的邮政储蓄银行［Postal Savings Bank in Vienna］（1904 年），将简约的线条和表面与丰富的纹理相结合，例如用金属螺钉把大理石板材镶嵌在外部墙面上；而内部的螺钉则为玻璃天顶的银行大厅提供了一种朴实无华的装饰效果［图 341］。华格纳随后退出了分离派，但是他的斯坦因霍夫教堂［Steinh of Asylum］（1905 年）［图 342］仍然秉承了分离派的精神——金属质感、马赛克镶嵌和奥地利先锋艺术家的彩色玻璃。在规模庞大的城市规划中他期望达到“将一致性提升为不朽性”，虽然极度拘谨但不乏为切合居民需求的精心设计。如今看来这种风格比起他们原初的信仰，与新古典主义更为接近。

约瑟夫·霍夫曼自身也是一名极具影响力的人物。作为教师、设计师和建筑师，他以直线性的信条和抽象几何学作为传道授业的宗旨。他最完整的作品——布鲁塞尔的斯托克雷特宫［Palais Stoclet］（1905 年）［图 343］是他为一位家财万贯的鉴赏家打造的，对于现代主义的期待通过赤裸的建筑表面彰显无遗，不受传统装饰的束缚。但是它完全不具备现代主义的朴素性。其室内设计（极少数人得以进入参观）精致奢华、用材铺张、细节完美。

341 奥地利的分离派运动在某些方面超前地传达出了现代主义美学的特点，旨在清晰无碍地表达其功能性。奥托·华格纳为他所设计的维也纳的邮政储蓄银行（1904年）量身定做了的设备和家具，视觉体验中产生了机房车间的效果。

342 华格纳在维也纳郊外修建的斯坦因霍夫教堂（1905年）体现出了分离派与古典主义之间的联系。明确提及有关决议或订单的文书资料缺失，但是其长宽高的比例，圆形穹顶以及在墙顶与天花板间起装饰作用的横饰带，可以推断出该建筑可上溯到玛丽亚·特蕾莎统治时期的维也纳。

343 约瑟夫·霍夫曼最成功的作品不在维也纳而是位于布鲁塞尔。1905年，他在那里建造了斯托克雷特宫。它的奢华蕴藏在朴实却戏剧性的外观之下。

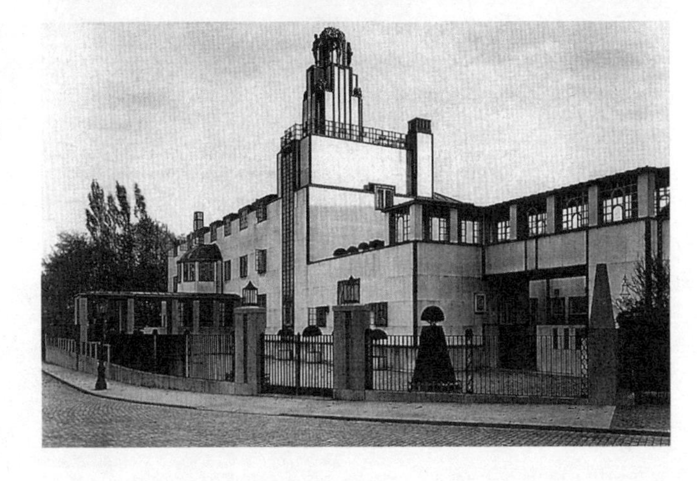

意大利的“自由风格”裒集了棱角分明的线条与殷实的厚重感，体现在一些造型奇特的建筑中，例如曼图亚的商会大楼 [Casadel Commercio]（1913 年，阿尔多・安德列阿尼 [Aldo Andreani] 设计），罗马以建筑师吉诺・科佩德 [Gino Coppedè] 命名的居民区（1919 年），朱塞佩・索马鲁加 [Giuseppe Sommaruga] 在米兰的建筑设计，以及埃奈斯托・巴赛尔 [Ernesto Basile] 在罗马和西西里岛的作品。

上文已经提及了高迪在巴塞罗那的建筑中的民族主义影响。加泰罗尼亚在当时大力宣扬其自身的文化认同，在欧洲其他小国中也出现了类似的现象（在文学、艺术和音乐以及建筑方面）。在爱尔兰，凯尔特复兴运动在历史中寻根，却塑造出一种人为痕迹明显的爱尔兰风格。早期教堂的外观配以圆形塔楼，而建筑内部的风格则是新艺术派与凯尔斯书 [Books of Kells] 相碰撞的结果。苏格兰也

344 查尔斯・雷尼・麦金托什设计的格拉斯哥艺术学院以其整齐的线条、严谨有序的图案、富于想象力的照明设计以及个性化的细节处理与奥托・华格纳的建筑精神相近，尽管形式不同。1907年修建的图书馆，其走廊面板的取材和意义仍在学者与批评家间引发争论。

不例外，也在寻觅其独特的民族特性，查尔斯·雷尼·麦金托什［Charles Rennie Mackintosh］是其中杰出的建筑师之一。但是他并不仅仅属于苏格兰，他立足于一个更广阔的天地。他的建筑外观或许是泥塑的（外表覆盖以传统的白色粗灰泥），但是在绝妙的室内设计中，镂花图案以及为数不多有棱有角的家具装饰与本土风格相去甚远。他的大师级作品，格拉斯哥艺术学院［Glasgow School of Art Lechener］（1897 年和 1907 年），以其巧妙的空间设计和新奇的细节从传统模式中解放出来（例如走廊的棋盘式道路布局以及图书馆里悬吊的灯盏）［图 344］，但是麦金托什的新颖之处总是植根于常识之中，从来不是在我行我素的臆想驱使之下诞生的。

在匈牙利，民族认同感曾一度受到来自奥地利的威胁。奥登·莱可纳［Ödön Lechener］试图通过回溯马札尔文化的中亚起源以恢复匈牙利的独特风格。他在布达佩斯设计的装饰艺术博物馆［Museum of Decorative Arts］（1893 年）［图 345］是新艺术与莫卧儿［Mughal］风格的魅力结合，并不像听上去的那么荒诞。挪威和瑞典在其维京血脉中探索觅求，拉斯·斯诺克［Lars Sonck］的建筑重新挖掘了芬兰与生俱来的优势并以展现其本国文化来对抗俄罗斯的统治；在完成了木制别墅和粉刷拙朴的教堂建筑之后，他在赫尔辛基建造了电话公司大厦［Telephone Company Building］（1903 年），一座毫无雕琢的花岗岩罗马式建筑，并饰以民间图案［图 346］，其坚不可摧的力量感与北欧萨迦的英雄传奇一般。

345 匈牙利是在新艺术中寻求民族特质的众多国家之一。在布达佩斯，奥登·莱可纳在设计装饰艺术博物馆时借鉴了印度的建筑形式，以唤起马札尔文化的东方起源。

346 在芬兰，民族浪漫主义也是一场出于维护民族认同感的运动。这也正是拉斯·斯诺克在赫尔辛基建造电话公司大厦的意义所在。花岗岩的材质和粗线条的雕刻与芬兰的传统相一致。但是正如后代芬兰批评家合理点评的那样："完全看不出与现代通信有任何关联。"

在美国，艺术中不再掺杂爱国主义的弦外之音，新艺术派一直作为一种纯装饰性的风格存在，其重大意义在于它出现不久后结构工程以及装饰设计被判定为两种不同的学科（装饰设计从建筑工程中独立出来，形成独立的学科）。其中最重要的人物当属路易斯·沙利文[Louis Sullivan]。他设计的芝加哥会堂大楼[Auditorium Building]（1886年）[图347]，将写字楼、酒店和歌剧院融于一体，一系列巨型的半露方柱和双层阁楼的格局依靠粗面砌筑的方式将建筑巧妙而缜密地架构起来，正是沙利文的装饰使得它卓尔不群。这种优势被进一步运用在他所设计的卡尔森·皮里·斯科特百货商店[Carson Pirieand Scott Store]（1899年）中，同样位于芝加哥，其建筑使用钢架结构而非承重墙[图348]。沙利文因此成为我们下一章将要论述的现代主义的先锋，但是在这一章里，将把重点放在他所主张的至关重要的装饰意义之上。在这一点上他充分发挥了他的天赋。他从植物与叶瓣中汲取灵感，那紧致、有机、充满表现力的线条在金属表面以及陶土材质上游走，使得建筑也变成了活物一般。

347 芝加哥的会堂大楼（1886年）是两位杰出人物联手的成果，分别是工程师丹克马尔·阿德勒以及建筑师路易斯·沙利文。沙利文并没有在这座建筑中完全释放出他的个人风格，新艺术派的装饰往往伴随着陡直的外观（见图353）。而会堂大楼凹凸不平的石状外墙十分贴近理查森的罗马式复兴风格（见图329），建筑结构最终仍是包裹在其中，不露声色。

348 路易斯·沙利文对新艺术的全部贡献都体现在了他的装饰中，例如芝加哥的卡尔森·皮里·斯科特百货商店（1899年）那铸铁的窗边装饰物。也正是在沙利文的工作室中，弗兰克·劳埃德·赖特发掘出了他自己的风格。

洋房与家宅

英国是唯一一个没有受到新艺术派影响的国家，但是确有一场革新将最习以为常的私人住宅再一次搬上了建筑舞台的中心。很大一部分成因源于英国中产阶级独有的生活方式的衍变，而并非来自那些拥有土地的地主贵族。这些中产阶级对于住所的追求在于家的温馨舒适、空间的私密性以及郁郁葱葱的周边环境，同时与市镇的距离不宜过远。不拘小节又不失风度，含蓄朴素而不乏品质。“家”是英国人存在的核心意义，因此英国人的住宅必须体现出家的内涵。以传统材质（木材、砖块、瓦片）构成的乡村屋舍或是娇小的当地住房为代表，它们远离任何“高端”的风格。德国对这种英伦风格青睐有加，1896 年，赫尔曼・穆特修斯［Hermann Muthesius］作为一名普鲁士建筑师同时也是政府的公务员，受命于政府普查这一类建筑风格并汇报成果。这次调查最终形成了他最著名的一项研究《英国住宅》［*Das englische Haus*］（1904—1905 年），在书中他不仅仅深入浅出地分析了建筑格局，而且剖析了其背后英国社会背景以及文化趋势。

从教区的牧师住宅入手，这些建筑由教会建筑师建造以匹配他们的教堂。在 19 世纪四五十年代，斯特里特和布特菲尔德将哥特式元素与 18 世纪的本土元素相混合，衍化出了一种悠闲自在、轻松随意的舒适风格。1859 年，菲利普・韦伯［Philip Webb］为他的好友威廉・莫里斯建造了红房子［Red House］，位于距离伦敦

349　布罗德里宅邸［Broadleys］（1898年）与温德米尔湖交相辉映，它是C.F.A.沃赛最为投入的作品，同时这所别墅也体现出了沃赛的匠心独具。餐厅、门厅、客厅分别配有飘窗，并向上延伸与上层的卧室相连。

不远的博克斯雷希斯［Bexleyheath］，是一座风格随意的大宅子，设计有宽松的二层洋房，被后人争相效仿。韦伯的其他建筑也有同样的特征，然而由于它们具有独特性不易被人模仿。建筑师热衷于制造问题并享受解决问题的过程。与他同时期的建筑师理查德·诺曼·肖［Richard Norman Shaw］比他更具商业头脑，肖援引17世纪的英国风格作为先例，从中衍化出一种易于模仿的建筑套路，这种风格被后人界定为安娜女皇风格。肖的绝大多数实践体现在为中上层阶级设计的乡镇建筑中，运用了众多不同的材料来营造一种如画的传统氛围，这与英格兰东南地区的本土建筑物截然不同（格伦安德里德屋［Glen Andred］，萨里，1866年）。他也接受了一些大宗的建筑委托。

比肖年轻二十岁的C. F. A. 沃赛［C. F. A. Vosey］完全沉浸在与世无争的私人住宅的设计中，将平凡无奇的家庭日常生活艺术化。沃赛设计的房屋（例如布罗德里宅邸［Broadleys］，位于湖区，1898年），在它们朴素的外表之下聚集了大量挖空心思的人工设计［图349］。建筑本身并不突兀雄奇，白色外墙、窗户周围饰以不经修饰的光滑岩石，故作朴拙的金属工艺以及铺设在低垂的屋檐上的层层石板。室内设计很轻便，简单的家具、漂亮的墙纸、温馨的壁炉——“为贵格会轮唱班［Quakertrolls］设计的流线型小屋”，然而这个称呼并不友善。与此同时，一批极具天赋的本土建筑师（W. R. 里萨比［W. R. Lethaby］，A. H. 麦克默多［A. H. Mackmurdo］，M. H. 巴里·斯科特［M. H. Baillie Scott］）为家财丰厚的客户服务，形成了一种手工技艺与本土样式相结合的“艺术与工艺”并包的风格。

如今，在这湾浅滩里潜游着一条蛟龙。1896年，埃德温·鲁琴斯［Edwin Lutyens］在他二十多岁的年华里设计了第一座里程碑式的建筑，为园艺设计师格特鲁德·杰基尔［Gertrude Jekyll］打造了曼斯特伍德花园［Munstead Wood］。它已经具备了一座美轮美奂的乡村别墅的特质。砖块、木材与石头不拘一格的混合搭配，实用性的设计规划，细节和空间布局的精湛与质朴以及与周围环境相辅相成的特点在他后来的作品中以各自不同的面貌彰显无余——果园［Orchards］（1898年），提格布尔内庭院［Tigbourne Court］（1890年），迪那利花园［Deanery Garden］（1901年）［图350］——皆位于英格兰南部。他称这些房屋建筑为“旧式英伦”［Old English］，但是这些建筑并没有拼凑和借鉴原有的风格。鲁琴斯无论是在设计通向房屋的小径，或是设置厅堂中的楼梯，又或是衔接灯火通明的走廊与一个个卧室的过道空间，都安排了能够看到花园景色的巧妙设计，这使得他跻身于古往今来的优异建筑师之列。这些房屋设计如此惬意可人，是生活、休闲、娱乐的绝佳之所。鲁琴斯之后的作品会把我们带出这个隐秘的私人空间，这些将在下一章进行论述。

在美国，格林兄弟［Greene brothers］设计的建筑也是这场审美运动的一部分。两人的创作实践仅限于洛杉矶的卫城帕萨迪纳。其建筑皆是木质结构，宽敞开放、屋舍低平，并采用了远自瑞士和日本的建筑元素。例如甘博宅邸［Gamble House］(1908 年)，好似一件雕饰精细的巨大家具［图 351］。

最后，我将以弗兰克・劳埃德・赖特［Frank Lloyd Wright］的早期作品来收束本章内容。赖特曾供职于沙利文的事务所，也正是在这一期间，赖特的第一所建筑于 1889 年在芝加哥郊外的橡树园诞生了——如今看来橡树园业已成为赖特的建筑园区。在之后的十五年中，赖特的事业不仅在芝加哥郊外的一片天地中蒸蒸日上，在他处也是风生水起。英国建筑师中恐怕唯有沃赛可与赖特相

350 埃德温・鲁琴斯设计的迪那利花园（1901年），松宁市，伯克郡。他将英式家宅的传统延伸至宽大的乡间别墅。这座建筑由砖块砌成，拥有规模不小的壁炉，以及大量木质的室内装潢。其富于历史趣味的田园风格暗示了植根于历史并结合了现代舒适感理念的建筑形式。

351 加利福尼亚州帕萨迪纳的格林兄弟创造了另一种家居装潢的风格，他们的木质房屋是以细木工匠的视角来构造的，室内设计彰显了幸福感和安全感。甘博宅邸（1908年）按对角线走向铺设地板，巧妙引导客厅与起居室的不同空间相连通。

352 弗兰克·劳埃德·赖特的“草原式住宅”是另一种彰显家居装潢的幸福感的建筑风格。芝加哥的罗宾别墅水平式审美的围墙之后是以巨大的中央壁炉为中心的起居室、餐厅和卧室。

提并论。他们的建筑规划惊人地相似，消减了走廊的面积使得各个不同的空间相互渗透。二者均采用了当地本土建筑样式作为事业的起点，并没有受到历史潮流的影响。以宽阔伸展的屋顶和房檐削弱了垂直方向，从而增强建筑水平方向的纵深感。同时都着重强调了作为家宅核心标志的中央壁炉，也正是在这一点上，二者出现了分歧。赖特对于家居的理解与沃赛建筑中的“温馨”概念全无共通之处。建筑的材质往往都是暴露在外的，从而其建筑带有强烈的个人风格，既不怪异离奇也不柔性十足，而是着眼于赤裸的表面和突现的几何造型。若想入住赖特的房子，必须有相当的魄力，既不能墨守成规，也不能迟钝愚笨，同时需要对细节十分敏感。纵观赖特风格的演变，从沿袭了沙利文风格的河林区温斯洛住宅［Winslow House,River Forest］（1893 年），又或是春田区的达娜住宅［Dana House,Springfield］（1899 年），到他个人风格渐入佳境的“草原式住宅”［Prairie House］罗宾别墅［Robie House］（1909 年）［图 352］，他的建筑程式变得愈加简单，只在质地与色彩上做少许改变以及个别建筑布局的增减。围墙的概念被伸缩自如的空间所取代，室内与室外的区别也被淡化了。造型更加抽象，线条更加有力。

赖特对私人住宅的热忱直至其生命终结，他余下的作品包括那些非私人住宅的建筑将留到下一章讨论。他作为一位清高自持的建筑师，一直以来只为博学多识的精英设计建筑。这类建筑以及建筑师，很快将消失在人们的视线中。想要理解这其中的缘由，我们不得不回顾本世纪初（此书作于 20 世纪）的建筑历程。

第九章 追寻风格：现代主义

工程学——在科学与技术意义层面上的建筑应用技术——一直以来是建筑学不可分割的一部分。19 世纪，建筑材料取得日新月异的进步，促使对建筑界新型专业人才的迫切需求。不久之后，工程师的科学素养与建筑师的艺术造诣分庭抗礼，甚至建筑师的“艺术性”呈现出逐渐被取代的可能性。所谓的艺术将被置于何地呢？不过是历史的遗孀。赋予同类建筑以不同的风格逐渐变得毫无疑义，愈加显得蠢钝无趣。在这样的逻辑背景之下，现代主义诞生了。在现代主义成员的眼中，现代主义从来不是传统意义上的某种审美取向，即所谓的“风格”。在他们的定义中，根本就没有选择的必要，建筑学如同工程学一样，仅仅是对于特定问题的合理解决方案。之后将是融合了新技术、新材料着眼于功能性的实施过程。所谓的风格已经过时了。

钢铁、玻璃以及诚实

在过去的几个世纪中，钢铁材料在建筑中的使用总是“深藏不露”，强化支柱、支撑房顶、加固穹顶，它的存在总是鲜为人知。直至 1778 年，钢铁材料的自身美感才得以呈现于人们眼前。托马斯·法诺斯·普瑞查德 [Thomas Farnolls Pritchard] 和亚伯拉罕·达比 [Abraham Darby] 在希罗普郡的科尔布鲁克代尔 [Coalbrookdale Shropshire] 建造了一座铁桥，很快便在这个镇子上名声大噪 [图 354]。这项工程在不久以后备受世人的瞩目。钢铁步履蹒跚地从幕后站到了台前，起初是应用于实用性建筑，比如仓库和工厂（马歇尔工厂 [Marshall]，由贝尼昂 [兄弟] 与贝奇 [Benyon and Bage]设计，什鲁斯伯里郡[Shrewsbwry]，1796 年），楼梯（纳什的布莱顿行宫 [Brighton Pavilion]，1818 年），接着是更加醒目的纪念碑建筑（申克尔在柏林设计的建筑，1819 年），直至音乐学院华丽的哥特式内饰（卡尔顿公馆 [Carlton House]，伦敦，由托马斯·霍普 [Thomas Hopper] 设计，在其扇形拱顶的结

353　纽约州水牛城的保险大厦（1894年）是沙利文与阿德勒的杰作，明显体现出了新的建筑结构的审美价值，同时也保留了传统的元素，诸如柱基、主楼层、檐口，并且融入了沙利文的华丽装饰，特别是在檐口的下部。

ONE WAY
STOP

构之间穿插着有色玻璃）以及托马斯·瑞克曼［Thomas Rickman］和铁匠大师约翰·克莱格［John Cragg］在利物浦建造的三座教堂（1813—1816年）。赋予钢铁材质以哥特式的形式是非同寻常的一步，尽管并不一定是明智之举——纵然迪恩和伍德沃德［Deane and Woodward］创作出了流光溢彩的牛津大学博物馆［University Museum,Oxford］（1855年）［图355］——哥特式的根基在砖石。后继的成功工程师并没有试图掩饰钢铁材质的原本面貌，反而是在结构设计上表现这种材质的特性。市场用房［market buildings］的兴建在这一时期涌现（查尔斯·富勒［Charles Fowler］设计于1835年的伦敦亨格福德市场［Hungerford Market］，维克多·包塔德［Victor Baltard］于1853年设计的气势恢宏的巴黎市场［Halles］）。火车站建筑也应运而生，自19世纪30年代开始，到了60年代形势逐渐壮大（维克多伊曼纽二世拱廊，米兰，朱塞佩·门戈尼［Giuseppe Mengoni］）。百货商厦的建造紧随其后，最早出现于法国，但是很快就蔓延到了欧洲的其他地区以及美国和澳大利

354　一座位于希罗普郡科尔布鲁克代尔的铁桥（1778年），是世界上第一座铁桥，T.F.普瑞查德和亚伯拉罕·达比的合力之作。标志着建筑师与工程师有不同分工的初端。

355　牛津大学博物馆（1855年），由迪恩和伍德沃德设计。威尼斯哥特式风格的砖砌外观，其中拉斯金负责指导了石雕部分。室内设计完全采用钢铁材质，并且尽可能地遵循哥特式风格。

356　以约瑟夫·帕克斯顿在查茨沃思的设计为首，由钢铁和玻璃筑造的大型温室花房体现出了新材料在建筑中的革新意义。裘园的棕榈宫（1845年），由理查德·透纳以及德西穆·伯顿设计，为其中完美典范之一。

亚。J. B. 邦宁［J. B. Bunning］在建造伦敦的煤炭交易所［Coal Exchange］时，内部设计完全是钢铁的构架，在其层层叠叠的走廊以及繁复的建筑装饰中就可见一斑。

此类建筑大多数保留了砖砌的建筑外观。在温室建筑中纯粹是出于实际因素考虑并没有采用这种建筑外观。这种风格出现不久之后，约瑟夫·帕克斯顿［Joseph Paxton］在查茨沃思建造了大花房［Great Conservatory］（1836年），建筑长达277英尺（约85米）；

裘园棕榈宫［Palm House］（1845年）［图356］的规模与之相近，出自铁匠大师理查德·透纳［Richard Turner］和建筑师德西穆·伯顿［Decimus Burton］之手。这一传统在帕克斯顿的作品中尤为显著，1851年伦敦举办第一届万国博览会中水晶宫［Crustal Palace］［图357］的设计就由此而来。

水晶宫的规模之大、耗时之短以及五湖四海亲眼看见过它真容的人数之多，可以想见水晶宫在建筑史中的地位之突出。但它并不是一

个在技术上具有革新意义的代表性建筑，实际上最初它并不是完完全全的钢铁—玻璃 [iron-and-glass] 建筑，很大一部分建筑材料使用的是胶合板（后来在伦敦南部重建时，形式有所变化）。

也许它的标志性意义才是最重要的。它的到来，正值 19 世纪的中期——工业革命的时代——被视为整个建筑史中最关键的时刻。在此之前的千千万万年中，人们在建筑中一直使用自然界中可以开采的原料——石头、砖块和木材。在风格和文化的不断变迁中，一次次地验证了这些材料的局限性。然而现在这些束缚即将被打破，建筑师们被带到了至关重要的分水岭，曾经连做梦也不曾想象到的可能性不断呈现于眼前，颠覆了之前的假设。那时人们的认识仍然处于朦胧的、半梦半醒的状态，因而对水晶宫评价呈现出了褒贬不一的态势。

要想追溯 1870 年到 1970 年历时近一个世纪现代主义运动的起源与成果，我们不得不将教堂、私人住宅和公共建筑置于一边，将视线转移到一片甚少涉及的领域——商业建筑，特别是那些金属框架建构的高楼层办公大厦。1850 年前后，在建筑框架中使用经过浇铸和锻造的钢铁材料已经开始流行。这类建筑在英国和美国几乎同时出现，詹姆斯·博加德斯 [James Bogardus] 在纽约设计的商店（1848 年及以后），麦康奈尔 [McConnel] 在格拉斯哥设计的牙买加街货栈 [Jamaica Street Warehouse]（1853 年），G. T. 格林 [G. T. Greene] 设计的希尔内斯皇家海军造船厂的船坞 [Sheerness

357 伦敦的水晶宫是钢铁—玻璃温室建筑的继承者，尽管它最初的面貌（对页上图中可见）使用了大量木质胶合板。帕克斯顿的创新之处在于以原有的建筑方法构建出了长达1848英尺（约563米）的规模庞大的建筑物。设计于1850年7月，而在1851年5月1日万国博览会开幕式之前就已经完工了。

358 对页下图：希尔内斯皇家海军造船厂的船坞是建筑史中鲜为人知的钢铁框架建筑，位于肯特郡。它很容易让人误以为是20世纪50年代的建筑，事实上却是建造于1859年，并且在建造过程中完全无意于趋向任何建筑风格。建造者是G.T.格林，一名海军工程师，国际现代主义中低调的先锋人物。

359 彼得·埃利斯设计的奥利尔商馆（右图，1864年），位于利物浦，尽管是砌筑的墙面，但是一如沙利文强调对于垂直方向的表达。金属作为成片玻璃窗的框架突出于墙外。

Naval Dockyard］（1859 年）［图 358］——这些建筑的外观也是钢铁结构的——在利物浦，彼得·埃利斯［Peter Ellis］设计的奥利尔商馆［Oriel Chambers］（1864 年）［图 359］，建筑正面外观的垂直砖体之间采用了玻璃飘窗，而建筑的背面则是金属架构的幕墙。

金属框架的革命性意义不亚于尖肋拱顶，并且同样创造了自已的审美标准。建筑师们对它的认识过程出奇地缓慢，且在践行的过程中仍然有所保留。然而体现了这一审美趣味的建筑（比如希尔内斯船坞）在人们眼中并不能算作真正意义上的建筑。这种框架形式长期以来矮身于那些被人们所悦纳的学院派风格（原因之一是出于

对消防安全的考虑，钢铁必须有覆盖层）。先后建造相差不到10年的两座相邻的伦敦火车站将结构功能的公开化和建筑外观的得体性之间的反差处理得干净利落。圣潘克拉斯火车站［图360］（1863年）的顶篷是W. H. 巴洛［W. H. Barlow］和R.M. 奥蒂斯［R. M. Ordish］的杰作，却隐蔽在乔治·吉尔伯特·斯科特设计的同样享誉盛名的哥特式铁道酒店（1868年）［图319］之下。几步之外，国王十字火车站（1851年）［图361］的顶篷在路易斯·库比特［Louis Cubitt］设计的巨大的圆形砖砌拱顶下一目了然。这两座火车站的意义正是在于它们恰如其分地展现出审美趣味的更迭，从历史主义美学到功能性审美，同时（在某种程度上）反过来同样成立。甚至如路易斯·沙利文这样亲身体验过新兴技术的审美潜质的建筑师，在设计高层建筑时仍然依循古典主义的规则和规范，体现出底座柱基、中段以及顶端的檐口或者阁楼［图353］。我们因此在某种程度上被迫产生了一种固定思维，认为建筑的结构和设计是分段式的，好比每段都是由不同的人在设计。从此，建筑师之间的合作关系成为这一领域中的主要特征，他们的结合往往是强强联手，尽管他们中的每一个在任何一方面的能力都是无可挑剔的。

三项新发明确保了建造更高层建筑的可能性。其一是艾利莎·G. 奥蒂斯［Elisha G. Otis］发明的电梯，这无疑是高层建筑的基本配备。其二是亨利·贝塞麦爵士［Sir Henry Bessemer］发明的炼钢工艺，所得合金的密度小、强度高，延展性又超越了铸铁。这两项发明出现在19世纪50年代，但是直至70年代才初具影响力。第三项改进是铸铁（以及之后的钢材）框架防火性能的进步。此时，建筑界的主导实力已经转移到了美国，并在接下来的数十年中长盛不衰。19世纪70年代初，纽约的地平线上出现了第一栋摩天大厦（但是这一词语直至90年代才被发明）。1871年，芝加哥城区在大火中毁灭殆尽，紧接其后的重建吸引了来自全国各地满怀冒险精神和竞争心态的建筑师跃跃欲试。理查森于1886年去世，年仅四十八岁，因此未能参与到自此以后直至1900年这非凡的十五年中，这一时期的人们见证了一系列高楼的拔地而起，它们的出现使得这一时期足以与历史上任何类似的时期相媲美。建筑师们也面临着在任何时期都无比艰巨的难题——经济上有资金筹措的竞争压力，技术上存在着如何在芝加哥松动的地质条件下建造高楼的问题，在人事关系中建筑师之间的协商合作也非易事——建筑师设计

360、361　火车站是19世纪现代化的有力象征，同时火车站的建设也存在着技术层面的极大挑战。W.H.巴洛和R.M.奥蒂斯设计的伦敦圣潘克拉斯火车站（1863年）的顶篷（对页上图），在建成之际其横跨度位居世界之首，但是却被享誉盛名的酒店遮蔽住了。与之相邻的是路易斯·库比特设计的国王十字火车站（对页下图），在建筑的外观上体现出了顶篷的双层屋顶。

的宏伟方案在实施中同样面临着各种各样的挑战。然而建筑师们令人惊叹的水准使得所有问题都变得渺小，他们竟能将建筑物的海拔掌控在原先无法企及的高度之上，同时又不失典雅和精致。

十分有趣的是，与19世纪莫里斯与拉斯金关于“材料的真实性”的辩论并驾齐驱的正是关于钢铁骨架在建筑外观中表现尺度的热议，这个问题几乎上升到道德层面。那些在建筑外观中应用金属框架的建筑师被称为“进步的”和“诚实的”，而在外观中没有显露金属骨架的建筑师则被戴上了“历史主义”和“落后”的高帽。时至今日，这种情绪已经平息，人们可以大方地享受“不诚实的”建筑物而无须感到羞愧，就好比人们可以沉醉于《玫瑰骑士》[*Der Rosenkavalier*]，而不用去斤斤计较它有多么前卫。

362、363　两座19世纪90年代由伯纳姆与鲁特设计的芝加哥建筑，体现了仍处于实验性阶段的钢铁架构风格。高大朴素的残丘大厦（对页图）以砖墙承重，而信托大厦（右图）的钢铁框架被掩藏在装饰性的陶砖之下。

在某些情况下，建筑中并不存在需要表现的钢铁框架。这在芝加哥的建筑中可以找到原因。阿德勒［Adler］和沙利文设计的会堂大楼（1886年）［图347］，其墙体为承重墙，而高度则是历史主义风格的典型高度。伯纳姆与鲁特［Root］设计的16层高的残丘［Monadnock］大厦（1891年）［图362］以砖墙承重，外观上并无更多的修饰，仅有微微突起的弓形窗上下垂直承接，整体设计给人一种视觉震撼。荷拉伯特［Holabird］与罗许［Roche］在他们设计的庞蒂克大厦［Pontiac Building］（1891年）中达到了相似的效果，但是该建筑的砖砌结构是建立在一个不可见的钢铁框架之上的。荷拉伯特与罗许似乎开始转变思维方式，重新衡量是否该以此作为评判标准。他们二人之后的三幢建筑（1894年的老殖民［Old Colongy］大厦和马癸特［Marqutte］大厦，1910年的布鲁克斯［Brooks］大厦）中愈加明显地表现出网格状的金属框架。在这方面，伯纳姆与鲁特没有按常理出牌。他们最早设计的卢克丽

[Rookery] 大厦（1886 年）是一座高耸的砖砌建筑；信托 [Reliance] 大厦（1895 年）[图 363] 将建筑骨架包裹在陶砖和玻璃之下。但是渔人 [Fisher] 大厦（1896 年）尽管建筑本身是网格状框架，却尝试了哥特式的装饰风格。威廉·勒·巴隆·詹尼 [William Le Baron Jenney] 将框架的结构表现得淋漓尽致，毫不顾忌（例如他于 1881 年以及 1891 年先后建造的两座莱特尔 [Leiter] 大厦，以及菲尔百货大楼 [Fair Store] [图 364]），而有趣的是，人们称其为"商业风格" [commercial style]。

364 威廉·勒·巴隆·詹尼设计的芝加哥菲尔百货大楼（1890 年），图中所示为正在建设中的金属框架。詹尼被认为是在大型建筑中完全使用金属骨架的第一位工程师。然而他的重要性仅仅在于技术上的突破（他就读于巴黎中央理工学院而非巴黎美术学院）；美学上的挖掘空间将留给后人去探索。

正是路易斯·沙利文将摩天大楼带入了艺术殿堂。圣路易斯的温赖特 [Wainwright] 大厦（1890 年）[图 365] 以及水牛城的保险 [Guaranty] 大厦（1894 年）[图 353]，皆是他与丹克马尔·阿德勒 [Dankmar Adler] 联手合作的。从古典主义的先例（底层、立柱、阁楼）中借鉴了三段式的理念，但是更偏重于垂直方向的表达。钢铁框架也并非开放性地暴露在外，但是其存在感是无法忽视

的。沙利文新艺术派风格的装饰效果在近处营造了戏剧性的效果，远观则完全失效了（温赖特大厦大楼的檐口除外）。他设计的芝加哥卡尔森·皮里·斯科特百货商店［Carson,Pirie and Scott Store］（1899年）［图348］，尽管增强了底层的繁复装饰，但是框架的表现力依然十分显著。

世纪之交过后，尽管纽约的建筑师们设计的摩天大楼皆以砖石构成，没有明显的风格特点，甚至比芝加哥的建筑师更具学院派特点，但可以明确的是纽约的建筑氛围不再落后于芝加哥。由于建筑规定中要求上层建筑要有所收束，于是在外形上也有所改变。建筑师将建筑的横切面逐级递减，好比尖塔，不得不说，这使得纽约的天际线更富于戏剧化效果。芝加哥针对上述两个方面以纽约为例进行了效仿。胡德［Hood］和豪厄尔［Howell］设计的哥特复兴式建筑，芝加哥的论坛报大厦［Tribune Tower］借鉴了卡斯·吉尔伯特［Cass Gilbert］设计的伍尔沃斯［Woolworth］大楼（1913年）［图366］，并且在楼层上有所增加——在纽约，厄内斯特·弗莱格［Ernest Flagg］设计的辛格［Singer］大厦（1907年）有四十七层，伍尔沃斯大楼有五十二层。

365 沙利文设计的第一座摩天大楼，即位于圣路易斯的温赖特大厦（1890年），运用了完整的古典主义建筑的语言，底层、立柱以及阁楼，但却是在此基础上的重新演绎，变为朴素简单的底层和中层楼，长方形的窗间壁垂直贯穿7个楼层，以及一个装饰性的阁楼。

366 卡斯·吉尔伯特设计的纽约伍尔沃斯大楼（1913年），技术先进但是毫不遮掩其对于如画和历史主义风格的追求。

现代主义的信条

与此同时，欧洲正处于怎样的状态之下呢？欧洲没有兴建任何摩天大楼，欧洲的建筑师嫉羡美国建筑师所拥有的惊人技术。但是欧洲建筑师的创造才能和想象力极盛，不久之后欧洲建筑理念在经过摸索和淘汰之后终于走上了与美国同样的道路。国际化的展览持续不断为新思想提供展示的平台。1889 年，杜忒尔特 [Dutert] 和康塔明 [Contamin] 的两件建筑作品亮相巴黎世界博览会，一件是机械展厅——铁和玻璃构建的巨型场馆稳稳地坐落在无比精巧的柱基之上，另一件则是埃菲尔铁塔，它在往后很长一段时期内位居建筑界的海拔之最。

铁和钢铁原初也曾作为一种新材料的原料在欧洲进行开发：钢筋混凝土的诞生。尽管最早出现在英国，但却是由法国工程师弗朗索瓦・埃纳比克 [François Hennebique] 将其发扬壮大的。他将这一技术改良之后应用于建筑师包杜 [Bandot] 设计的巴黎圣让蒙马特 [St Jean-de-Montmarte] 教堂 (1897 年)，增强了艺术效果。比起钢铁框架，钢筋混凝土柔韧性更好，压缩与延展的性能也较强，因此，建筑师在设计巨型穹顶时无须考虑支撑点。马克斯・伯格 [Max Berg] 在布雷斯劳（今波兰弗罗茨瓦夫）设计的百年纪念会堂 [Jahrhunderhalle] (1913 年) [图 367] 的穹顶是圣彼得堡大教堂的四倍之大，墙体没有任何隐藏和装饰，庄严崇高的整体感不言而喻。这种形状——经纬交错的垂直线条与平缓柔和的弧度简

367 马克斯・伯格在布雷斯劳（今波兰弗罗茨瓦夫）设计的百年纪念会堂，建于1913年，是为了纪念德意志联邦成功抵抗拿破仑入侵100周年而建的，充分展现了钢筋混凝土在构建史无前例的恢宏空间中发挥的强大作用。

单而抽象地暗示出流线型结构——在沃尔特·格罗皮乌斯 [Walter Gropius] 和阿道夫·梅耶 [Adolf Meyer] 的作品，又或许是在安东尼奥尼·圣埃里亚 [Antonio Sant' Elia] 笔下影响深远却未能实现的梦幻工厂（1912—1914 年）中标志着工业化的新进程。

在 1914 年之前以及 1918 年之后的时期皆是现代主义运动的关键性时刻，正是思想萌芽的温床，并在第一次世界大战之后结出了丰硕的果实。先前提到过的格罗皮乌斯我们将在稍后对其建筑生涯进行更深入的讨论，另外还将涉及——奥地利的阿道夫·卢斯，法国的奥古斯特·佩雷 [Auguste Perret]，荷兰的 J. J. P. 欧德 [J. J. P. Oud] 与 W. M. 杜多克 [W. M. Dudok]，德国的埃瑞许·孟德尔松 [Erich Mendelsohn] 与路德维希·密斯·凡·德·罗 [Ludwig Mies van der Rohe]，苏联的维斯宁兄弟 [Vesnin brothers] 与弗拉基米尔·塔特林 [Valdimir Tatlin]，以及极具争议并且难以将其归于具体流派的勒·柯布西耶 [Le Corbusier]。如若称他们都持有相同的观点，又富于团队精神通力合作简直是无稽之谈。但是在一件事情上他们的意见出奇地一致，那就是对未来的向往远超于对往昔的留恋，他们认为 20 世纪将是世界历史中崭新的篇章，而新时代人们的诉求也会与迄今为止任何男人或女人的需求都有所不同；新的建筑将成为回应这些诉求的答案，因为它具备普遍、民主、功能、节约以及美丽的特性，同时也将成为不朽的主题。第二次世界大战结束以后，在许多历史学家和批评家的眼中，这一切已然发生了，这期间出版的书籍不断以国际现代主义 [International Modern Style] 作为讨论的重点或者结尾。任何偏离了这一路线的人和事，都被视为旁枝末节而被遗忘。

五十年之后，经过实验探索，这一观点不再铿锵有力。回顾往昔，我们发现许多有趣甚至是伟大的建筑师并不认同现代主义哲学，他们对于历史的观照不亚于对未来的展望，并且认为传承比革新更重要。这些人站在现代主义的对立面上，其作品也应该并且将要得到公平公正的评判。然而悖论就在于他们对 21 世纪产生的影响远远超过那些标榜是未来先驱者的人。

欧洲对于现代主义运动的贡献在于形成了一套关于建筑的哲学思想，并且被不容置疑地贯彻和实践。阿道夫·卢斯的理论与实践都在历史上为他赢得了一席之地。他的观点并不新颖。拉斯金、沙利文（卢斯在年轻时曾旅美三年）以及奥托·华格纳也提出过类似的观点。

但是卢斯却是最执着、最坚持的。1908年，他的故乡维也纳正在激烈反抗新巴洛克风格的过度铺张，甚至对分离派风格中少许的修饰也绝不姑息，就在此时他提出了“装饰就是罪恶”的口号。这是功能主义教条的极端体现。他从不质疑自己的理念。在维也纳的史坦纳住宅［Steiner House］［图368］的设计中，那不加修饰的白墙、未镶边框的窗户以及平直的屋顶，对于1930年而言属于现代风格，但是对于1910年而言简直是不可思议的事情。但是卢斯并非毫无情趣，他的幽默感需要细细品味，他对品质的要求一丝不苟，对高档材质有着独到的眼光。他反感的是矫揉造作而非富贵华丽。除此以外，他还设计了一些其他完整的建筑工程，并承担了若干公寓和商店的室内设计（包括维也纳著名的克恩滕酒吧［Kärntner Bar］）。

如果卢斯之于现代主义运动而言是施洗者约翰（启蒙者），那

368 阿道夫·卢斯在20世纪第一个10年中在奥地利建造的住宅成为现代主义的标志。但是其中有一部分设计至少是这种风格的极致体现，即维也纳的史坦纳住宅（1910年），是将精力集中于室内设计而仅把建筑外观作为框架。

369 格罗皮乌斯和梅耶设计的阿尔费尔德的法古斯工厂（1911年）同样前卫，充分地表现出了钢铁框架，同时似乎是为了显示出整座建筑没有承重墙而故意在外观上采用了透明玻璃。

么格罗皮乌斯就是弥赛亚（救世主）。他在第一次世界大战之前与阿道夫·梅耶共同设计的工业建筑结构意图一目了然。（例如阿尔费尔德的法古斯工厂［Fagus Factory］（1911 年）［图 369］，以及为 1912 年的科隆世界博览会设计的示范工厂［Model Factory］，能透过玻璃看到前卫的旋转楼梯）1919 年，格罗皮乌斯成为包豪斯设计学院的校长，学院起初位于魏玛，之后迁至德绍。包豪斯刻意回避了一项计划（参与这项计划的老师十分特立独行，即使没有刻意排斥这项课程，其存在的可能性也不大），但是尽管如此还是将某些建议专门提上议程引为教义：对工业化大规模生产的接纳以及对以往学院派传统的抵制，其中还暗藏了反对纳粹的左翼政治目的。现代主义运动秉承了这些原则，有时也会造成自相矛盾的结果。

格罗皮乌斯在德绍设计包豪斯学院建筑［图 370］时，计划将三座建筑的内部结构互相贯通，并再一次使用了混凝土以及成片的玻璃幕墙，在整体做工和细节上精益求精。他于 1928 年辞职离任后，得以将他的社会理论付之于卡尔斯鲁厄的公寓楼［Karlsruhe］（1927 年）以及柏林的西门子住宅区［Siemensstadt］（1929 年），另外几名建筑师也参与其中，该建筑对后世产生了深远的影响。他的作家身份以及先后执教于包豪斯和哈佛的经历给人们留下了深刻

370 格罗皮乌斯关于通透、逻辑性以及工业生产的哲学思考渗透在他所设计的位于德绍的包豪斯设计学院（1925年）的每一个细节中，直接指向了国际现代主义。1933年以后，前包豪斯学院的学生遍布世界的各个角落。

的记忆。他所关心的问题与奥托·华格纳相近——在城市规划中如何在保持城市价值的同时迎合 20 世纪的需求——他的解决方案也与华格纳相似，尽管明显极富现代色彩：装配了巨大窗户的五六层楼高的公寓大楼，合理规划各个区域并且坐拥城市绿地。他提倡建筑预制与标准化，以及建筑师之间的团队合作。1933 年，随着纳粹的崛起，他先赴英国开展事业后移居美国，在战后曾长期访问德国。在此期间，密斯·凡·德·罗接任了包豪斯设计学院校长一职，在纳粹强行关闭学院之前主持了该校最后三年的工作，随后他也移民国外。

现代主义和民族特征

20 世纪 20 年代和 30 年代，欧洲的各个国家都在寻找通往理想王国的路径。在法国奥古斯特·佩雷代表了巴黎美术学院的风格，显然与往昔的传统风格有着千丝万缕的关系。正是佩雷给钢筋混凝土贴上了现代主义的标签。他所设计的巴黎弗兰克林公寓 [Franklin]（1903 年）别出心裁地采用了横梁式的混凝土骨架，并在其上覆盖了陶砖，从外观上看，极易与钢铁框架相混淆 [图 371]。此处使用混凝土的意义更多是在于结构上的功用而非追求雕塑般的质感。佩雷接连使用混凝土横梁，如同使用金属大梁一般，例如巴黎的香榭丽舍剧院 [Champs Elysées]（1911 年），兰西圣母

371　下图：巴黎弗兰克林公寓，由奥古斯特·佩雷设计，钢筋混凝土的框架内置于陶砖之下。

372　右下图：包豪斯风格的德拉沃尔馆（1933年）中的“假日风情”，位于苏塞克斯郡的贝尔克斯希尔，由埃瑞许·孟德尔松设计。

373 威廉·凡·阿伦设计的纽约克莱斯勒大厦，尖顶的不锈钢材质熠熠生辉。

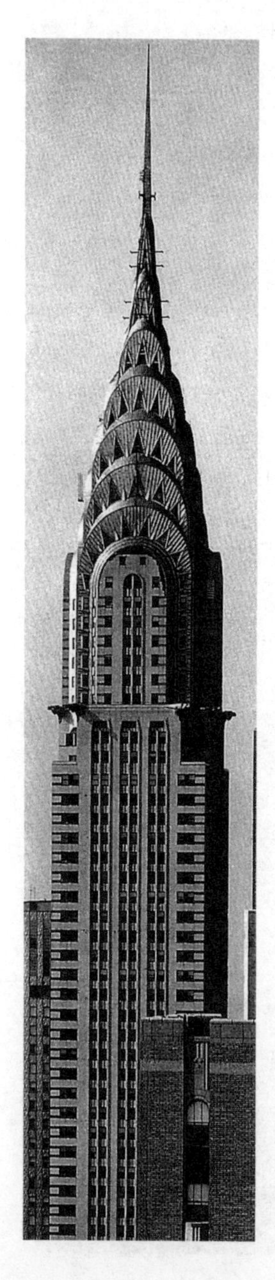

大教堂 [Notre Dameat Le Raincy]（1922 年）以及为 1925 年巴黎"现代工业和装饰艺术国际展览会"[Arts Décoratifs et Industriels Modernes] 搭建的临时剧场（尽管此建筑中也采用了木材）。

在这次展览中，将欧洲和美国时下流行的"装饰艺术"[Art Deco] 作为焦点。它类似于波普现代主义，让现代主义走向时尚潮流。装饰艺术以迅雷不及掩耳之势横扫设计的方方面面，它的标志性符号——之字形线条、重复的圆圈以及平滑的曲线——出现在小至收音机大至远洋游轮等各式各样的物件上。装饰艺术与时尚别致的酒店以及与其同时发展起来的电影艺术形式的展示空间——电影院十分契合。

比如以奥迪恩 [Odeon] 和洛克赛 [Roxy] 为例的装饰艺术的纯商业化建筑作品，与以格罗皮乌斯和包豪斯为代表的正统现代主义之间存在灰色的中间地带。如后者，这群处于中间地带的建筑师对未来充满信心（至少是对当下自信满满），同时他们也并不认为装饰就是罪恶的。钢铁、玻璃、钢筋混凝土等新型材质对于他们而言是新的契机而非不可跨越的原则底线。他们对于曲线的偏爱胜于直线（这种风格俗称现代流线主义 [Streamlined Moderne]）；这是时髦，是与时俱进，是带有一抹精英主义色彩的前卫作风，也是孕育爵士时代 [Jazz Age] 的绝佳土壤。

在这一历史阶段占有一席之地的有埃瑞许·孟德尔松 [Erich Mendelsohn] 设计的柏林选帝侯大街（库尔菲尔斯腾）电影院 [Kurfürstendamm]（1926 年）与英国南部贝尔克斯希尔 [Bexhill] 的德拉沃尔馆 [De La Warr Pavilion]（1933 年）[图 372]；威尔斯·寇茨 [Wells Coates] 设计的住宅群落（伦敦绿茵街住宅公寓 [Lawn Road Flats]，1933 年）与埃米亚斯·康奈尔 [Amyas Connell] 和贝特洛·莱伯金 [Berthold Lubetkin] 设计的私人住宅；以及雷蒙德·胡德 [Raymond Hood] 设计的纽约麦克劳希尔大厦 [McGrow-Hill Building]（1930 年）。装饰艺术的杰作是由威廉·凡·阿伦 [William van Alen] 设计的纽约克莱斯勒大厦 [Chrysler Building]（1928 年），顶端的爪哇式尖塔饰以层层相叠的拱形圆环，在建筑的拐角处采用克莱斯勒标志性的老鹰作为装饰 [图 373]。

荷兰的亨德里克·贝拉赫 [Hendrik Berlage] 与新大陆的联系更为密切。他通过建筑杂志认识了理查森、沙利文，尤其是欧洲人所钟爱的赖特的作品。在他自己的作品中，具有里程碑意义的阿姆斯特丹证券交易所［Amsterdam Stock Exchange］（1898 年）［图 374］矗立在城市中心，并没有刻意回避历史主义（由砖块构成，并以石材勾勒细节，处处影射历史传统），但是它确实是货真价实的现代建筑，大厅的主梁采用外露式的钢铁骨架。借由贝拉赫之手，赖特影响了包括威廉·杜多克以及 J. J. P. 欧德在内的又一代荷兰建筑师。其中前者以简洁的直线形砖块建筑使希尔维苏姆城区独具特色，后者以流线型的低层建筑将鹿特丹的郊区装扮得别有风情。

374　亨德里克·贝拉赫设计的阿姆斯特丹证券交易所（1898年）具有浓厚的历史传统风格（并非完全是荷兰的历史传统），同时充分利用了现代工程技术。

375　朱赛普·特拉尼设计的法西斯党部大楼（1932年）。有趣的是在纳粹主义与共产主义都在反对现代主义之时，墨索里尼的法西斯党派却欣然接受这种风格。

意大利的朱赛普·特拉尼［Giuseppe Terragni］设计的法西斯党部大楼［Casa del Fascio］（1932年）［图375］是包豪斯在意大利的一种演变（用大理石取代了混凝土），堪为一例建筑价值高于意识形态的趣闻，但是最终并没有形成可供法西斯主义效仿的建筑风格。

瑞典、挪威、丹麦以及芬兰（1917年独立）逐步形成了具有北欧特色的现代主义学派，提倡古典主义中的节制以及人性化的分配。正是这些特质使得拉格纳·奥斯特伯格［Ragnar Östberg］设计的斯德哥尔摩市政厅（1909年）［图376］为大众所称道。从材质（砖）到形式（半圆拱的拱廊，带有扶手的大阶梯，高耸的方形采光塔楼）是人们所熟悉的传统风格，但是在空间和照明方面的处理相当大胆和新潮。H. 坎普曼［H. Kampmann］设计的哥本哈根警察总署（1918年），其严谨的圆形中庭四周环绕着成双的多利安式圆柱。在瑞典，贡纳·阿斯普朗德［Gunnar Asplund］在古物方面学问匪浅，发明了一套个人专属的古典主义用语，最终被公开采纳。人们或许会对比他在斯德哥尔摩以南的森林墓园［Woodland Cemetery］里设计的两座教堂，其中一座建于1918年，完全采用了多利安式圆柱，另一座建于1935年，仅仅保留了最基本的形式，仅有些许的古典主义风格。阿斯普朗德最主要的作品是斯德哥尔摩的公共图书馆［Central Library］（1924年）［图377］，采用了部分18世纪新古典主义者所喜爱的扁平的圆筒状屋顶（与之类似的，比如勒杜在巴黎维莱特城关［Barrière de la Villette］［图303］的设计）。

正是在这一背景下塑造了北欧现代主义中最具影响力的两位领袖，埃列尔·萨里宁［Eliel Saarinen］与阿尔瓦尔·阿尔托［Alvar Aalto］。萨里宁因其标志性设计赫尔辛基火车站（1910年）而被人们所牢记——宽敞的门厅，耸立的钟楼，入口处两侧手持灯球的人形雕塑。拱顶采用了钢筋混凝土的高超设计。阿尔托对现代化技术的尝试几乎与格罗皮乌斯同时。他在卫普理的图书馆（1927年）玻璃幕墙背后设计的阶梯不禁令人联想到包豪斯的设计风格［图378］。他所设计的帕米奥疗养院［Paimio Sanatorium］（1929年）以及一些办公大楼的外观采用的网格结构均一览无余。但是阿尔托很快就厌烦了现代主义的公式化语言。战争结束后，他设计的建筑中，比如西纳斯阿罗市政厅（1952年），在造型上千奇百怪，发挥了混凝土的可塑性并且利用搭配有致的砖块与木质结构，赋予建筑

376　作为北欧现代主义者之一的拉格纳·奥斯特伯格从未将历史传统弃之脑后：斯德哥尔摩市政厅（1909年）融合了文艺复兴时期的瑞典风格和拜占庭时期的威尼斯风格。

377　如奥斯特伯格一样，贡纳·阿斯普朗德设计的斯德哥尔摩公共图书馆也延续了历史风格——古典主义。

378　阿尔瓦尔·阿尔托在芬兰卫普理设计的图书馆（1927年）突破了传统。在包豪斯诞生仅仅两年之后就出现了这样的现代主义风格的建筑。

379 弗拉基米尔·塔特林的第三国际纪念塔（1919年）是概念性建筑。其高度设计应为1300英尺（约400米），并且随着塔身的螺旋攀升划分出不同的使用空间。

380 康斯坦丁·梅尔尼科夫是后俄国革命时期最具独创性的建筑师。他于1927年设计的莫斯科鲁萨科夫俱乐部（下图），临街的建筑外观清晰可见三个钢筋混凝土结构的观众席，是建筑史中出奇制胜的一笔。

一种含蓄的诗性之美。“让建筑更加人性化，”他在1960年写道，“才是优秀的建筑。”

俄罗斯的反古典主义情结以及对未来主义的坚守比任何一个国家都要激进。1917年的革命预示着新时代的到来，建筑界也因此重获新生。俄罗斯的设计师们爆发出了巨大的创造力，然而大多数设计仅仅停留在了图纸上。几乎所有的建筑工程都是由国家授意的，其中包括大量现代主义基调（混凝土墙以及水平走道）的住宅群落以及工业建筑，但最终却不了了之。在这些建筑中更令人回味的是那些具有传达某种意识形态信息功能的建筑。格里高利·巴克林[Grigory Barkhin]设计的莫斯科消息报大厦[Izvestiya Building]（1920年）与维斯宁兄弟（亚历山大、列奥尼德和维克托[Aleksandr,Leonid and Viktor]）设计的圣彼得堡的真理报大厦[Pravda Building]（1921年），以及参与竞标的莫斯科无产阶级区文化宫[Palace of Labour]（1922年）最终不是被取而代之就是未能建成。伊利亚·格罗索夫[Ilya Golosov]设计的莫斯科朱耶夫工人俱乐部[Zuyev Club]（1928年），在弧形玻璃之后是蔚为壮观的混凝土板铺就的阶梯。康斯坦丁·梅尔尼科夫[Konstantin Melnikov]设计的鲁萨科夫俱乐部[Rusakov Club]（1927年）[图380]，同样坐落于莫斯科，有三个悬壁式的观众席突出于外墙——这种观念后来被西方剧院建筑师所效仿。1929年，他为自己修建了一座从外观上看起来像是两个互相镶入的混凝土圆柱形状的房屋，设计非凡，独一无二。这种风格后来被称作构成主义，它关注

381 位于莫斯科红场的列宁墓（1929年）是俄国革命建筑中的标志性幸存者。阿列克谢·休谢夫的最初设计采用了古典主义风格，然而竣工后只在建筑的最上层保留了该特征。

于建筑元素是如何建构与组合的。其中的代表作是弗拉基米尔·塔特林的第三国际纪念塔 [图 379]，外形向一侧倾斜的螺旋状攀升的锥体，设计规格之大已超出实践操作的可控范围，因而仅仅停留在模型阶段。构成主义现存最长久的作品是阿列克谢·休谢夫 [Alexei Shchusev] 设计的列宁墓 [Lenin Mausoleum]（1929 年），矗立在莫斯科红场之上，由红色、黑色、灰色花岗岩构成的严整而震撼的水平式建筑 [图 381]。

在两次世界大战之间的现代主义者中，我们不得不提到勒·柯布西耶，尽管他在历史中的地位难以定论。他出生于瑞士，原名查尔斯·爱德华·让尼莱特 [Charles Edouard Jeanneret]，工作并生活在法国。勒·柯布西耶毫无疑问是影响了 20 世纪建筑动向的建筑师之一。1939 年以前，他的声誉一部分来自他为富有的委托人所建造的为数不多的别墅，另一部分则来自以《走向新建筑》[*Versune Architecture*]（1923 年）与《光辉之城》[*La Viller adieuse*]（1935 年）为代表的书籍。在这些作品中他阐释了一种以建筑为载体的乌托邦思想，预见了一个激进专制的以科学与技术为手段解决社会问题的时代；人们生活在设计好的城市里，并且他们的日常所需都能从太阳、光照和空气中获取。这种梦想（抑或是噩梦）在他的“伏瓦生规划”[Plan Voisin]（1925 年）中得以实践，即巴黎的市中心将被改造成 24 个完全相同的高层建筑用以办公，并配有用于居住的底层建筑。这一蓝图令战后的规划师们无不为之倾倒，其影响延绵至今。

与此同时，勒·柯布西耶认为自己是一名艺术家，实际上他的确如此。他最初的想法是从事绘画，事实上他此生从没有放弃过绘画。对于他而言，机械——飞机、汽车、轮船、工厂——的迷人之处在于美感。创新技术、理想社会与美学体验的集合体令人无法抗拒。甚至他的“纯粹主义”哲学可以被理解为是对历史悠久的法国理性主义建筑标准的一种升华：

如果我们从感情中和思想中清除了关于住宅的固定的观念，如果我们从批判的和客观的立场看这个问题，我们就会认识到“居住机器”，要大批地生产住宅，这种住宅从陪伴我们一生的劳动工具的美学来看，是健康的（也是合乎道德的）和美丽的。

勒·柯布西耶对于混凝土的偏爱源自他早期师从佩雷的经历，

他在英美城市花园化运动［garden-city movement］中所持城市规划的理念与之密不可分：对街道的废除，对住宅和工厂的隔离区分，对阳光、空气和田园绿化的渴求。勒·柯布西耶的独特之处在于他在传递思想时的救世主情结，最具代表性的是他将一腔激情都化作力透纸背的标语和口号，例如：

一个伟大的时代刚刚开始
存在着一种新精神
建筑在陈规陋习中闷得喘不过气来

在他的实际建筑中，勒·柯布西耶没有合适的机会将他的理念付诸实践。与之最贴近的是他所设计的巴黎救世军大楼［Cité de Réfuge］（1932年），一座以网格结构为基础的功能主义建筑。他设计的别墅保留了他的个人风格。巴黎城郊的萨伏伊别墅［The Villa Savoye］［图382］，外观类似于白盒子，由脚柱支撑（底层架空柱［pilotis］），还有一整排水平式玻璃窗以及平坦的屋顶。很快，这种形式便风靡世界，随处可见。在他的建筑规划中体现出了他对客户生活方式的关注（很大程度上取决于他自己）以及他对于自由流动空间与层次变化的精准把握。

他在这一阶段的职业生涯以马赛公寓［Unité d' Habitation］（1947年）［图383］告终，同时他的社会理念终于得以实践。公寓的设计与密斯式的摩天大厦［图388］形成了鲜明对比，采用横向

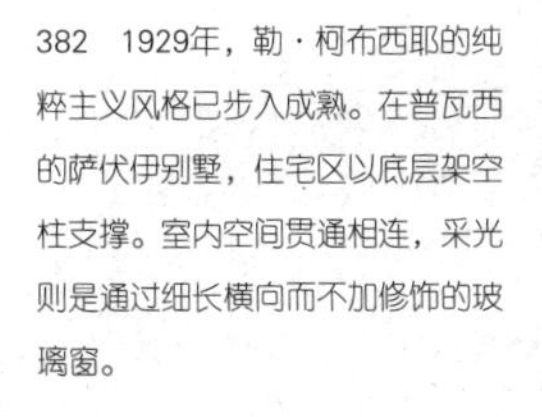
382　1929年，勒·柯布西耶的纯粹主义风格已步入成熟。在普瓦西的萨伏伊别墅，住宅区以底层架空柱支撑。室内空间贯通相连，采光则是通过细长横向而不加修饰的玻璃窗。

383　由勒·柯布西耶设计的马赛公寓（对页上图，1947年）体现出了他关于公共生活的理念：配有电梯的复式双层单元房，并纳入了商店等一系列设施，包括健身房、运动跑道以及楼顶上的太阳能系统，在实际使用中确实十分受用。

的钢筋混凝土板并以底层架空柱为支撑，整座建筑含有 337 个配有露台的复式单元房，堪称“空中别墅”。这种建筑形式于 1922 年面世，并在战后被争相效仿。各种配套设施例如商店、洗衣房、娱乐中心等都经过精心规划，公寓的设计意在组建一个能够自给自足的生活环境，即“住宅是居住的机器”。如果不谈其朴拙夸张的结构，建筑中露天雕饰的楼梯、出色的屋顶以及配色，无不流露出艺术家的风范。继勒·柯布西耶之后，其他的建筑师也借用此种结构形式衍生出了若干其他建筑。

他之后的建筑作品转向更加个人化的风格，在许多方面都与现代主义运动脱节。其中有两座是宗教建筑，朗香［Ronchamp］教堂（1950年）［图385］以及拉图雷特［La Tourette］修道院（1957年）。在此处他使用混凝土以构造抽象的外观形态并塑造出了内部空间的雕塑质感，令置身其境的无论是建筑师本人或者观者感受到神圣而庄严的氛围。朗香教堂的独特之处还在于它独一无二的原创性，弧形的墙面，波浪形的屋檐以及好似漫不经心点缀在墙面上的敞开的窗户，这些独具匠心的设计前无古人后无来者。最后一项重要工程是印度旁遮普的新首府昌迪加尔［图384］，勒·柯布西耶回归到他所关心的社会问题中，与此同时仍旧坚守着对混凝土的朴拙质感

384、385　勒·柯布西耶始终坚信20世纪是钢筋混凝土的时代，除了材质的功能性，还能用于表现情感诉求。他于1950年设计的朗香教堂（下图）堪为一例，这是最为个人化的作品；另外他于1952年设计的昌迪加尔高等法院（对页下图）中的太阳遮板似乎有异曲同工之效。

386、387 来自中欧的建筑师极大地充实了美国建筑界。由理查德·努特拉设计的位于洛衫矶的洛佛尔住宅（1927年），亦称为健康住宅，以及马歇·布劳耶设计的纽约惠特尼美国艺术博物馆（1963年）正是其中两枚硕果。

的表现力度（粗混凝土［béton brut］)。

直至 20 世纪 30 年代，现代主义运动的中心仍然处于德国，但是纳粹的崛起使得德国众多建筑师流离失所，其中包括努特拉、布劳耶［Breuer］以及密斯等人。他们辗转至美国，对当地建筑师产生了巨大的影响并且奠定了现代主义真正进入国际化轨道的先行条件。

理查德·努特拉［Richard Neutra］在维也纳受过专业训练，对卢斯和孟德尔松有相当的了解。1923 年他移民美国，与弗兰克·劳埃德·赖特有过合作经验并形成了一种融汇了东西方特色的个人风格。他所设计的洛杉矶洛佛尔住宅［Lovell House］(1927 年)［图 386］坐落于崎岖陡峭的山坡之上，层层相叠的水平式建筑，前卫的构思不输于勒·柯布西耶和密斯。私人住宅是他最拿手的，并且风格愈来愈趋近于国际现代主义。马歇·布劳耶［Marcel Breuer］，生于匈牙利，是包豪斯早期的学生，从家具设计转行进入建筑界。他的第一个建筑项目很大程度上要归功于勒·柯布西耶，当他 1937 年与格罗皮乌斯一起在哈佛任教时，对钢铁和玻璃的表面纹理的研究已经转化成一种鲜明的表现风格。这种形式极致地体现在纽约惠特尼美国艺术博物馆［Whitney Museum of American Art］(1963 年)［图 387］的建筑设计中，连续的外悬式楼层并以花岗岩装饰外观。

然而在 20 世纪 30 年代的这十年中，形式风格的定义开始有了界定的标准。在此之前，现代主义的概念仍然是含混的，正如我们所见，它能够容纳范围广泛的风格派别以及个人趣味。30 年代以后，据说“受政治敌对矛盾以及艺术史类型区分的双重迫害，使得现代主义在战后的世界变得僵化，令人扼腕”。其结果是在批评家和史学家之间，甚至在建筑师之中，“国际现代主义”只能用于抽象的钢铁框架或混凝土与玻璃结构等常见建筑风格。一切与这项标准不符的建筑，都对其持以怀疑态度。例如芝加哥的马利纳城[Marina City]（1967年），由伯特兰·戈德伯格公司设计，整座大楼都呈现出单一而平庸的曲线形式。有迹象表明这一术语的修正并非空穴来风，至少涵盖了价值评判的范畴。但是当下采纳广为人知的惯例或许会更加清晰明了。

包豪斯的最后一任校长路德维希·密斯·凡·德·罗在1937年移居美国，他的到来有着举足轻重的意义。密斯在德国期间曾设计了众多引人注目的前卫项目，尽管只有一小部分得以实现。他1921年设计的全玻璃幕墙的摩天大楼在当时看来超出了技术的极限，难以实施。另有三个项目确实落成，分别是：斯图加特的白院聚落[Weissenhof Siedlung]（1927年），具有实验性意义的住宅公寓；1928年巴塞罗那世界博览会中的德国馆，纯粹是建筑形式的尝试，在日常生活中不具实用价值；以及位于布尔诺的图根哈特别墅[Tugendhat House]（1930年），其中有一面玻璃墙可以像车窗一样上下移动。

他为芝加哥的伊利诺理工学院设计了他在美国的第一座建筑（1940年）。该建筑原原本本地体现了密斯的经典建筑形式，外露的金属框架以及全玻璃幕墙，清晰可见的水平与垂直的线条纵横交

388　芝加哥湖滨公寓（1948年），密斯将钢铁与玻璃构建的摩天大厦应用于住宅设计中。

389、390 路德维希·密斯·凡·德·罗的作品是对国际化现代主义的最佳诠释，很多其他建筑师也正朝着这个方向迈进。上图：纽约利华大厦（1951年），由为史基摩、欧文士和梅里尔建筑公司工作的戈登·邦夏设计。右上图：纽约西格拉姆大厦，由密斯与菲利普·约翰逊一同完成。

错，将整座大楼衔接在一起。灵活自如的室内空间对外观毫无影响。建筑比例以及网状分割的建筑表面都经过精密计算并且对每一个细节都精益求精。密斯在芝加哥设计的其他建筑也采用了相同的基本方法——湖滨公寓 [Lake Shore Drive Apartments]（1948 年）[图 388]、克朗楼 [Crown Hall]（1952 年）以及大会堂 [Convention Hall]（1953 年），大会堂的玻璃幕墙在外观上采用了三角形图案。密斯与菲利普·约翰逊终于在纽约携手一同设计了西格拉姆大厦 [Seagram Building]（1954 年）[图 390]，这是他最具影响力的作品，犹如玻璃盒子一般的建筑由内置电梯的混凝土核心柱（不可见）支撑。密斯设计了众多建筑，而这一件作品在建筑形式上征服了世界。由于规定钢铁不能暴露在外，他的金属框架通常隐藏在古铜色的工字梁之下。密斯的装饰理念与阿道夫·卢斯的口号一样从严从简，“简洁就是美”。

无论人们当下或者未来将对国际现代主义持以怎样的批评观点，密斯成熟的建筑作品总是屡试不爽，经久不衰。他的独具慧眼，以及对风格的悟性、对比例的把握、对纯几何形体的专注和对形态规模的精通令局部细节与整个建筑画面搭配得相得益彰；而看似漫不经心实则井然有序的设计，好比在现实世界中构筑并验证欧几里德定理：每一步都指向了一个既令人陶醉又令人心碎的定局。“证毕”之后，人们还有什么可说的呢？在某种意义上，密斯是不可复制的。但是从另一个角度出发，他又是极易被模仿的。对于难以望其项背的追随者们，尤其是赞助人，难以抗拒他的吸引力。毋庸置疑，其中一部分原因是出于商业考虑，在各个方面密斯都是开发商的最佳选择。他应用于高层建筑的程式（自然采光、有序网格、统一材质、中央电梯等）与战后美国的办公大楼的商业需求合缝接榫——投射了艺术的光辉。

戈登·邦夏［Gordon Bunshaft］在史基摩、欧文士和梅里尔等建筑师合伙的公司［Skidmore,Owings and Merrill］中担任首席设计师，设计了纽约的利华大厦（1951 年）［图 389］，由玻璃幕墙高层建筑与底层宽大的裙房搭配构成——响应纽约建筑法规——在一段时期内享誉全球，成为国际标准。在英国彼得与艾里森·史密森［Peter and Alison Smithson］名不副实的“新野兽派”［New

391　彼得与艾里森·史密森是发现国际现代主义原则同样适用于小规模建筑形式的众多建筑师之一。他们1949年所设计的亨斯特顿中学，尽管外表其貌不扬，却具有开拓意义。

392　吉奥·庞帝设计的米兰皮雷利大楼（1956年），两侧的锥形隅角是为了有别于随处可见的矩形平板式设计而刻意塑造的。皮埃尔·奈尔维是该建筑的工程顾问。

Brutalism]（参考了勒·柯布西耶的“粗混凝土”的戏称）是效仿密斯清爽与简约作风的一种小规模的早期尝试（亨斯特顿学校[Hunstanton School][图391]，诺福克，1949年）。在意大利米兰，吉奥·庞帝[Gio Ponti]设计的皮雷利大楼[Pirelli Building]（1956年）[图392]，赋予了建筑外观以优雅的带有棱角的平面剪影，与此同时工程师皮耶·路易吉·内尔维[Pier Luigi Nervi]致力于钢筋混凝土的应用，以此创造出了前所未有的巨大拱形空间。巴西建筑师奥斯卡·尼迈耶[Oscar Niemeyer]无疑可以按照委托人的要求照搬密斯的建筑模式，但即便如此，他同时作为勒·柯布西耶的门徒自有一套针对各种使用目的的建筑模式（例如巴西利亚主教堂[Cathedral of Brasilia][图393]，1970年，圆形的半地下式曲线型结构，穹顶的设计似舒展的花冠）。丹下建三[Kenzo Tange]将国际现代主义引入日本。他所设计的高松市香川县政府办公大楼（1955年），与密斯的建筑轨迹丝毫不差。但是后来他另辟蹊径，寻找到一种属于日本的新国际风格。

再回望德国的情况，汉斯·夏隆[Hans Scharoun]的建筑生涯自20世纪20年代开始直至70年代，其间创作出了大量与密斯迥然不同的建筑作品。尽管他们的影响力不能与密斯的建筑同日而语，但是同样代表了现代主义运动最辉煌的时刻。夏隆比密斯年幼少许，两人有相同的知识背景，并且都是受到纳粹势力影响而被剥夺了建筑委托。20世纪30年代至40年代，他在柏林的一家小规模私人事务所工作，其间他设计了一系列独具个人风格的房子，并且逐步形

393 奥斯卡·尼迈耶是巴西的勒·柯布西耶，同样钟情于钢筋混凝土，并且其作品总是出其不意。他为巴西利亚新首都设计了包含国际现代主义风格在内的各式建筑，其中夺目动人的主教堂（1970年）的新颖和独创性毫不逊色于朗香教堂。

成了他在1945年之后的主导地位。在某些方面，夏隆与密斯的理念相左。他并没有试图寻找一种通用的建筑模式，而是针对每一个建筑项目量身定做。他在追求现代主义的道路上步履维艰，然而并没有选择一成不变的机械化的解决方案，而是致力于更加“有机”的建筑物——“建筑的精神归依，建筑在时空的维度”。这些半神秘的建筑品质在他的早期建筑中有所体现（为德意志制造联盟展览[Deutsche Werkbund]设计的宿舍楼，位于布雷斯劳，今弗罗茨瓦夫，1929年），他的主要设计柏林爱乐乐团音乐厅[Philharmonie]（1956年），出于“一切以音乐为先”的理念，相互勾连的内部空间构造无不体现了建筑师敏锐的心思（因此不便于拍照）。

现代主义的替代品

到了20世纪60年代，国际主义风格的足迹遍布全世界，人们开始抱怨几乎所有城市的面貌都千篇一律。建筑师们迫切渴望能够有一展身手表达个性的机会。从某些角度而言，这种审美标准屈服于理性和实效性的普遍准则，是一种积极健康的发展态势。直至20世纪70年代，开始有人提出怀疑，不仅仅是对建筑外在形式的怀疑，对现代主义的思想意识也存在怀疑（丹下建三并不是唯一反对“无聊的现代建筑”的人）。

在接受了如勒·柯布西耶等国际现代主义倡导者的文字和图像技术的感染，又经历了突如其来的纳粹势力的打击，国际现代主义被普遍认为是一种平等的风格、人民的风格，是一种唯一适合于大众文化的风格。但是人们忽视了一个非常重要的事实，这一风格的最高成就发生在资本主义国家，并且是由资本主义企业提供资金来源。当人们发觉国际现代主义风格之于大众住宅而言几乎是场灾难时，为时已晚，并且引发了对这种风格在其他应用中的轮番考核，同时对能够取而代之的其他风格也开始了搜寻与探索。

各种迹象表明现代主义的替代品已然存在，在20世纪中随处可见，也正是我们即将在下文讨论的问题。不得不在此强调，没有任何一个建筑师反对这种改变的，他们不论是在别人眼中还是在自己眼中，都被认为身处建筑界的前卫之列。在后现代的视角中，他们的与众不同之处在于并没有完全沉溺于激进的方式方法中，而是在传统的基础上进行创新并且将往昔的经典传承下去。

亨利·范·德·费尔德[Henry van de Velde]（比利时人）、

AEG
TURBINENFABRIK

394 科隆制造联盟剧院（上图，1914年），亨利·范·德费尔德在此的用意是将其作为展示新理念的示范性剧院。建筑本身强调统一性，混凝土的结构将大厅、观众席和舞台塔连接起来。

395 彼得·贝伦斯是AEG（通用电气公司）的特约建筑师，1907年该公司是德国大型工业企业。他不仅为他们设计建筑，还设计了热水壶、咖啡壶、钟表、散热器以及一系列其他产品。他设计的透平机车间（对页下图）位于德国，建于1909年。

约瑟夫·玛里亚·奥尔布里希 [Joseph Maria Olbrich]（奥地利人）以及彼得·贝伦斯 [Peter Behrens]（德国人）前后相差不到五年，均在一战前夕富饶的欧陆大地上站稳了脚跟，正是在这片沃土之上，大量 20 世纪的新鲜文化得以萌芽生长（包括绘画、文学与音乐）。他们中的每一个都对建筑的进步做出了莫大的贡献，然而他们的影响力究竟如何仍然难以界定。对于下一代人而言，多数情况下是将他们的理念作为挑战的对象而非效仿的榜样。

在范·德费尔德的眼中，建筑是一种抽象的雕塑。他更倾向于新艺术派，但是有别于这种风格，他的建筑设计具有强烈的砖石趣味。他设计的科隆制造联盟剧院 [Werkbund Theatre]（1914 年，不存世）[图 394]，有机的建筑形式之上几乎没有任何装饰点缀，对舞台和观众席的创新设计体现了他对戏剧的爱好。魏玛应用美术学校 [The School of Applied Arts]（1906 年），由他设计建造并担任校长，后成为包豪斯的第一间校舍并且在此间培养了一批志同道合的学生。奥尔布里希来自维也纳。在与奥托·华格纳共事之后成为分离派成员之一并设计了分离派会馆[exhibition premises]（1897 年），这是一座远看十分古典的建筑物，并且在其顶部设有一个由金色叶片点缀而成的球状物。1899 年他加入了黑森大公 [Grand Duke of Hesse] 设在达姆施塔特 [Darmstadt] 的艺术园区，设计出了他在此间尤为著名的婚礼塔 [Wedding Tower]，造型新颖，其顶端装饰以类似管风琴的起伏的曲线状物。彼得·贝伦斯也是达姆施塔特艺术群体中的一员，在他搬到柏林为一家电力公司工作之前，建造了为数不多的高度体现个人风格的颇有浪漫主义色彩的房子。他为通用电器公司 [AEG] 设计的工业建筑家喻户晓，并且常常被作为现代主义的原型。透平机车间 [Turbine Hall]（1909 年）[图 395] 确实当之无愧，以钢铁和玻璃为基础结构，采用这样的风格塑造的却是古典主义宗庙的外观。由他设计的同在柏林的高压发电厂（1910 年），设有两个简约风格的门廊，然而他在法兰克福为赫斯特染料工厂 [Hoechest Dyeworks] 设计的建筑中，在其细节设计中棱角分明的砖块以及具有攻击性的感观效果中体现出了完完全全的表现主义。

什么是表现主义？有人会说是一切与现代主义唱反调的事物：感性而非理性，反叛而非千篇一律，张扬个性而非唯“功能性”独尊。在表现主义建筑中，艺术家潜意识里迸发出的想象力冲动优先于一切，然后才会考虑匹配现实世界的实际应用。抛弃了钢铁和玻璃，而选择与自然界中的岩石最接近的砖块（极富创造力地应用于追溯德国晚期哥特式的建筑形式中）以及混凝土。在某种程度上，其建筑效果往往是光怪陆离的，而且是刻意为之的。

在第一次世界大战之前，表现主义出现于德国。早在1911年，汉斯·普尔齐［Hans Poelzig］便在波森（荷兰）设计了球根状建筑物，此建筑十分怪异，集水塔和展厅于一体。他于1918年设计的柏林德意志大话剧院，有着树状支柱和钟乳石状的吊顶（已拆除）［图396］。一些早期的现代主义者在定性之前早已播下了表现主义的种子。在柏林密斯·凡·德·罗设计的卡尔·里本克奈与罗莎·卢森堡纪念像［Monument to Karl Liebknecht and Rosa Luxemburg］（1926年）是多层结构的花纹砖造型建筑［图397］，而在波茨坦，埃瑞许·孟德尔松设计的爱因斯坦塔［Einstein Tower］（1917年）正是所谓的表现主义［图398］。表现主义的建筑典范还有例如弗里茨·霍格［Fritz Höger］设计的位于汉堡的智利屋［Chilehaus］（1922年），建筑一端的凸出醒目屋檐好比箭头的尖角；再如人智学家［anthroposophist］鲁道夫·斯坦纳［Rudolf Steiner］设计的距离巴塞尔不远的歌德堂［Goetheanum］（1924年），奇特的混凝土造型如同从土壤中长出的巨型蘑菇。

多米尼克斯·伯姆［Dominikus Böhm］与奥托·巴特宁［Otto Bartning］分别是20世纪20年代和30年代的两位教堂建筑师，他们挖掘出德国北方的尖拱型哥特式与表现主义之间的关联性，例

396 汉斯·普尔齐在柏林德意志大话剧院（1918年）的设计中重塑了老马戏团建筑，将其改造成了圆形剧场，钟乳石状的吊顶是出于音响效果的考虑。

397　1926年40岁的密斯·凡·德·罗仍然没有找到一种独立风格。他为社会党烈士卡尔·里本克奈与罗莎·卢森堡设计的纪念像体现出了与弗兰克·劳埃德·赖特在风格上的相似性，但是他很快就从中蜕变了。

398　埃瑞许·孟德尔松在波茨坦设计的爱因斯坦塔（1917年）是为验证相对论的科学项目而建造的。原是设计用灌浇混凝土，但实际上是在砖头外表砌上水泥。

如伯姆设计的弗勒林斯多夫［Frielingsdorf］教堂（1926年）。《卡里加里博士的小屋》［*The Cabinet of Dr Caligari*］等德国氛围式无声电影的创作者对于表现主义的偏爱并不是出于偶然的原因。然而大胆的表现主义者的设计构思仅仅停留在纸面上也并不是因为它们毫无意义。例如赫尔曼·芬斯特林［Hermann Finsterlin］，他创作出了许多迅速的、即兴的、热情洋溢的建筑素描，而他并没有真正认真地考虑去实现它们，但是却激励了后来的建筑师。布鲁诺·陶特［Bruno Taut］与他一样富于幻想，着迷于玻璃以及能够眺望大山与城市的高楼大厦。

表现主义本质上是德国的一场运动。在荷兰、丹麦和捷克斯洛伐克也曾一度流行，但是并不多见于他处。在荷兰，受其影响诞生了J. M. 凡·德·梅杰［J. M. van der Meij］的阿姆斯特丹航运大楼［Scheepvaarthuis］（1912年）［图399］，其天马行空的奇妙设计不亚于高迪，迈克·德·克拉克［Michael de Klerk］与皮耶特·克拉马［Piet Kramer］设计的居民房在风格上只比它严肃了少许［图400］。他们还负责了在一战之中以及之后阿姆斯特丹一系列中型住宅区的建设（荷兰在战争中保持中立）。他们所设计的一连串建筑，

399 表现主义与新艺术派一样极易接受来自欧洲以外的异域风格的影响，J.M.凡·德·梅杰设计的阿姆斯特丹航运大楼（对页上图，1912年）吸收了印度尼西亚在荷兰殖民时期的风格元素。

400 对页下图：阿姆斯特丹派建筑的特点在于其对裸露砖块的戏剧化表现。皮耶特·克拉马与迈克·德·克拉克设计的埃根哈德地产（1917年）同样带有印度尼西亚风格。

其外观呈波浪形绵延展开，像望远镜的分段式镜片层层叠加；建筑的整体造型似乎收束于一点，然而总体布局却又那么出其不意。这与在几公里之外，欧德在鹿特丹的建筑设计中所采用的理性手法形成了鲜明对比。曾经被认为是“离经叛道”阻碍了现代建筑的进程的建筑，似乎在当下看来其人性化令人钦羡，同时在视觉上也带来了感观的刺激。

在丹麦，著名的表现主义者只有一人，即皮特·詹森·克林特 [Peter Jensen Klint]，他建造了哥本哈根的格伦特维教堂 [Grundvig Church]（1913 年）[图 401]。这座建筑参照中世纪丹麦教区教堂，并在原有形式的基础上加入了夸张和戏剧化的成分，塑造了一个巨大的管风琴状建筑外观。哥特式在捷克斯洛伐克的影响也十分强大，捷克立体主义运动在战后时期盛行，其灵感大多来源于中世纪后期波希米亚风格中的蜂窝状拱顶。约瑟夫·霍霍尔 [Josef Chochol] 与约瑟夫·戈恰尔 [Josef Gočar] 是其中的主要人物，他们设计了例如布拉格的黑色圣母之屋 [House of the Black Virgin]（1911 年）等建筑。

从 20 世纪 20 年代步入 30 年代，许多欧洲国家的专政取代了民主，建筑的面貌随之也改变了。这些大事件之间的因果联系仍处于争议中，但其结果之一便是对古典主义的复兴，它与现代主义势不两立，也曾是现代主义史学家激烈批判的对象。

401 皮特·詹森·克林特设计的哥本哈根格伦特维教堂（右图，1913年）其传统的正面外观的确十分震撼，但是在某种程度上淡化了传统丹麦教堂风格，从而跻身于北欧国际浪漫主义之列。

这种转变在俄罗斯最为突然，与斯大林的掌权息息相关，即便如此，很难将所有的过错都归咎于他一人身上。诚然，没有什么比 1932 年苏维埃宫 [Palace of Soviet]（三位建筑师的作品，未能建成）的获奖入围与激情澎湃的革命岁月之间的反差更大的。宫殿的结构由五个相叠的柱廊构成，在建筑的一端是一座巨型的列宁像。同年，所有的建筑师都被强迫加入同一个组织，这一举动必然促使了一致性。建筑现在只得以一种人民能够理解的形式语言表现人民的力量。然而人们常常忘记，俄罗斯对于妄自尊大的古典主义的品位早于俄国革命。1911 年的一座位于圣彼得堡的公寓大楼 [图 403]，由它的先驱者之一的 B. A. 舒科 [B. A. Shchuko] 设计，与二十五年之后的斯大林主义建筑极易混淆，例如 I. V. 佐尔托夫斯基 [I. V. Zholtocsky] 1934 年设计的莫斯科公寓，其巨大的科林斯式柱贯穿了六层楼。一份仅保有残篇的莫斯科城市规划案中计划了大规模的拆迁以及此类纪念性建筑林立的宽阔林荫大道的修建。然而斯大林主义时代留下的最悠久的遗产，是环绕着莫斯科与克林姆林宫的塔楼交相辉映的七座壮观的高层建筑（包括外交部大楼 [图 405] 和大学）以及莫斯科的地铁系统。后者仍然是莫斯科的骄傲，是一次高水平的建筑经历。每一个地铁站都有它自己的风格，大都不是严格意义上的古典主义，但是都带有英雄象征主义的烙印，并采用做工精良的高质量材料，通常都会使用雕塑 [图 402]。

402　斯大林时代下的古典主义（对页上图）：莫斯科共青团地铁站（1952年），对于平民百姓而言是富丽堂皇的。

墨索里尼的意大利同样参照了罗马时期的建筑，并在形式上弱化了细节，支柱都被简化为赤裸的圆柱体，三角楣墙简化为三角形。由此诞生的风格抽象而不受时代的影响，烈日下熠熠生辉的灰白洞石令人印象深刻。人们对许多法西斯火车站投以欣赏的目光，特别是靠近罗马的 EUR（罗马世界博览会 [Esposizione Universale Roma]），为计划于 1942 年举办展览专门规划的区域。它包括了一系列冷峻的大理石风格的纪念性建筑，似乎将跌宕起伏的政局隔离在外。意大利并没有驱逐现代主义，反而成功的主流设计比比皆是，例如乔凡尼 · 米凯卢奇 [Giovanni Michelucci] 设计的佛罗伦萨的火车站 [Florence Railway Station]（1933 年）。

403　典型的斯大林主义（对页下图）：1911年圣彼得堡的公寓大楼，由B.A.舒科设计，巨型立柱的开放式风格预示了斯大林古典主义与后现代主义（与图429相较）。

与意大利的情况类似，纳粹德国采纳了一种精简的古典主义，并且十分专注。保罗 · 路德维希 · 特鲁斯特 [Paul Ludwig Troost] 设计的慕尼黑艺术之家 [Hausder Kunst]（1933 年），其正面由石柱以及平整的檐部构成，气势无比庄严 [图 404]。希特勒的御用

404 意识形态上极端对立的共产主义与纳粹主义都选定古典主义作为他们的正式风格，意味着建筑的象征意义总是武断的。保罗·路德维希·特鲁斯特设计的慕尼黑艺术之家（1933年），可以看作申克尔设计的柏林旧博物馆的简化版（图265）。

建筑师阿尔伯特·斯皮尔［Albert Speer］继承了这一风格，并在此基础上增加繁复的细节处理，同时扩大了建筑规模。

我们已经看到特定的建筑风格在与不受欢迎的意识形态相联系时是多么容易被污染变质，正如古典主义，在1945年至1980年之间，人们很难在西方见到多利安式、爱奥尼亚式以及科林斯式的建筑风格。然而这种政治性品位并没有察觉到，20世纪30年代古典主义作为现代主义的替代品被民主国家以及极权主义国家广为接受；在很长一段时间内，这种风格在美国受到大众的欢迎，特别是在华盛顿（例如，国立美术馆，由约翰·拉塞尔·波普［John Russell Pope］设计，1941年）。

建筑并不一定要体现某种固定的政治内涵，事实上甚至是在冷战的顶峰时期，斯大林主义的建筑师仍然以美国的例子作为模仿的对象（有时时间跨度相当大）。建于1956年的莫斯科外交部大楼（由盖尔弗里奇［Gelfreich］和米库斯［Minkus］设计）［图405］与50年前芝加哥的箭牌大厦［Wrigley Building］又或者是纽约的市政大楼（由麦克金、米德和怀特设计）［图406］大同小异。

三个推陈出新的人

在这些年中，弗兰克·劳埃德·赖特继续致力于他的事业。他活到九十多岁（他逝世于1959年），没有加入任何建筑派别，从

405、406　分处政治波普的两端，斯大林主义的俄罗斯受到了来自资本主义的美国的影响。环绕着莫斯科的装饰华丽的摩天大楼（上图：外交部大楼，1956年）与克林姆林宫的塔楼交相辉映，但是在形式上很明显是受到20世纪早期美国摩天大厦的启发，例如麦克金、米德和怀特建筑事务所设计的纽约市政大楼（1906年）以及伍尔沃斯大楼（图366）。

407 马林郡市政大厅及司法大楼（对页上图，1957年），圣拉斐尔，加利福尼亚，从中可见迟暮的弗兰克·劳埃德·赖特仍然在不断创新设计。

未屈从于任何外在的条条框框，只听从自己的心声。他（在众多委托之中）设计了私人住宅，一座办公大楼（拉金大厦[Larkin Building]，水牛城，1904年），一座教堂（联合教堂[Unity Church]，橡树园，伊利诺伊州，1905年），一座酒店（帝国酒店[ImperialHotel]，东京，1915年），一个工业联合企业（美国庄臣公司[S. C. Johnson Wax]，拉辛县，威斯康星州，1936—1956年），一座博物馆（古根海姆博物馆[Guggenheim Museum]，纽约，1956年），以及一个市民中心（圣拉斐尔，加利福尼亚，1957年）[图407]。对于赖特而言，每一项建筑工程都是一次全新的挑战，他总会拿出新的设计方案。首先，他关心的是如何将建筑与环境融为一体，无论是处于城市或者郊区；其次，室内空间的功能性应同时满足感官与精神的享受。这在色调和谐的联合教堂中体现为冷色调并富于正交直线结构的内部空间，由带有抽象图案的彩色玻璃进行采光；至于美国庄臣公司，则以蘑菇状柱子支撑了巨大的厅堂；在古根海姆博物馆，采用了连续的螺旋形斜坡通道[图409]。他对艺术与自然相统一的追求体现在了他为自己设计的三个不同版本的寓所——塔里埃森[Taliesin]，以及他最著名的作品——宾夕法尼亚的流水别墅[Falling Water]（1935年），这是架空在瀑布之上的一个水平式混凝土建筑[图408]。作为理论家以及实践型建筑师的赖特，吸引了一批追随者，他们一直对他俯首称臣，他的权威性甚至被神化了。他们的总部位于赖特最后设计的寓所，亚利

408 对页下图：流水别墅（1935年），宾夕法尼亚，“水平式建筑的典范”，是赖特设计的最著名的私人住宅，也是造就他个人风格的两个源泉——现代主义和浪漫主义的完美结合。

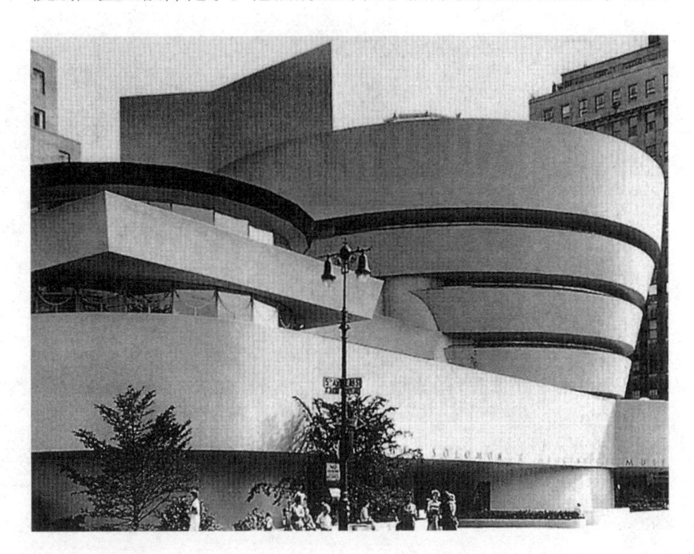

409 古根海姆博物馆，纽约（1956年），经过反思，赖特认为美术馆的设计理念应该是螺旋形的。

410、411　鲁琴斯的后期作品从“旧式英伦”风格转入一种古典主义形式，使他与先锋和前卫更加背道而驰。上图：总督府（今总统府），新德，1920年，综合了印度教与佛教建筑。右图：哀悼索姆河战役中阵亡及失踪军人纪念性建筑，被称为蒂耶普瓦勒之门（1927年），位于法国东部。

桑那州的西塔里埃森。

在英格兰，埃德温·鲁琴斯在第一次世界大战前夕尝试了古典主义风格，他在晚年发现这一风格极大地有助于解决之前的建筑问题，特别是针对大规模建筑。最重要的是，鲁琴斯能借由这种建筑风格所带来的比例体系，驾驭并且有力地组织体积与空间的关系，从而彻底超越他早期的民居风格。这种方式奠定了他的三件伟大建筑作品——纪念索姆河战役中阵亡及失踪军人的建筑 [Memorial to the Missing on the Somme]，被称为蒂耶普瓦勒之门 [Thiepval Arch]（1927 年），极端理性化的层层叠加的拱门，出奇的是最终的效果却不乏感性色彩 [图 411]；新德里的政府大楼，例如建成于 1929 年的总督府（现为总统府），建筑师结合了罗马和印度的元素 [图 410]；以及利物浦的天主教主教堂 [Catholic Cathedral]，设计于 1933 年 [图 412]。第二次世界大战使得鲁琴斯设计的主教堂停工了，最终在弗雷德里克·吉伯德 [Frederick Gibberd] 的不同设计方案下竣工了。唯独保留了鲁琴斯设计的地窖（建成于 1958 年）以及一个巨大的建筑模型，活灵活现地传达了恢宏壮丽的设计理念（让人们不禁会联想到另一件未能建成的大师之作的模型，雷恩的圣保罗大教堂 [图 246]）。主教堂以巨大的圆形拱顶作为中心，糅合了古罗马、拜占庭以及文艺复兴的元素，建筑中所呈现出的自信与独创性，即使在时尚浪潮的荡涤中也能屹立不朽。

412 鲁琴斯未建成的天主教主教堂的模型，位于利物浦，始于20世纪30年代，由于第二次世界大战而中断。

最后一位人物在建筑史中还未找到落脚点——尤利·普雷契尼克[Jože Plečnik]。是与时代格格不入，抑或他才是最真实的时代典型？传统主义的顽固派又或是未来的预言家？21世纪将不得不对这些问题作出回答。此时，对他的职业生涯的阐述——也许过于冗长——是为了所有正统建筑史对他只字未提的补偿。

普雷契尼克的作品之杰出在于他旺盛的创造力以及他思想的深度和广度。他的创造力之充沛，使人们会很容易误以为这仅仅是未经过深思熟虑的纯粹想象力的试验。受到戈特弗里德·桑珀的文字的启发，他认为在传承历史的同时，衍化成人类文明的结晶，人类进步的表现。因此，普雷契尼克的作品中没有一件是原创的，然而每一件又都是新颖的。他的出发点是希腊和罗马的古典传统，以及早于希腊的米诺斯时期的克里特文明。他同时是一名虔诚的基督教徒，所以一切都是以对信仰的告白为宗旨。

普雷契尼克的大部分人生都奉献给了旧时的奥匈帝国，在他的有生之年奥匈帝国解体为奥地利、匈牙利、捷克斯洛伐克以及南斯拉夫。在维也纳，他以颇具个人色彩的分离派风格建造了萨契尔公寓楼[Zacherl Apartment House]（1903年）。在布拉格他建造了一系列城堡和庭院的附属建筑（1929—1931年）。与已有建筑和谐而统一，同时又以各种意想不到的细节时时打动观者（金属薄片的华盖落在微型公牛作的支点上，遮蔽了连接壁垒与庭院的台阶）。他设计的圣心教堂[Sacred Heart]（1928年）整齐划一，它的钟楼

413 布拉格的圣心教堂（1928年），由尤利·普雷契尼克设计。

414、415　普雷契尼克晚期的两件作品，位于他的故乡斯洛维尼亚的卢布尔雅那的国家图书馆的阶梯（对页右图，1936年）以及在城市尽头的水闸（上图，1940年）。二者都采用了古典元素，然而糅合了某种程度上的创新概念，使得这种风格超越了新古典主义形成了他独有的建筑语言。

在外观上极为醒目，高达三层楼的陡峭砖墙上嵌入了一面透明时钟［图 413］。他在故乡卢布尔雅那［Liubljana］及周边最主要的建筑成就有贸易工商协会［Chamber of Trade］(1925 年)，虽然在 20 世纪彻底被改造但是却不失往昔的辉煌与庄严；圣方济各教堂［Church of St Francis］(1930 年)，其内部构造呈矩形并伴有巨大的多利安式柱；大学图书馆［University Library］(1936 年)，连接光秃秃的墙和侧廊的是一列向上的阶梯，侧廊的围栏采用多利安式柱并有爱奥尼亚式冠顶［图 414］；圣米迦勒教堂［Church of St Michael］(1937 年)，建筑风格经济节约，使用了工业化原料的涂层，赋予整个建筑一种淳朴的本土风情；他还设计了部分桥梁和一座水闸［图 415］，每个间隔都有一节古典式柱，好比从望远镜的两端看过去那样，时而放大时而缩小。最后，他在城郊建造了扎勒［Zale］墓园(1938 年)，并在其中建造了一批服务于不同教派的葬礼的公墓教堂，好比乐曲中主旋律之上的一系列变奏，尽管呈现出不同面貌，但是仍然能够辨识出统一的基调。普雷契尼克在形式和细节上的想象力出奇的丰富。他似乎是在试图为后继建筑师提供他们即将遇到的每一种观念的每一种可能性。也许这正是他的意义之所在。

第十章　尾声：风格，现代主义之后

如果这本书写作于1498年而不是1998年，那么，最后一章将如何总结时势并对未来做出展望呢？“很显然国际现代主义（尖拱、扇形肋拱顶、飞扶垛）注定将持续处于含糊不定的状态，鉴于天主教不可挑战的统治性地位，教堂建筑将持续保持其主导形势。意大利试图模仿古罗马神庙的奇怪尝试不太可能会有长远的发展，离经叛道的年轻人过多地沉溺于个人天马行空的幻想之中，而破坏了古罗马风格中原有的趣味。以国王学院礼拜堂[King's College Chapel]所采用的扇形拱顶为代表的新技术正处于发展阶段，指明了未来的方向。”

换言之，任何臆想与猜测都是自找麻烦。因此，这篇简短的结束语（留给最后40年的篇幅将少于历史中任何其他的40年）将不会贸然做一般性概述。事物往往是当局者迷旁观者清。我们所能做的就是坚持迄今为止使用过的方法并寻访过往与现今之间的联系。历史让我们认识到每件事都有历史。尽管从表面上看设计是史无前例的存在，哪怕（或者尤其）是它的设计者，也总是有迹可循的。

现代主义的遗产

尽管在一些人的著作中已发表了国际现代主义的讣告，但是它并没有死亡，只是这种风格在过时的密斯学派的外表之下对主流建筑师的吸引力日益减小。高技派[High-Tech]是主要的继承者，这种语境下的美学建立在对建筑中的工程学以及开放式结构的同等依赖之上，其形式更加宽泛而结果更加多元。密斯在晚年试图摆脱过于死板的套路（新国立美术馆[New National Gallery]，西柏林，1962年）。丹麦建筑师阿诺·雅各布森[Arne Jacobsen]同样脱离了正统的现代主义，他所设计的哥本哈根的丹麦国家银行[Danish National Bank]（1926年）以及美因茨的市政大楼[City

416　迈克尔·格雷夫斯设计的公共服务中心（对页图），伯特兰，俄勒冈州（1980年），具有革命性意义，不单单是因为对主流的挑战，（他人已经预见了他将要颠覆现代主义的势头）更多是由于建筑的卓尔不群及其知名度。

417、418　在20世纪60年代之后，国际现代主义的技术容量，特别是对钢铁框架和透明幕墙的彻底驾驭，开始超越密斯·凡·德·罗的清爽明净的几何形体，走向想象力的新领域。诺曼·福斯特的早期作品之一的威利斯·费伯·杜马斯办公大楼（上图，1974年），伊普斯维奇，萨福克，在其不规则的外观上包裹着波浪状的彩色玻璃。与他在香港设计的汇丰银行（右图，1979年）截然相反，是设计精巧而大胆的垂直型建筑。

Hall]（1970 年）在训练有素的同时不乏想象力。

原先指责密斯学派毫无特色的说法已经不再适用。诺曼·福斯特[Norman Foster]所设计的大楼已经与理查德·罗杰斯[Richard Rogers] 的设计形成了明显的差异。福斯特设计的大楼尺寸无论规模大小，都经过精密的计算，从他早期在伊普斯维奇设计的威利斯·费伯·杜马斯办公大楼 [Willis Faber Dumas Building]（1974 年）[图 417] ——被深色玻璃包裹的外观设计以弧线造型，玻璃之间的衔接处由氯丁橡胶相接合 [Neoprene joints] ——到为香港汇丰银行设计的精巧而大胆的垂直型建筑（1979 年）[图 418]。罗杰斯的建筑更为关注力量感的表达而非致力于优雅的感观。通过外露的功能性设施（电缆、通风管、水管），彰显了与工业建筑之间的密切关系，例如巴黎的蓬皮杜 [Pompidou] 中心（与伦佐·皮亚诺联合设计，1970 年）[图 419] 以及伦敦的劳埃德大厦 [Lloyds Building]（1978 年）[图 420]。

钢筋混凝土在现代主义中仍旧扮演着重要角色，勒·柯布西耶在其中起到了很大的作用。模制混凝土的雕塑品质在第二次世界大战之后得到了进一步的开发（德国人在法国海岸建造的军事炮台风靡一时），并且开启了新技术，建筑外观可以由预铸的各类形状——圆形、方形、三角形——的混凝土部件组成，可以组成任意图案与造型。例如，位于欧洲的两座美国大使馆，一座在都柏林（1965 年，

419、420　理查德·罗杰斯开发了工业生产设备中新近才认识到的美感（时下，有许多摄影丛书刊登了锅炉和矿井机械的照片），将他的建筑美学建立在相应的功能性结构之上。下图：乔治·蓬皮杜中心，巴黎，1970年，由罗杰斯与伦佐·皮亚诺联合设计。右下图：伦敦的劳埃德大厦（1978年）。

421 预铸混凝土部件成为钢铁框架的替代品，能够获得更加有机且刻意表现的雕塑效果。美国驻都柏林大使馆，由约翰·M.约翰森设计（1965年），是这一风格的早期实例，这一风格同时也倾向于圆形与曲线设计。

由约翰.M.约翰森［John M. Johansen］设计）［图421］，另一座在伦敦（1965年，由埃罗·沙里宁［Eero Saaeinen］设计）。这一技术同样应用于中心塔［Centre Point］（1963年，由理查德·塞弗尔特［Richard Seifert］设计），是伦敦的另一座地标性建筑。在美国马歇·布劳耶［Marcel Breuer］、爱德华·达雷尔·斯通［Edward Durrell Stone］和山崎实［Minoru Yamasaki］的建筑中均有所体现。

通常人们青睐于将混凝土与木质百叶窗相搭配后所产生的坚不可摧的朴素感与力量感并存的效果。这种风格也许适用于修道院建筑（拉图雷特［Le Tourette］），在剧院、音乐厅和美术馆（伦敦的国家剧院［National Theatre］，海沃德艺术馆［Hayward Gallery］以及伊丽莎白女王音乐厅［Queen Elizabeth Hall］）中的应用则不尽如人意，而对于贫民区中大片住宅寓所而言，这种风格完全是不适宜的，多数居民十分反感这种形式的建筑，如今正面临着拆迁的危机，即便是这些建筑出自如丹尼斯·拉斯登［Denys Lasdun］、厄尔诺·古登菲戈［Erno Goldfinger］以及巴兹尔·斯宾塞［Basil Spence］这样的建筑师之手。在美国，使用混凝土的典型代表有保罗·鲁道夫［Paul Rudolph］，他所设计的耶鲁大学艺术与建筑学院教学楼［Yale School of Art and Architecture］（1958年）体现出了一种微妙的形式构成［图422］。另外路易·卡恩［Louis

422　耶鲁大学艺术与建筑学院教学楼（1958年），纽黑文，由保罗·鲁道夫设计，呈现出了混凝土的另一种美学观念。鲁道夫在哈佛师从格罗皮乌斯，开创了“新自由”的形式观念，他在耶鲁设计的建筑利用混凝土的材料特征形成一种张扬的外形和自由奔放的轮廓。

423　约翰索尔克研究院，拉霍亚，加利福尼亚州（1959年），路易·卡恩在精心设计的混凝土建筑中实现了节制而对称的纪念碑式效果。

Kahn］有意识地将一种里程碑性的特质注入现代主义中（他甚至被认为具有“诗意”和“中世纪浪漫主义”情怀）。他所设计的费城阿尔弗雷德·牛顿·理查兹医学研究大楼［Alfred Newton Richards Medical Research Building］（1957年和1961年）与约翰索尔克研究院［John Salk Institute］（1959年）［图423］，位于加利福尼亚州的拉霍亚，建筑中体现出了对于几何逻辑的精湛运用以及对学院派的意味深长的缅怀之情。相似情况在他设计的两座博物馆中也有所体现，得克萨斯州沃思堡的金贝尔美术馆［Kimbell Art Museum］（1966年），以及纽黑文的耶鲁大学英国艺术中心［Yale Centerfor British Art］（1969年）。1974年，在他逝世前不久，他开始着手在印度和孟加拉大规模的建设计划。

后现代主义的要素

至今为止提到的所有建筑师都会称他们的作品是逻辑与理性的产物，而非“风格”的产物。在另一个极端，风格高于一切而逻辑

424 在建造的位于纽约的那座屋顶犹如齐本德尔式家具独有的三角楣饰的AT&T大厦（1978年）之前，菲利普·约翰逊就因为“反复无常”“轻率”以及“标新立异”而被批判。两年之后他建造了洛杉矶的“水晶主教堂”，是一次波普建筑的实践，为大众福音传道而设计。

却无关紧要。由此诞生了一场运动，“后现代主义”比任何一个词语都更适合冠名这场运动。言及后现代主义者的共同点也许从他们共同反感的事物出发会比讨论他们的共同爱好要来得容易。他们认为国际现代主义是无趣的。他们不认同“少就是多”的观念，他们对合理性没有过多的兴趣。他们的作品可以被描述为色彩纷呈、颇具争议、令人兴奋、诙谐机智……他们在探索新事物的道路中重新审视过往已有的风格，特别是古典主义，但是在筛选和应用时则有意将其错乱混合搭配。好比新古典主义的拥护者期望找到正解一样，观者同样期待在作品中找出谬误，因此在某种程度上而言，他们的风格是一种通过学习而获得的风格。原有的比例被打破了。厚重的多利安柱式被玻璃幕墙彻底取代。一行行规则性排列的壁柱失去了原有的节奏感全部拥簇在一起。三角楣墙被放大到足以包容下整座建筑。巨大的柱子以楼群的形式呈现。爱奥尼亚式的涡形图案转变成了一个个类似镖靶的粗简圆圈。

这一切是从何开始的呢？在 20 世纪 60 年代晚期及 70 年代，有若干设计师徘徊在主流建筑圈之外，带着一种玩世不恭的心态以一种所谓的“加州热”[California Crazy] 精神从事建筑工作，在他们眼中快餐店极有可能呈现出巨型汉堡的形式。美国人詹姆士・瓦恩斯 [James Wine] 开创了“解构建筑”[De-architecture]，他的作品有诸如“剥离工程”[Peeling Project]、“含混外观”[Indeterminate Façade] 以及“倾斜展厅”[Tilt Showroom]（最后这座建筑位于马里兰州陶森市，建于 1976 年。建筑正面好像没有任何支撑点，摇摇欲坠地斜靠在侧壁上）的名称。在欧洲，巩特尔・多明尼戈 [Günther Domenig] 在维也纳设计的银行（1975 年）外形如同经受了地震而呈“坍塌”状。同城，由汉斯・霍莱因[Hans Hollein] 设计的珠宝店（1976 年）外表看上去好像被炮火轰炸了一般，而他所设计的旅行社（1976 年）的风格更是令人咋舌，却仍然力排非议采用了金黄的棕榈树、铜制印度圆顶以及残破的古典主义廊柱的搭配形式。同样愉快地无视了正统风格与传统趣味的建筑出现在了各种购物商厦的建筑中，尤以迪士尼乐园为缩影。

由德高望重的建筑师所设计的可以称得上是严肃的作品的建筑，并没有一呼百应迅速成为追崇和模仿的对象。1978 年，菲利普・约翰逊（曾在 1954 年西格拉姆大厦 [图 390] 的出色设计中担任密斯的助手）设计了纽约 AT&T 大厦，这座摩天大楼顶端的形

425 1956年悉尼歌剧院的建筑设计招标被年仅30岁的丹麦设计师约恩·乌松一举拿下，他的设计与历史上的任何一座歌剧院都截然不同。贝壳状的屋顶对在它之下的礼堂毫无实际意义。对工程师皮耶·路易吉·内尔维而言，从静力学和构造学的角度而言该建筑是最为反功能主义的。

制像是英国乔治王朝时代的书柜［图 424］。之后于 1980 年，迈克尔·格雷夫斯［Michael Graves］以他所设计的俄勒冈州波特兰的公共服务大厦［Public Service Building］［图 416］有悖于建筑权威，大厦外形如同从顶端插入一个楔石，整体近似于立方体。原本的设计是在顶端冠以三个微缩殿堂以遮盖机械设备，但是最终他被说服将其省略。这座建筑的革命性意义体现在以下三点：第一，它完全摒弃了现代主义美学中的一致性；第二，它回归到厚重的砖石材质，这种似乎已然被永远尘封在历史中的建筑方式，狭小的方形窗户似乎是对现代主义理想中强调的敞亮与透明的挑衅；第三，他对建筑中的色彩做出了新的阐释，这种新品位所带来的震撼如同色彩装饰之于早期新古典主义。

当这场震撼平息之后，在大西洋两岸的建筑师开始觉悟密斯学派对建筑界的圈禁已经破除，他们解放了。在此处谈及普雷契尼克可能会使人们误解，但是事实上，他鲜为人知的对古典主义的运用确实在很大程度上预示了后现代主义的抱负。然而他不能被称为后现代主义之父，一部分是由于他的事迹是近年来才逐一浮出水面为人们所广泛讨论，更为重要的是由于他强烈的严肃心态。对他而言，建筑绝不是游戏。而对于大多数后现代主义者而言，建筑的游戏成分是他们希望能够回避和否认的。在1980年的威尼斯双年展中，许多建筑师（霍莱因、克雷修［Kleihues］、里昂·克里尔［Leon Krier］、文杜里、劳克与史考布朗［Venturi,Rauch and Scott-Brown］事务所）展出了一组半玩笑性质的“主街”［Strada Novissima］布景，其中呈现了他们对经典的承袭，其中还包括了1920年阿道夫·卢斯设计的芝加哥论坛报大厦，以巨大的多利安式柱为表现载体（曾经被人们视为笑柄，如今看来颇具远见）。

古典主义的另一派生全然不带有丝毫玩笑的性质，是对古典开门见山的复兴，然而在美国和英国并没有形成巨大的影响力。它的拥护者包括威尔士亲王［Prince of Wales］在内皆被批评为对拟古之作的推崇。精确复制经典本身并不会成为众矢之的，但是往往比例上的失误以及笨拙的设计致使差评如潮。其中的佼佼者当属诺曼·纽尔堡［Norman Neuerberg］（第一座）在加利福尼亚州马里布设计的盖蒂博物馆（1970年），考究地再现了古罗马别墅。

与这种拙劣的历史主义同时出现的是一派更注重哲理性的后现代主义（借鉴了文学理论），自称为解构主义。它的关键理念似乎要上溯到罗伯特·文杜里［Robert Venturi］的《建筑的矛盾性和复杂性》［*Complexity and Contra diction in Architecture*］（1966年）一书，他本人是一位职业建筑师，从不否认建筑与历史的关联性。这本书与其后继之作《向拉斯维加斯学习》［*Learning from Las Vegas*］（1972年），不仅仅将美国波普文化中看似丑陋的一面（霓虹灯标志牌、购物商场、脱衣舞、八车道高速公路）视为严肃的建筑作品，并且从中挖掘出了先前未曾发现的讽刺与含混的特质，同时指引了一条非理性主义亦非历史主义的发展道路。从建筑自身的实际语言出发，这是建筑智性思考的极端体现，其前提假设使之从本质上就毫无实践的可能性。其中为首的倡导者，美国建筑

426　埃列尔·萨里宁选择在约翰·F.肯尼迪机场建造他的TWA航站楼（1956年），建筑的轮廓如展翅的大鸟，“表达出飞行的刺激与兴奋”。这预示着现代建筑师对象征主义的回归。

427 伦敦多克兰码头区方圆数平方英里之内，可以领略各种现代建筑风格。约翰·奥特朗设计的暴雨水泵站（1988年）——“夏日暴雨的居所”，体现出了个人符号语言与密斯式逻辑之间的抗衡。

师彼得·艾森曼［Peter Eisenman］的眼中建筑是一种抽象的、自我的活动，高于现实生活的需求。

表现主义在后现代主义中扮演了更为显著的角色。这是一个开放性问题，比如，人们应将20世纪50年代的两座著名建筑——约恩·乌松［Jørn Utzon］设计的悉尼歌剧院［Sydney Opera House］［图425］以及埃列尔·萨里宁设计的纽约肯尼迪机场TWA航站楼［图426］——称为晚期表现主义还是早期后现代主义？诚然，赫尔曼·芬斯特林［Hermann Finsterlin］的建筑素描是与前者最贴切的，前提是如果能凭借最先进的工程技术将其付诸现实（由艾拉普工程顾问公司［Ove Arup and Parterners］着手操作）。在墨西哥城，由费利克斯·坎德拉［Felix Candela］设计的奇迹圣母教堂［Church of the Miraculous Virgin］（1954年）同样也是对巴特宁和伯姆建筑风格的回溯。

当然也存在比单纯地想要改变和反叛现代主义更为严肃的原因。其中之一便是认为现代主义“难以表达”。评论家批评现代主义建筑中公寓建筑的外观与办公写字楼无异，教堂与锅炉房无差。对于许多“功能主义”建筑师而言，实际功能却是枝节问题。后现代主义者的确善于表达，但是往往采用了一种大众不能理解的晦涩难解的形式语言进行表达。他们表达的方式——他们的语言——包括来自个人神话学以及历史建筑中的符号、象征、暗喻。约翰·奥特朗［John Outram］设计的伦敦多克兰码头区暴雨水泵站［Storm Water

Pumping Station］（1988 年完工）［图 427］，是英国后现代主义的权威之作，其含义如下："这座建筑的设计源于对暴雨冲刷的河道与山峦的模仿。因此墙壁的层次感体现出山峦的层叠。正面墙壁上的中央部分由蓝色的砖块构成，其用意在于模仿涌动在大红圆形中央柱所代表的树桩之间的河水。排风扇的圆形洞口将山形墙分割为两个三角形'山峰'，比喻河流穿过两座山峰之间的山洞。"这种丰富的暗示性建筑语言导致的结果之一是层出不穷的阐释性与理论性文章，此类文章在建筑文献中所占的比例远大于以往任何一段时期。

多样性与规模

在过去的四十年中，有两件事无疑将对未来的历史学家产生冲击，即多样性的增加与规模的扩大——不仅仅是建筑整体的扩大，其局部也在扩张。

首先，多样性。此时再说世界上的各个城市的面貌千篇一律已经不再成立。形式、风格、观念、材料的覆盖范围之广已经令人眼花缭乱、目不暇接。其次，可辨识的民族主义已经不复存在。随着大型跨国公司在世界的各个角落以及各种创新活动中迅速崛起并加速合并，建筑仍然保持着国际化特征。

部分观念全然一新。其中之一是对钢铁张力的开发。作为工程项目中的重要建材，钢铁有着悠久的历史（例如吊桥），但是如果将一座建筑的核心部分用钢铁锚索承托如同用直杆撑起帐篷一样是难以置信的，这种革命性技术有些时候伴随着些微的惶惶不安之感。许多现代建筑师倾向于这种建筑方式，特别是在体育场

428　对于让·努维尔而言高技派意味着一个终结，这个终结是诗意至极的。巴黎的阿拉伯世界文化中心（1987年），由努维尔及建筑工作室团队设计，将国际现代主义的明晰性（几乎完全是钢铁—玻璃结构）体现在伊斯兰式的玻璃幕墙之上，暗示了高度独立的空间想象力。

馆和观众看台的建筑设计中。其他则采取以锚索悬吊或充气的膜结构［membrane structure］（膜结构通常采用特氟隆包裹的玻璃丝［teflon-coatedfibreglass］等类似材料构成），以及混凝土外壳与起结构作用的钢化玻璃。

通常以研发既有技术和材料的新用途或以改造旧风格创新复古来促进建筑的多元化。尼古拉斯·格雷姆肖［Nicholas Grimshaw］设计的伦敦金融时代大厦［Financial Times Building］（1988 年）属于高技派的范畴，在常见的钢铁玻璃盒状建筑中实现了巨大、统一和透明的空间效果，建筑中陈设的印刷机都如同装置艺术一般。特里·法雷尔［Terry Farrell］同样采用了高技派模式，在伦敦早间电视节目总部［TVam Building］（1980 年）的设计中，建筑中央的结构布局出其不意地形成了逻辑上的中断，打乱了人们对建筑形态的预期构想。在巴黎，让·努维尔建筑工作室［Jean Nouvel Architecture Studio］在阿拉伯世界文化中心［Institut du Monde Arabe］（1987 年）的设计中将高技派带入了想象空间的新领域，以钢铁玻璃的形式探索通透性［access］和不可渗透性［impenetrability］的建筑观念［图 428］。努维尔后来在柏林设计的老佛爷百货公司［Galeries Lafayette］（1990 年）的室内结构时选取了彩虹玻璃，好像整个空间存在于一个高不可测又深不见底的无限空间之中。

在欧洲，20 世纪 60 年代末期以后，产生了一系列极端甚至反常的创作，置身其中的实践者和批评家根据各自不同的设定、理论或者信条赋予了这种现象各种笼统的称谓——民粹主义［Populism］、新严格主义［Neo-Rigorism］、批判地域主义［Critical Regionalism］等——极少能够得到长久的发展。虽然仅此而已，但是在某种意义上他们传达出建筑步入差异性风格分类的观念。这是一个不断探索试验的时代。拉尔夫·厄斯金［Ralph Erskine］建造了纽卡斯尔的拜克墙［Byker Wall］（1968 年），一座外观高低起伏的住宅区，总高度有八至九层，建筑外表单调而具有压迫感，但是内部设计则亲切友好。理查德·迈耶［Richard Meier］在某些方面继承了密斯的衣钵，将形式上的天赋与商业利润相结合，把模式化体系应用于各式各样的建筑工程，其中包括法兰克福的装饰艺术博物馆［Museum for Decorative Arts］（1979 年）。迈耶被称为“新纯粹主义者”［Neo-Purist］，与后现代主义格格不入，但

429　在建筑风格中看到了古典柱式的回归，放大后的形制犹如身处梦境之中，里卡多·博菲利设计的卫矛尺空间，是位于法国马恩拉瓦雷的公共住房（1978年）。

是仍然旗帜鲜明地坚持风格的明晰性与逻辑性。拉斐尔·莫尼欧[Rafael Moneo]设计的西班牙梅里达国立罗马艺术博物馆[Museo Nacional de Arte Romana]中明确的现代建筑符号演绎了往昔的罗马风格，使得风格与内容结合得十分精彩。汉斯·霍莱因设计的维也纳的新哈斯大厦[Neue Haus Haas]（1985年），是一座坐落在主教堂对面的购物中心，同样是建立在不折不扣的罗马风格的基础之上，但是建筑最终呈现出的有意识的未完成效果扰乱了人们的预期。保罗·舍梅托夫[Paul Chemetov]与博尔哈·维多夫罗[Borja Huidobro]建造了巴黎的财政金融部[Ministry of Economy and Finance]（1982年），外观好比"横向摩天大楼"[horizontal sky scraper]，其宽度横跨了八个车道……这些实验性建筑在当时并没有立即产生效果，反而是在一段时期之后有所收获。

风格上的新颖比技术上的新颖更易于捕捉，尽管有时难以追根究底。其中最为突出的是借鉴（也许可以用盗用）传统遗产的里卡多·博菲利[Ricardo Bofill]。他同样也是在法国活动的西班牙人，在圣康丁昂伊夫利纳（1974年）、马恩拉瓦雷（1978年）[图429]以及其他地区筹划了公共住房的开发方案。建筑设计中出现了大量的与古罗马风格出奇一致的古典廊柱形式，而他本人认为是"重现集体无意识"。在美国，查尔斯·穆尔[Charles Moore]曾经同样（至少一次）倾心于古典时期（意大利广场[Piazzad'Italia]，新奥尔良，1974年）。更不同寻常的是身为建筑史家和建筑师的保罗·波多盖希[Paolo Portoghesi]，他在设计罗马巴尔蒂住宅[Casa Baldi]

430 在伦敦多克兰码头区的中心是金丝雀码头（1985年始建，1988年后又增修），它揭示了一种全球化趋势，规模巨大的建筑群落拔地而起，各式建筑风格争奇斗艳，是未来景象的乐观预见。在斯基德莫尔、奥因斯与梅里尔建筑设计事务所的督导之下，即便是在伦敦市中心远眺都仍然清晰可见的正是西萨·佩里设计的摩天大厦，这是当时英国最高的建筑。

时重现了巴洛克风格。

最后，我们来谈谈规模。建筑师设计的私人住宅仍然存在，在某些时候这类建筑反而能够集中体现出建筑师在公共性建筑中所没有发挥出来的才能。例如，格罗皮乌斯在波士顿郊外为自己设计的住宅（193 年），充满了个性化风格与大量的独创性装饰，同时精巧的空间概念也折射出主人的个性喜好。平时，人们无不发现赞助人的要求越是离奇，建筑师就越是乐得其所。因为只有在这种小规模的工程中，才能够开门见山地探索理论性问题。迈克尔·格雷夫斯设计的贝纳塞拉夫宅［Benacerraf House］（1969 年），位于新泽西州的普林斯顿，将“房屋”的概念解构为基本的语义成分，因而“语法才能引起重视”。克洛泰［Clotet］与图斯克特［Tusquet］设计的西班牙赫罗那的贝尔贝德勒·海奥基纳住宅［Georgina Belvedere］（1971 年），将卧室设计在底层而车库却在顶层，四周环绕着两层楼高的柱墩以支撑建筑框架。我们得知“划分垂直空间是一项高超的技术，空间的分层越令人惊喜，意义的对比越令人欣悦”。居住在这样的建筑中并不方便。彼得·艾森曼［Peter Eisenman］设计的房子是最极端的体现，例如，建筑中的楼梯也许不通向任何地方，“他漠视雇主的要求，并以此来批判他们”。

通常巨大的建筑规模会成为难题。如今人们要求建筑师或者建筑师团队建造像城市一样庞大的建筑群，或者像设计建筑一样规划的城市。意大利的保罗·索拉尼［Paolo Soleri］专门研究能容纳高达六百万居住者的“生态建筑学”［arcologies］理念（“建筑学”+“生态学”）。然而只有一间得以实现，即他所设计的位于亚利桑那州的阿科桑蒂（始于1972年），将容纳1500人，类似于太空时代的幻想成为现实。在某种程度上（并非在意识形态方面）能与之相较的是佛罗里达州的迪士尼乐园［Walt Disney World］，建筑门类齐全，其中有迈克尔·格雷夫斯设计的两座巨型的后现代主义风格的酒店，的的确确打造了一个属于迪斯尼的“世界”。在英国，与之最相似的情况出现在由政府赞助开发的位于伦敦东部方圆数平方英里的多克兰码头区。这片集中在金丝雀码头［Canary Wharf］（1985年始建）周围的建筑自由区，在斯基德莫尔、奥因斯与梅里尔［Skidmore,Owings and Merrill］建筑设计事务所督导之下，一系列涵盖了各种流行与时下风格的建筑拔地而起，其中以西萨·佩里［Cesar Pelli］设计的摩天大厦最为突出，金字塔形的屋顶之下不锈钢的建筑表面熠熠生辉［图430］。

比传统意义上的单一建筑庞大的工程有新城区、大学校区以及机场，都有独立完整的微生态体系，在这方面需要城市规划和景观美化等方面的技术支持。纽约洛克菲勒中心［Rockefeller Center］（1930—1940年）是此中的早期案例。从某种意义上而言，詹姆斯·斯特林［James Stirling］设计的颇具影响力的斯图加特州立

431　詹姆斯·斯特林在设计斯图加特州立绘画馆时发现了适用于处理任意比例大小空间的新建筑模式，使用多种肌理结构表现出层次的变化和意想不到的纵深感。

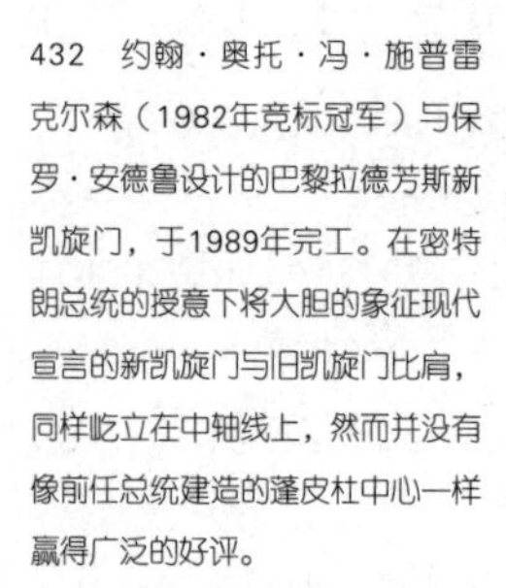

432 约翰·奥托·冯·施普雷克尔森（1982年竞标冠军）与保罗·安德鲁设计的巴黎拉德芳斯新凯旋门，于1989年完工。在密特朗总统的授意下将大胆的象征现代宣言的新凯旋门与旧凯旋门比肩，同样屹立在中轴线上，然而并没有像前任总统建造的蓬皮杜中心一样赢得广泛的好评。

绘画馆 [Staatsgalerie]（1977 年）[图 431] 同属此类，建筑中的斜坡、平台、穹顶依次呈开放式与天际相接。埃德·琼斯 [Ed Jones] 和迈克·柯克兰 [Michael Kirkland] 设计的米西索加市民中心 [Mississauga Civic Center]（1982 年）提供了一个更为正式的例子，由若干相互关联的建筑构成，在形式上暗示了遗迹（山形墙、圆形建筑等）。

由于历届法国总统都会留下执政业绩，所谓"重大项目"也随之成为一项传统，蓬皮杜中心就是其中之一。除此之外，还有约翰·奥托·冯·施普雷克尔森 [Johann Otto von Spreckelsen] 与保罗·安德鲁 [Paul Andreu] 设计的拉德芳斯新凯旋门 [Grande Arche de la Défense]，这座建筑完全不能算作拱门，更像是一座内部设有办公区的巨大连梁柱 [post-and-lintel] 建筑 [图 432]；由贝聿铭 [I. M. Pei] 设计的玻璃金字塔成为罗浮宫的新入口；维莱特公园 [Parcdela Villette] 由伯纳德·屈米 [Bernard Tschumi] 于 20 世纪 70 年代末在废弃的屠宰场之上开始兴建，其中包括一个博物馆以及各式各样的小型建筑和雕塑，堪称前卫艺术的迪士尼乐园；以及多米尼克·佩罗 [Dominque Perrault] 设计的新法国国家图书馆 [Bibliothèque Nationale de France]（1996 年开放），建筑群呈四方形，四座 L 形塔楼矗立在四角，中间是向下凹陷的树丛景观。

当下的困境

这种建筑概览总是会受到来自个别和特殊案例的诱惑，而疏忽了对典型和普遍案例的梳理。但是前文提到的创新风格很快就以简化的形式融入上至商业街下至集市区的各种建筑之中。

也许近年来最重要的发展无关工程或建筑，而纯粹在于设计的进步。这要归功于电脑。如今图像的生成较之以往更为快捷，其中复杂的数学运算（规模、比例、体积、曲率等）用老式的手工图绘方法几乎是不可能实现的。在所有的先进技术之中正是电脑使诸如扎哈·哈迪德 [Zaha Hadid]、丹尼尔·李博斯金 [Daniel Libeskind] 以及弗兰克·盖里 [Frank Gehry] [图 433] 等建筑师能够有条件带给我们以新颖非凡的造型以及结构逻辑上的突破。

在现代西方城市中最显著的进步在于除了知名的权威机构的办公楼，高楼大厦（国际现代主义的旗舰标志）的数量明显减少，然而这一改变在世界的其他地区还未出现。出于实际考量和社会因素，这无益于大规模住房问题的解决，并为此付出了昂贵的代价。这仅仅是建筑遇到的以往不曾出现过的压力之一，同时，建筑师也肩负着越来越沉重的责任。城市规划法与安全守则比以往更为苛刻。若干技术层次的问题（使用、循环、汽车泊位、垃圾处理）都由专门的专家团队负责。伴随着现代建筑对能源的大量需求（维护、供暖、空调系统），出台了“绿色建筑”的全新法规，用以将能源消耗最小化。

在条条框框的约束下，建筑是“狭窄的、拘禁的、限制的”。建筑如何带着镣铐跳舞，如何避免一成不变的机械化造成的个性丧失是当前亟待解决的问题。不论建筑将何去何从，它将永远是一种艺术形式，一种表达视觉和空间体验的特殊方式，以及带来心性与智性愉悦享受的鲜活源泉。

433 几乎所有的建筑都遵循了一定的传统，但是似乎对于1998年开张的由弗兰克·盖里设计的毕尔巴鄂古根海姆博物馆而言完全找不到宗派源流。发光的钛金属外墙之下是源于20世纪绘画的建筑灵感，特别是毕加索的绘画，由半自动化的绘图方式将其转变成现实。

术语表

顶板［abacus］：柱头和檐部之间的石板。见图例2。

侧廊［aisle］：在巴西利卡式建筑物中，拱廊和外墙间的过道。

回廊［ambulatory］：一条半圆形侧廊，教堂东端拱廊和外墙间的过道。

凹殿/半圆形室［apse/apsidal］：建筑物平面图上半圆形的部分。

拱廊［arcade］：一系列拱。见图例1。

拱［arch］：一种石制构造，轮廓成曲线，横跨一个开阔的空间。见图例1。

　横隔墙拱［diaphragm arch］：横跨内部空间的石拱，屋顶为木制的。

　马蹄拱［horseshow arch］：在底部收小的拱，形同马蹄。

　四分之一拱［quadrant arch］：半拱，一个圆的四分之一。

　上心拱［stilted arch］：被升高置于拉长直边上的拱。

额枋［architrave］：古典檐部最低的部分。

琢石［ashlar］：平滑、方形的石块。

巴洛克［Baroque］：17、18世纪流行于欧洲和拉丁美洲的一种建筑风格。见第174页。

柱基［base］：古典柱式中用以支撑立柱的最低的部分。见图例2。

巴西利卡［basilica］：1.在建筑上指带有拱廊、侧廊和高窗的建筑物，也就是两条侧廊夹着中区，以拱廊为界，上方起墙，墙中有窗。2.就基督教而言，指某种规模的罗马天主教教堂。

隔间［bay］：建筑物的一个单一分隔空间，由窗户（尤其是在教堂中）界定的柱墩与柱墩或者立柱与立柱间的空间。

实心拱/实心拱廊［blind arch/arcade］：靠墙的一个或一串拱。见图例1。

柱头［capital］：取自古典建筑的元素，用以构成立柱的顶端部分，位于立柱或柱墩及被支撑物之间。见图例2。

女像柱［caryatid］：女性雕像形式的支撑物。

内殿［cella］：希腊或罗马神庙中被包围的主要房间。

拱架［centering］：建筑过程中拱或肋的临时木制支撑物。

集中式平面结构［centralized/centrally planned］：指建筑物的平面结构在四个方向上都是对称的。

高坛［chancel］：教堂最东边的部分，供神职人员使用，祭坛就在那里，宽泛地说，就是教堂东段。

唱诗班席［choir］：靠近高坛的部分，唱诗班成员位于此处，宽泛地说，就是教堂东段。

丘里格拉式［Churrigueresque］：18世纪西班牙流行的建筑风格，以丘里格拉家族命名。见第206页。

高窗［clearstorey］：巴西利卡的上部，拱廊上墙壁带窗的那层。见图例1。

廊庭［cloister］：由户外拱廊围成的庭院。

方格［coffer/coffering］：天花板或拱顶上凹陷的嵌板。

混合式［Composite］：科林斯式和爱奥尼亚式混合而成的一种古典柱式。见图例2。

托臂［console］：卷形梁托。

梁托［corbel］：石制托架。

科林斯式［Corinthian］：以莨苕叶为标志的古典柱式。见图例2。

檐口［cornice］：古典檐部最上面突出的部分，宽泛地说，建筑物顶端连续的突出物。见图例2。

卷叶饰［crocket］：一种中世纪饰物，形同支柱的凸出物。

十字交会处［crossing］：十字形教堂的四段交会的地方。

装饰式［Decorated］：英国哥特式的一个阶段，1280—1350年。见第93页。

横隔墙拱［diaphragmarch］：见拱。

多利安式［Doric］：古希腊建筑的一种柱式，标志是朴素的柱头，没有柱基。罗马多利安式增加了柱基，见图例2。

早期英国式［Early English］：英国哥特式的一个阶段，1280年到1350年。见第93页。

东端［eastend］：这一术语传统上用来指教堂祭坛那一头，即便教堂的方向有变。

蛋-矛饰［egg-and-dart］：蛋形和矛形交替出现的古典装饰。

立面［elevation］：指建筑物垂直面。

檐部［entablature］：在古典建筑中，指立柱之上的水平层（由额枋、横饰带和檐口组成）。多利安式檐部包括间板［metopes］和三槽板［triglyphs］。见图例2。

柱上微凸［entasis］：古典立柱中部略微隆起并向顶端收紧的效果，在多利安式立柱中最明显。

半圆龛［exedra］：一种大型壁龛。

扇形拱顶［fan vault］：见拱顶。

火焰式［Flamboyant］：法国哥特式的最后阶段，流行于15、16世纪。见第91页。

凹槽［flute/fluting］：立柱或半露方柱上平行的垂直槽，见图例2。

飞扶垛［flying buttress］：由半拱支撑拱顶张力的一种扶垛形式，见图例1。

横饰带［frieze］：古典檐部的中间部分。

楼廊［gallery］：一个封闭的上层空间，连通外部或更大的内部空间。在中世纪教堂中，指拱廊上的那层。见图例1。

巨型柱式［giantorder］：立柱超过两层以上的柱式。

哥特式［Gothic］：中世纪欧洲的建筑风格，1150—1550年，见第78页。

希腊十字［Greekcross］：四臂等长的十字。

交叉拱顶［groin vault］：见拱顶。

雨滴饰［guttae］：古典檐部下成排的石制饰纽，见图例2。

大厅教堂［hall-church］：侧廊和中区一样或者几乎一样高的教堂。

木拱脚悬臂托梁［hammerbeam］：从墙壁伸出的支架支撑房梁的一种木制屋顶。

马蹄拱［horseshoe arch］：见拱。

爱奥尼式［Ionic］：一种古典建筑法则，详解可见涡旋形柱式。见图例2。

采光塔楼［lantern］：圆顶的屋顶或顶端带玻璃的垂直结构。

拉丁十字［Latin cross］：一条臂比另三条长的十字。

枝肋［lierne］：与两条肋相连的分支拱肋。

过梁［lintel］：门或窗上的水平板。

凉廊［loggia］：一个有屋顶的场所，一侧或好几侧都有开放的拱廊。

纵向式［longitudinal］：一边比另一边要长的平面结构，与集中式相对。

弦月窗［lunette］：半环形的窗户或壁凹。

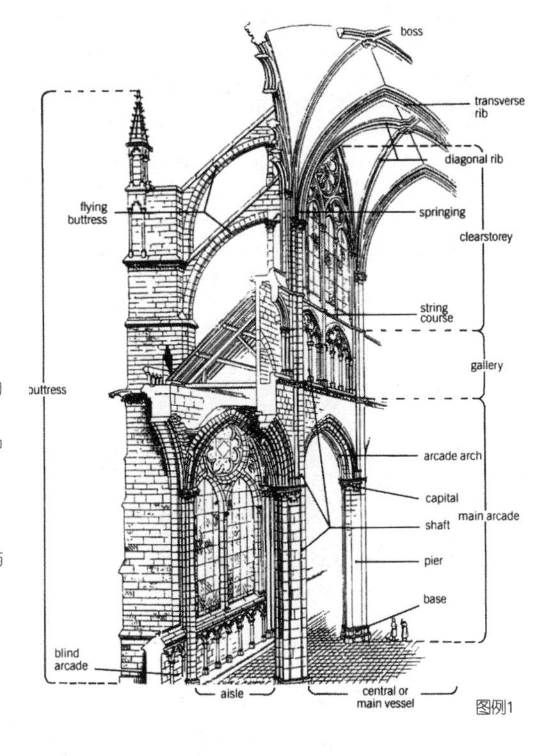

图例1

间板［metope］：多利安横饰带的一部分；常常刻有浮雕，与三槽板交替出现。见图例2。

中间层［mezzanine］：夹在两大层之间的次层。

线脚［moulding］：一种侧面装饰，凸出或者带有雕刻。

前厅［narthex］：教堂前面的门厅或柱廊。

中殿［nave］：教堂十字交会处或高坛的西侧部分，会众聚集之处。

葱形［ogee］：双曲线，形同拉长的S。

柱式［orders］：用以区分古典建筑的类别，主要依靠立柱和柱头。见第17页和图例2。

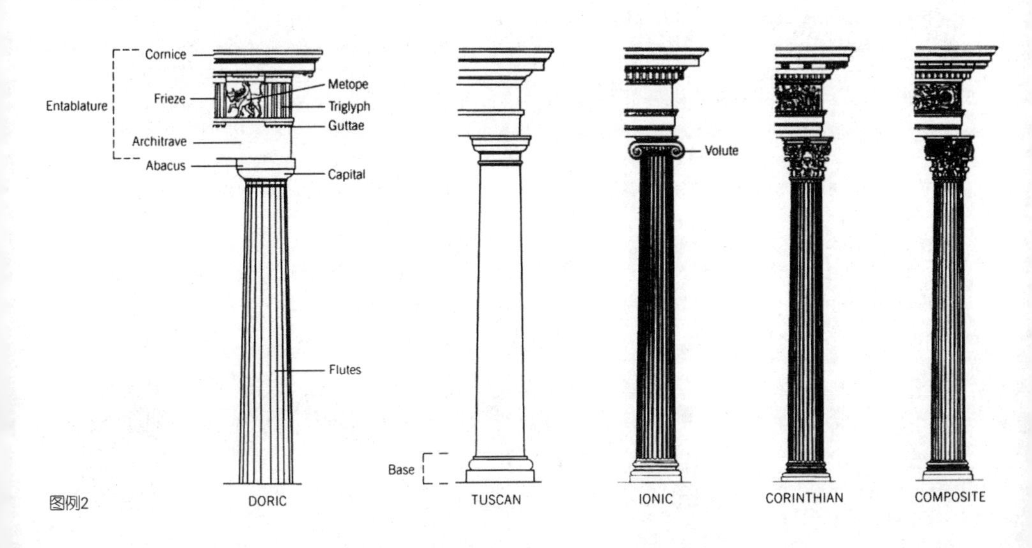

图例2

三角楣墙［pediment］：建筑物顶端的三角形结构（规模小一些的则在门上或者窗口上），原本相当于屋顶的山形墙那端。

垂吊拱顶［pendant vault］：见拱顶。

穹隅［pendentive］：球形内的三角区域，用以支撑方形或多边形底部结构上的圆顶的环形。

垂直式［Perpendicular］：英国哥特式的一个阶段，约1330年到1550年。

柱墩［pier］：通常用来支撑拱的独立石制结构。见图例1。

半露方柱［pilaster］：靠墙的扁平立柱。

复杂叶饰［Plateresque］：文艺复兴时期西班牙流行的一种风格，装饰奢华。见第170页。

四分之一拱/拱顶［quadrant arch/vault］：见拱、拱顶。

四分拱顶［quadripartite vault］：见拱顶。

辐射式［Rayonnant］：法国哥特式的一个阶段，13、14世纪。见第90页。

祭坛后的装饰屏风［reredos］（西班牙语是retablo）：祭坛后面或上面有雕刻或者绘画的背板。

肋拱［rib vault］：见拱顶。

脊肋［ridgerib］：拱顶上的肋，通常为纵向，但也有横向的。

洛可可［Rococo］：晚期巴洛克风格，流行于18世纪。见第191页。

罗马式［Romanesque］：盛行于中世纪的一种欧洲建筑风格，约1000年到1200年，采用罗马建筑的形式。见第45页。

凹槽粗面石［rustication］：粗糙的石块，就好像直接从采石场运来的。

截面［section］：用来指建筑物假设被切片后的样子。

六分拱顶［sexpartite vault］：见拱顶。

起拱点［springing］：拱或拱顶离开墙壁或者垂直支撑物的那个点。见图例1。

上心拱［stilted arch］：见拱。

束带层［string-course］：沿水平方向的线脚，见图例1。

柱座［stylobate］：古典神庙下的平台。

壁框［tabernacle］：窗户或壁龛四周的框，包含一对立柱和三角楣墙。

拉杆/梁［tie-rod/beam］：两面墙或者支撑物之间的铁杆或者木梁，以防它们向外偏斜。

居间肋拱顶［tierceron］：对角肋上的附加拱肋，从起拱点至脊肋。

十字型翼部［transept］：十字形教堂的一“段”，与中殿和高坛成直角。

横向拱/肋［transverse arch/rib］：与墙壁成直角跨跃某一区域的拱或拱肋。

三拱式楼廊［triforium］：哥特式教堂内拱廊上开放的墙壁过道，有时与楼廊同义。见第52页。

三槽板［triglyph］：多利安式建筑檐部的一个部分，由带有三道垂直槽的一块平板。见图例2。

筒形拱顶［tunnel vault］：见拱顶。

托斯卡纳式［Tuscan］：一种古典柱式，在希腊原型的基础上发展而来，很像罗马多利安式，但柱头很简单，且没有凹槽。见图例2。

山墙内面［tympanum］：门道上方过梁和拱之间的半圆形部分。

拱顶［vault］：拱形石制顶棚。见图例3。

扇形拱顶［fan vault］：倒转锥形以及半锥形的筒形拱，并刻以肋构成的图案。

交叉拱顶［groin vault］：两条筒形拱垂直相交后形成的拱顶，表面形成清晰的边缘（穹棱［groin］）。

垂吊拱顶［pendant vault］：扇形拱顶最精致的形式，锥体或装饰物似乎从顶棚垂吊下来。

四分之一拱顶［quadrant vault］：半个筒形拱顶。

肋拱［rib vualt］：拱顶中的边缘（穹棱）被线脚（肋）加强。最常见的肋拱有：四分拱顶［quadriparitite］：四条肋在隔间中心相交；六分拱顶［sexpartite］：六条肋在隔间中心相交；居间肋拱顶［tierceron］：带有从起拱点出发的附加肋的四分拱顶（居间肋拱顶）；枝肋拱顶［lierne］：带有额外肋的居间肋拱顶，连接着其他肋（见枝肋）。

筒形拱顶［tunnel vault］：一条连续的截面呈半圆或尖顶的拱顶。

涡旋形［volute］：一种螺旋的线脚，爱奥尼亚柱式的特征。见图例2。

西端［west end/front］：这一术语传统上用来指教堂前门入口，即便其朝向有变。

面西大门［westwork］：一种塔楼似的建筑结构，加洛林王朝、奥托王朝和德国罗马式教堂的特色，建在西端，并带有开口冲着中殿的房间。

图例3

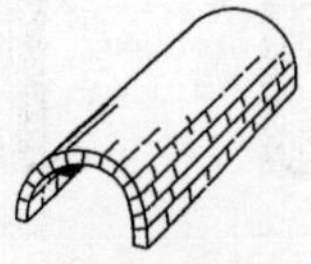
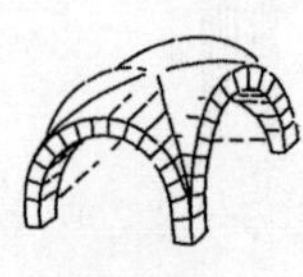
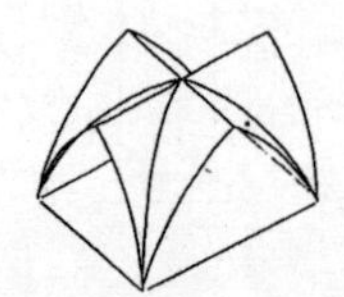
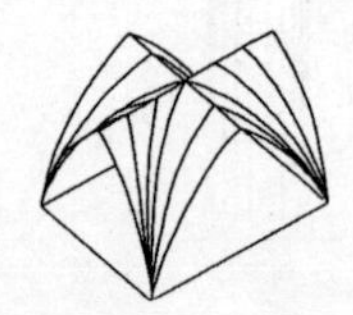
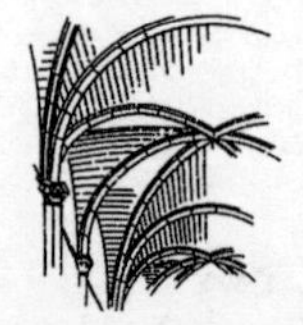

扩展阅读

通史

Fletcher, B., *A History of Architecture*, 20th edn, London, 1996

Kostoff, S., *A History of Architecture*, Oxford/ New York, 1985

Pevsner, N., *An Outline of European Architecture,* Harmondsworth/ Baltimore, 1943 (numerous later edns)

Watkin, D., *A History of Western Architecture, London, 1986*

国别

下列内容包含各个时期有用材料：

Britain: Kidson, P., P. Murray and P. Thompson, *A History of English Architecture,* Harmondsworth, 1965

Watkin, D., *English Architecture*, London, 1979

France: Lavedan, P., *French Architecture*, Harmondsworth, 1956

Russia: Brumfield, W L., A History of Russian Architecture, Cambridge, 1993

Hamilton, G. H., *The Art and Architecture of Russia*, Harmondsworth/ Baltimore, 1954

Spain: Bevan, B., *History of Spanish Architecture*, London, 1938

USA: Whiffen, M., and I-I. Koeper, *American Architecture, 1607-1976*, Boston/London, 1981

建筑师

建筑师传记与研究繁多，此列表不可涵盖，但在下列书目中可找到相关资料：

A. K. Placzek (ed.), *Macmillan Encyclopaedia of Architects*, London/ New York, 1982

希腊和罗马

Berve, H., C. Gruben and M. Hirmer, *Greek Temples, Theatres and Shrines*, London, 1968

Brown, T. E., *Roman Architecture*, New York, 1961

Coulton, J. J., *Ancient Greek Architects at Work*, London, 1977

Dinsmoor, W. B., *The Architecture of Ancient Greece*, 3rd edn, New York, 1975

Lawrence, A. W, *Greek Architecture* , 5th edn, London/New Haven, 1996

MacDonald, W I., *The Architecture of the Roman Empire*, New Haven, 1986

Plommer, W. H., *Ancient Greek Architecture*, London, 1956

Sear, F., *Roman Architecture*, London, 1989

Ward-Perkins, J. B., *Roman Imperial Architecture*, Harmondsworth, 1981

早期基督教和拜占庭

Krautheimer, R., *Early Christian and Byzantine Architecture*, Harmondsworth/Baltimore, 1965

Mainstone, R., *Hagia Sophia: Architecture, Structure and I Liturgiyg* London, 1980

Mango, C., *Byzantine Architecture*, London, 1978

加洛林式与罗马式

Clapham, A. W., *Romanesque Architecture in Western Europe*, Oxfbrd, 1936

Conant, K. J., *Carolingian and Romanesque Architecture*, Harmondsworth/ Baltimore, 1959

哥特式

Acland, J. H., *The Gothic valt*, Toronto, 1972

Bony, J., *French Gothic Architecture of the 12th and 13th Centuries*, Berkeley/ London, 1983

Fitchen, J., *The Construction of Gothic Catherlrals*, Oxford, 1961

Frankel, P., *Gothic Architecture*, Harmondsworth/Baltimore, 1972

Gimpel, J., *The Cathedral Builders*,London, l983

Grodecki, L., *Gothic Architecture*, London, 1986

Harvey J., *The Cathedrals of Spain*, London, 1957

—— *The Medieual Archzitect*, London, 1972

Webb, G. F, *Architecture in Britain in the Middle Ages*, Harmondsworth/ Baltimore, 1965

White, J., *Art and Architecture in Italy*, I250-1400, Harmondsworth/ Baltimore, 1966

Wilson, C., *The Gothic Cathedral*, London/New York, 1990

文艺复兴

Bialostocki, J., *The Art of the Renaissance in Eastern Europe*, London/New York, 1971

Blunt, A., *Art and Architecture in France, 1500-1700*, Harmondsworth/ Baltimore, 1953

Burckhardt, J., *The Architecture of the Italian Renaissance, trans*., London, 1985

Heydenreich, L., *Architecture in Italy, 1400-1500*, New Haven/London, 1996

Hitchcock, H.-R., German Renaissance *Architecture, Princeton*, 1981

Lotz, W., *Architecture in Italy, 1500-1600*, New Haven/London, 1995

Murray, P., *The Architecture of the Italian Renaissance*, London/New York, 1989

Summerson, J., *Architecture in Britain, 1530-1830*, New Haven/London, 1993

巴洛克

Blunt, A. (ed), *Baroque and Rococo*, London/New York, 1978

Downes, K., *English Baroque Architecture*, London, 1966

Hempel, E., *Baroque Art and Architecture in Centra1Europe*, Harmondsworth/ Baltimore, 1965

Kubler, J., and M. Soria, *Art and Architecture in Spain and Portugal, 1500-1800*, Harmondsworth/ Baltimore, 1959

Lees-Milne, J., *Baroque in Spain and Portugal,* London, 1960

Norberg-Schulz, C., *Baroque Architecture*, London/New York, 1972

_ *Later Baroque and Rococo Architecture*, London/New York, 1974

Wittkower, R., *Art and Architecture in Italy, 1600-1750*, 3rd rev. edn, Harmondsworth/Baltimore, 1980

新古典主义

Braham, A., *The Architecture of the French Enlightenment*, London, 1980

Crook J. M., *The Greek Revival*, London, 1972

Kaufmann, E., *Architecture in the Age of Reason*, New York, 1955

Kennedy R. G., *Greek Revival in America*, New York, 1989

Kalnein, W. von, *Architecture in France to the Eighteenth Century*, New Haven/ London, 1995

Stillman, D., *English Neo-Classical Architecture*, London, 1988

Watkin, D., , and T. Mellinghoff, *German Architecture and the Classical lzleal, 1740-1840*, London, 1987

19世纪

Dixon, R., and S. Muthesius, *Victorian Architecture*, London/New York, 1978

Hitchcock, H.-R., *Architecture: 19th and 20h Centuries*, Harmondsworth/ Baltimore, 1958

Middleton, R., and D. Watkin, *Neoclassical and Nineteenth Century Architecture*, London/New York, 1980

Mignot, C., *Architecture of the 19th Century in Europe*, New York, 1984

Russell, F., *Art Nouveau Architecture*, London, 1979

20世纪

Banham, R., *Theory and Design in the First Machine Age*, London, 1972

Benevolo, L., *History of Mo dern Architecture*, London, 1971

Collins, P., *Changing Ideals in Modern Architecture*, London, 1985

Frampton, K., *Modern Architecture, A Critical History*, 3rd edn, London/ New York, 1992

Jencks, C., *Modern Movements in Architecture*, Harmondsworth, 1962

- *Post-Modern Architecture*, London/ New York, 1987

Kidder Smith, G. E., *The New Architecture of Europe*, Harmondsworth, 1962

Lampugnani, V. M., *Encyclopaedia of 20th Century Architecture*, London /New York, 1986

Richards, J. M., *The Functional Tradition in Early Inadustrial Buildings*, London, 1958

Sharp, D., *Twentieth-Century Architecture*, London/New York, 1991

Tafuri, M., and F. Dal Co, *Modern Architecture*, London/New York, 1980

致谢

This book has benefited from the comments of Andrew Saint, Robert Thorne, Michael Hall and Peter Howell, who kindly read the text at an early stage. From them I have stolen ideas and even whole sentences, with only minor twinges of guilt. My greatest debt, by a very long way, is to my dedicated dedicatee.

图片版权

Aberdeen Art Gallery 94. ACL 174, 245. Aerofilms Ltd 91, 128, 247. Alinari 5, 13-15, 115, 116, 141-145, 151-153, 159, 165, 166, 190-193, 195, 196, 198, 199, 201. Netherlands Architectuur-instituut, Amsterdam 399. Architectural Association 229, 370 (©A. Higgott), 382 (© Lewis Gasson), 385 (© Danielle Tinero), 398 (© F. R. Yerbury), 428 (© Vlora Osman), 433 (© Inigo Bujedo and Juan Megias). Architectural Review 328, 391. Archives Photographiques 42, 45, 48, 50, 77, 80, 84, 281, 301, 333, © ARS, NY and DACS, London 1999 352, 407, 408, 409. Courtesy AT&T 424. Lala Aufsberg 129. James Austin 74. Institut Amatller d'Art Hispanic, Barcelona 24, 36, 118-122, 130, 133, 184, 185 , 187, 231, 339, 340. A. de Beltler 243. Tim Benton 155. Berlin: Staatliche Museen - Bildarchiv Preussischer Ku1turbesitz fontispiece (original destroyed; copy by Wilhelm Ahlborn, 1823), 265, 308; Plansammlung der Universit©tsbibliothek der Technischen Universit©t 396. Bernard Biraben 47. Hedrich Blessing 365, 408. Courtesy Ricardo Bofill Taller de Arquitectura 429. Osvaldo B©hm 138, 157, 158. Courtesy of the Boston Public Library, Print Department 189. Hugues Boucher 242. Laskarine Bouras 21. Courtesy County Borough of Brighton 313. British Architectural Library/RIBA 338, 412. British Association 338. Bulloz 332. Harald Busch 19, 26. Cambridge Aerial Photography 55. Chicago Architectural Photo Company 329, 348. Rheinisclles Bildarchiv, Cologne 105. Commonwealth War Graves Commission 411. Copyright Thorvaldsens Museum, Copenhagen, photo Jonals 292. Copyright Country Life 131, 277, 279, 317, 350, 410. Crown Copyright 179. © DACS 1999 337, 341, 342, 368, 388, 390, 395, 397. Hans Decker 66. Jean Dieuzaide 68-70. John Donat 417. Deutsche Fotothek, Dresden 212, 215. Dublin: 1 Depart1l1ent of Arts, Heritage, Gaeltacht and the Islands, Heritage Service 282; Irish Public Library 272. Edilice/Lewis 358. Royal Commission on Ancient Monulllcnts, Edinburgh 310. English Heritage 178, 261. Este, all rights reserved 351 (© Peter Aaron), 888, 407, 423 (Ezra Sroller). © FLC/ADAGP Paris and DACS, London 1999 382-385. Johanna Fiegl 323. Foster Associates, photo Richard Davies 418. Fotomas 10. Yukio Futagawa 393. Vladimir Fyman 103. Damjan Gale 415. Janet Gill 420. G1raudon 9, 37, 82, 85, 97, 235, 237, 239, 264, 298, 302. Proto Acme Photo © Michael Graves 416. Rijksdienst v/d Monulnentenzorg, The Hague 244. Kari Hakli 346. Harvard University Press Office 326. Museum of Finnish Architecture, Helsinki 378. Hirlner 1, 3, 4, 6, 7, 16, 17, 76, 211, 219, 220. Historic American Buildings Survey 353. Martin Hürlimatnn 33, 52, 53, 56, 75, 87, 93, 133, 227, 257, 342. A. .F Kersting 8, 18, 54, 58, 62, 67, 88, 90, 100, 102, 113, 117, 123, 126, 175, 176, 203, 205, 230, 238, 249, 251, 254, 261, 271, 273, 275, 278, 280, 296, 297, 314, 316, 354, 356, 359, 372, 404, 419. M. Kopydlowski 283, Emily Lane 79, 82, 206, 218, 226, 233, 284, 285, 307. Courtesy Leeds City Council 312. M. Lesuyer & Sons, Lyons 324. London: Copyright British Museum 149, 217; Courtesy Canary Wharf Press Office 430; Courtauld Institute Galleries/ Conway Library 51, 78, 98, 150, 163, 181, 197, 202, 232, 236, 246, 256, 311, 413; Courtesy Leger Galleries 167; Mansell Collection 154, 357; Metropolitan Archives 335; Novosti 23, 380, 381, 405; Royal Commission on Historical Monuments 92, 99; By Courtesy of the Trustees of Sir John Soane's Museum 305. Norman McGrath 421. Photo Marburg 25, 29, 31, 34, 35, 43, 86, 107, 127, 132, 188, 200, 225, 266, 269, 343, 394. Georgina Masson 137, 147, 156, 162, 164, 194, 270. Milan: Courtesy Pirelli 392; Vera Fotograiia 61, 168, Linda Murray 146. National Monuments Record 59, 95, 134, 250, 252, 253, 255, 262, 304, 310, 318, 319, 321, 322, 355, 361. Werner Neumeister, Munich 40. New York: Museum of the City of New York, The Irving Underhill Collection 366;The Museum of Modern Art 386; The New York Historical Society McKim, Mead & White Archive, Map and Print Room 406; Courtesy Rockefeller Center 325; State Department of Commerce 409; The Whitney Museum of American Art, photo Jerry L. Thompson 387. © Stanley Nickel 347. Courtesy John Outram 427. Paris: Courtesy Aéroports de Paris, photo Paul Maurer 432; Bibliothèque Nationale 258, 267; Caisse Nationale des Monuments 240.

The Historical Society of Pennsylvania, Philadelphia 294. Josephine Powell 22, Edo Primozic 414. Csaba Ralael 169. Henry Hobson Richardson 230. Cervin Robinson 373. Roger-Viollet 83, 371. Unionc Fototeca, Rome 12. Jean Roubier 30, 38, 39, 41, 44, 46, 71, 81, 96, 139, 180, 182. The Hermitage, St Petersburg 291. Sandak Inc.299, 352, 389, 390. Sanderson and Dixon 354. Scala 114, 300. Helga Schlllidt-Glassner 32, 104, 106, 109, 124, 125, 186, 207, 214, 221, 293. Toni Schrleiders 209, 216. © Selva 234, 241. Foto Grassi, Siena 136. Cestmir Sila 223. Edwin Smltll 57, 60, 101, 177, 204, 248, 290, 320, 331, 344.Courtesy Staatsgalerie, Stuttgart 431. Stockholm: Courtesy the Swedish Institute 376; Courtesy the Swedish Tourist Office 377. Franz Stoedtner 306, 334, 363, 369, 395. W. Suschitzky 2. Sydney Opera House Trust 425. Luigi Terragni 375. Ralph Thompson 289. Eileen Tweedy 401. Munsterbauamt, Ulm 72. C. Vagenti 160, 161. Ferenc Vamos 345. Manolis Vernandos 276. © Jan Versnel 374. Vienna: Albertina 368; Bildarchiv der österreichisches Nationalbank 341; österreichische Nationalbibliothek 73, 208. United States Inforlnation Service 288, 423, 426. United States Travel Services 274. Washington, DC: Department of Conservation and Historic Resources, Division of Historic Landmarks 263; Library of Congress, photo Frances Benjamin Johnston 287; National Gallery of Art, Samuel H. Kress Collection, 1939 11. David Wrightson 309, Zodiaque 49.

Unnumbered line illustrations are due to the following sources (a= above, l=left, r = right):

p. 19l after Banister Fletcher; pp. 29, 30l from N. Pevsner, *An Outline of European Architecture*, 1960, by courtesy of Penguin Books; p. 32 Gerard Bakker; p. 40r from Paul Petan, *De Nithardo Caroli Magni nepote ac tota ejusdem Nithardi presepia breve syntagma*, 1613; p. 42 redrawn after the original in Stiftsbibliothek, St Gallen; p. 51l by courtesy of Professor Kenneth J. Conant and the Medieval Academy of America; p. 119 from David Loggan, *Cantabrzgia Illustrata*, 1690; p. 273 from A.W. N. Pugin, Contrasls, 1836; p. 310a from Building News, 26 March 1869; p. 314 from Industrial Chicago, 1891.